普通高等教育"十一五"国家级规划教材

张晓明 编著

计算机网络教程
（第3版）

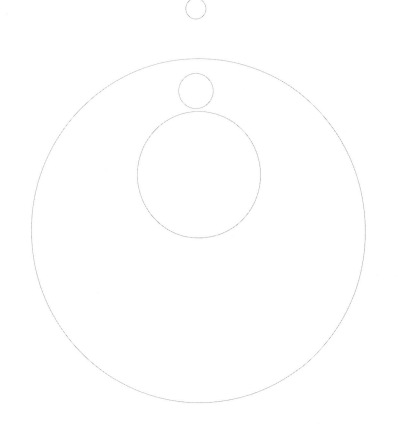

清华大学出版社
北京

21世纪计算机科学与技术实践型教程

内 容 简 介

本书系统地介绍了计算机网络的基本概念、原理与技术,内容包括绪论、物理层、数据链路层、局域网、网络层、传输层、应用层和网络安全共 8 章内容,各章后附有丰富的习题。还给出了 2 个附录,包括 2021 年全国硕士研究生入学统考计算机学科专业基础综合考试计算机网络大纲、2009—2019 年全国硕士研究生入学统考计算机学科专业基础计算机网络部分综合题与解析。本书配套有 PPT 教学课件和习题参考答案,可在清华大学出版社官方网站下载。

本书定位于应用型本科专业的计算机网络教学,强调了基础知识和应用技术的统一,体现最新的国内外网络技术发展情况。在基本原理方面力求讲透,精心设计了 200 多幅图例和 40 多道典型例题解析,覆盖了网络原理、应用求解、工程演练和证明等题型。重视网络协议分析和安全技术应用,选用了 Wireshark 软件开展不同的协议数据抓包。在内容上,兼顾了研究生入学考试中"计算机网络"课程的大纲范围。

本书可作为普通高校本科理工类专业的计算机网络教材,适于计算机类、软件工程、通信工程、自动化、电气工程及其自动化、信息与计算科学、网络空间安全等学科专业,也可作为其他专业师生和网络技术人员的参考书。

图书在版编目(CIP)数据

计算机网络教程/张晓明编著. —3 版. —北京:清华大学出版社,2021.11
21 世纪计算机科学与技术实践型教程
ISBN 978-7-302-59085-9

Ⅰ.①计…　Ⅱ.①张…　Ⅲ.①计算机网络—高等学校—教材　Ⅳ.①TP393

中国版本图书馆 CIP 数据核字(2021)第 181051 号

责任编辑:谢　琛
封面设计:何凤霞
责任校对:郝美丽
责任印制:曹婉颖

出版发行:清华大学出版社
　　　　网　　　址:http://www.tup.com.cn,http://www.wqbook.com
　　　　地　　　址:北京清华大学学研大厦 A 座　　　　　　　邮　　编:100084
　　　　社 总 机:010-62770175　　　　　　　　　　　　　　邮　　购:010-83470235
　　　　投稿与读者服务:010-62776969,c-service@tup.tsinghua.edu.cn
　　　　质量反馈:010-62772015,zhiliang@tup.tsinghua.edu.cn
　　　　课件下载:http://www.tup.com.cn,010-83470236
印 装 者:三河市铭诚印务有限公司
经　　销:全国新华书店
开　　本:185mm×260mm　　　　　印　　张:18　　　　字　　数:419 千字
版　　次:2010 年 10 月第 1 版　2021 年 12 月第 3 版　　印　　次:2021 年 12 月第 1 次印刷
定　　价:59.00 元

产品编号:092448-01

第 3 版前言

本书自第 1 版出版以来,一直在北京石油化工学院 8 个专业和其他部分高校使用。第 2 版获评 2021 年北京高校重点优质本科教材,基于该教材的计算机网络课程获评 2020 年北京市优质本科课程。面对新时代网络技术的新发展,需要不断开展教育教学改革,将创新教学成果融入教材中。本次改版的重点是对部分章节进行了修订和补充,新增国内外网络通信技术与应用成果,补充附录研究生入学统考综合题内容,并修改第 2 版中的错误。

除传输层、网络安全两章保持不变外,其余各章内容都做了修订,具体如下。

(1) 绪论:新增星链技术和卫星互联网;补充广域网以及我国互联网连接带宽情况;新增无线网络的 5G 技术,体现我国自主技术和创新标准;补充我国十大公用骨干网络和国内网络最新应用情况;修改习题 1。

(2) 物理层:删减少量内容(如信号的概念、光纤接口介绍);更正了香农定理中的信噪比描述;在通信技术应用方面,新增我国 2020 年“嫦娥 5 号”的微波通信、深海探测奋斗者号的无线通信技术;新增集线器实物图。

(3) 数据链路层:更正汉明码的公式,并新增汉明码的应用示例。

(4) 局域网:删除集线器介绍内容;更正透明网桥示例中的部分操作,由转发改为扩散;新增一个 MAC 帧应用示例。

(5) 网络层:对 CIDR 例题方案选择,新增了设计思路说明;更正了路由表生成图表中的 IP 地址问题,由原来的 D 类地址改为 C 类地址;BGP 协议版本修改为最新 2006 年的 RFC4271。

(6) 应用层:补充 MQTT 到图 7-1 应用层协议中;修改 FTP 服务器实例,改用有效的 ftp.cc.ac.cn 和 ftp.scene.org 进行应用描述;简化 SNMP 协议内容,删除细节;简化 RTP/RTCP 协议,删除 RTP 转换器和混合器;新增了 7.9 节的 MQTT 协议;修改部分习题,并新增一个网络抓包分析的习题。

附录内容调整为如下。

(1) 2021 年全国硕士研究生入学统考计算机学科专业基础综合考试计算机网络大纲。

(2) 全国硕士研究生入学统考计算机学科专业基础计算机网络部分综合题与解析(2009—2019)。

本次改版仍然继承了原稿的 8 章结构,内容包括绪论、物理层、数据链路层、局域网、网络层、传输层、应用层和网络安全。在基本原理方面力求讲透，精心设计了 200 多幅图例和 40 多个数据表格，原理阐述生动，内容丰富，避免其枯燥的陈述。同时，精选了 40 多道典型例题及其解析，覆盖了概念和原理的理解、求解和运算、工程演练和证明等多种题型，使其具有很好的代表性。另外，MQTT 协议在物联网工程项目中得到了广泛应用，值得学习。

本书既面向非计算机类的理工科专业，又照顾计算机专业的深入需求，并及时更新附录中的全国硕士生入学统考计算机网络大纲和综合题解析，为学生能力自测和提高提供方便。

另外，有关网络综合设计和编程实例，请参考作者编写的《计算机网络课程设计》和《C♯网络通信程序设计》等教材。

本书配有 PPT 教学课件和习题参考答案，可在清华大学出版社官方网站下载。

本书改版由张晓明统一规划和撰写。在编写过程中，得到了清华大学出版社谢琛编辑的大力帮助。本书还引用了某些国内外同行的工作成果，在此一并表示感谢。

由于作者水平有限，书中难免存在错误与不妥之处，殷切希望广大读者批评指正。

张晓明

2021 年 9 月

第 2 版前言

本书第 1 版自出版以来,一直在北京石油化工学院和部分高校使用,受到了广大师生的关注。随着网络技术的飞速发展,教材也需要不断更新。本次改版的重点是新增了部分网络协议和算法,同步新增了习题,调整了附录内容,并修改了第 1 版中的错误。

主要扩充内容如下。

(1) 绪论:补充了协议和服务的关系描述。

(2) 物理层:增加了网络时延计算原理图;补充了绝对调相和相对调相内容;删除了光纤传输系统结构内容,增加了光纤连接器的描述。

(3) 数据链路层:增加了汉明码纠错知识及其应用示例。

(4) 局域网:增加了透明网桥的体系结构、工作流程和生成树算法,补充了例题的解析内容,增加了透明网桥转发表生成的过程描述。

(5) 网络层:补充了 RIP 协议报文格式、算法描述和示例;补充了 OSPF 协议内容,增加了链路状态算法和 SPF 算法,增加了 OSPF 报文格式及其示例。

(6) 应用层:增加了 HTTPS 协议内容;增加了 SNMP 协议内容;增加了 RTP/RTCP 协议内容解析。

附录内容调整如下。

(1) 2016 年全国硕士研究生入学统考计算机学科专业基础综合考试计算机网络大纲。

(2) 全国硕士研究生入学统考计算机学科专业基础计算机网络部分综合题与解析(2009—2014)。

本次改版仍然继承了第 1 版的 8 章结构,内容包括绪论、物理层、数据链路层、局域网、网络层、传输层、应用层和网络安全。在阐述基本原理和应用方法时,设计了大量生动的图例和实例说明,避免了枯燥的陈述。同时,对每章的例题和习题都进行了精选,使其具有更好的代表性,体现"例题、习题、考题"的一致性。有关综合实验和网络课程设计环节,请读者参考作者编写的另一部教材《计算机网络课程设计》。

本书提供配套 PPT 教学课件和习题参考答案,可在清华大学出版社的官方网站下载。

　　本书改版由张晓明统一规划和撰写。在编写过程中，得到了清华大学出版社谢琛编辑的大力帮助。本书还引用了一些国内外同行的工作成果，在此一并表示感谢。

　　由于作者水平有限，书中难免存在错误与不妥之处，殷切希望广大读者批评指正。

张晓明

2017 年 4 月

第 1 版前言

随着计算机网络的广泛应用和技术发展,对各层次的人才需求非常迫切。本书定位于应用型学科专业的计算机网络教学,强调了基础知识和应用技术的统一。

全书采用典型的网络层次化模型,共分为 8 章,内容包括绪论、物理层、数据链路层、局域网、网络层、传输层、应用层和网络安全。本书在阐述基本原理和应用方法时,设计了大量生动的图例和实例说明,避免枯燥的陈述。同时,对每章的例题和习题都做了精选,使其具有更好的代表性,体现了"例题、习题、考题"的一致性。

为了真实展现网络协议的结构,本书采用了网络协议分析工具 Wireshark,在多个层次进行网络数据抓包并显示,使原理性内容在实践性环节中得到验证。

本书末尾包含了 3 个附录,分别是 2010 年全国硕士研究生入学统考计算机学科专业基础综合考试大纲、2009 年和 2010 年的全国硕士研究生入学统考计算机学科专业试题及答案。为有志参加硕士研究生入学考试的学生提供重要资料,也为学生测验所学网络知识提供参考。

本书有配套的 PPT 教学课件和习题参考答案,可在清华大学出版社的相关网站下载。

本书同时面向计算机专业和非计算机理工科专业的学生,在内容编排上融合了不同的需求。书中有部分带有 * 号的内容,属于比较深入和扩展的知识,主要针对计算机专业的学生。

本书由张晓明统一规划和撰写,陈明教授审查了大纲。还有部分教师参与了研讨和部分章节的编写,杜天苍、赵国庆、王淑芳和张世博分别参与了局域网、网络安全、应用层和无线网络内容的编写,向胜军参与了初稿的审查。本书在编写过程中,始终得到清华大学出版社的大力帮助。本书还引用了某些国内外同行的工作成果,在此一并表示感谢。

由于作者水平有限,书中难免存在错误与不妥之处,殷切希望广大读者批评指正。

张晓明

2010 年 6 月

目　　录

第 1 章　绪论……………………………………………………………………………… 1

1.1　计算机网络概述　……………………………………………………………… 1

1.1.1　计算机网络的产生和发展　………………………………………… 1

1.1.2　我国的网络发展情况　……………………………………………… 4

1.1.3　计算机网络的定义　………………………………………………… 5

1.1.4　计算机网络的组成　………………………………………………… 6

1.2　计算机网络的分类　……………………………………………………………… 7

1.2.1　按拓扑结构分类　…………………………………………………… 7

1.2.2　按地理范围分类　…………………………………………………… 8

1.2.3　无线网络　…………………………………………………………… 10

1.2.4　其他分类　…………………………………………………………… 11

1.3　计算机网络的体系结构　………………………………………………………… 12

1.3.1　分层体系结构及协议　……………………………………………… 12

1.3.2　OSI 模型　…………………………………………………………… 14

1.3.3　TCP/IP 协议　……………………………………………………… 18

习题 1　…………………………………………………………………………………… 20

第 2 章　物理层……………………………………………………………………………… 22

2.1　数据通信概述　…………………………………………………………………… 22

2.1.1　数据通信模型　……………………………………………………… 22

2.1.2　数据通信系统的技术指标　………………………………………… 23

2.2　传输媒体　………………………………………………………………………… 27

2.2.1　双绞线　……………………………………………………………… 28

2.2.2　同轴电缆　…………………………………………………………… 28

2.2.3　光缆　………………………………………………………………… 29

2.2.4　无线通信　…………………………………………………………… 30

2.3　数据传输方式　…………………………………………………………………… 31

2.3.1　并行传输与串行传输　……………………………………………… 32

2.3.2　异步传输与同步传输 ··· 33

2.3.3　单工、半双工和全双工传输 ·· 34

2.3.4　模拟传输与数字传输 ··· 34

2.3.5　共享通信和点对点通信 ··· 35

2.4　数据编码技术 ·· 36

2.4.1　数字数据调制为模拟信号 ··· 36

2.4.2　数字数据编码为数字信号 ··· 37

2.4.3　模拟数据编码为数字信号 ··· 39

2.5　多路复用技术 ·· 39

2.5.1　频分多路复用（FDM） ··· 40

2.5.2　时分多路复用（TDM） ··· 40

2.5.3　波分多路复用（WDM） ·· 42

2.5.4　码分多路复用（CDM） ··· 42

2.6　数据交换技术 ·· 43

2.6.1　线路交换 ··· 44

2.6.2　报文交换 ··· 44

2.6.3　分组交换 ··· 45

2.7　物理层协议与设备 ·· 46

2.7.1　物理层的接口特性 ·· 46

2.7.2　物理层的设备 ··· 47

习题 2 ·· 48

第 3 章　数据链路层 ·· 49

3.1　数据链路层的功能 ·· 49

3.1.1　为网络层提供服务 ·· 49

3.1.2　组帧 ··· 50

3.1.3　差错控制 ··· 50

3.1.4　流量控制 ··· 50

3.2　组帧技术 ·· 51

3.2.1　字节计数法 ·· 51

3.2.2　字符填充法 ·· 51

3.2.3　零比特填充法 ··· 52

3.2.4　违例编码法 ·· 52

3.3　差错控制 ·· 53

3.3.1　奇偶校验码 ·· 53

3.3.2　循环冗余校验码 ··· 54

3.3.3　汉明码 ··· 56

3.4　流量控制 ·· 58

   3.4.1 停等协议 ··· 59

   3.4.2 滑动窗口机制 ··· 61

   3.4.3 后退 N 帧协议 ··· 64

   3.4.4 选择重传协议 ··· 66

  3.5 高级数据链路控制(HDLC)协议 ·································· 67

   3.5.1 HDLC 的基本特点 ····································· 68

   3.5.2 HDLC 的帧结构 ······································· 68

   3.5.3 HDLC 的帧类型 ······································· 69

  3.6 点对点协议(PPP) ··· 71

   3.6.1 PPP 协议的特点与组成 ······························· 71

   3.6.2 PPP 协议的帧结构 ···································· 72

   3.6.3 PPP 协议的工作状态 ································· 73

  习题 3 ··· 73

第 4 章 局域网 ··· 75

  4.1 局域网概述 ··· 75

   4.1.1 IEEE 802 参考模型和协议 ···························· 75

   4.1.2 局域网的分类 ··· 77

  4.2 传统以太网 ··· 78

   4.2.1 CSMA/CD 协议的工作原理 ··························· 78

   4.2.2 传统以太网的连接方法 ································· 81

   4.2.3 以太网的 MAC 层和帧结构 ··························· 82

  4.3 高速以太网 ··· 85

   4.3.1 100Base-T 以太网 ····································· 85

   4.3.2 千兆以太网 ··· 86

   4.3.3 万兆以太网 ··· 87

  4.4 虚拟局域网 ··· 88

   4.4.1 基于端口的 VLAN ····································· 88

   4.4.2 基于 MAC 地址的 VLAN ······························ 89

   4.4.3 基于第三层协议的 VLAN ······························ 89

   4.4.4 基于用户使用策略的 VLAN ···························· 89

  4.5 无线局域网 ··· 89

   4.5.1 无线局域网的结构分类 ································· 90

   4.5.2 无线局域网的工作原理 ································· 91

   4.5.3 无线局域网的帧结构 ··································· 93

  4.6 局域网的扩展 ··· 94

   4.6.1 在物理层扩展局域网 ··································· 94

   4.6.2 在数据链路层扩展局域网 ······························ 95

4.7　透明网桥及其算法 ………………………………………………… 98

4.7.1　透明网桥的体系结构 ………………………………………… 98

4.7.2　帧转发规则 …………………………………………………… 98

4.7.3　地址学习 ……………………………………………………… 99

4.7.4　生成树算法 …………………………………………………… 100

习题 4 ……………………………………………………………………… 102

第 5 章　网络层 ……………………………………………………………… 105

5.1　网络层概述 …………………………………………………………… 105

5.1.1　数据报网络服务 ……………………………………………… 106

5.1.2　虚电路网络服务 ……………………………………………… 107

5.1.3　数据报网络和虚电路网络的比较 …………………………… 108

5.2　标准分类的 IP 地址 ………………………………………………… 109

5.2.1　特殊 IP 地址 ………………………………………………… 110

5.2.2　专用地址 ……………………………………………………… 110

5.2.3　标准分类 IP 地址 …………………………………………… 111

5.3　子网与超网编址方法 ………………………………………………… 112

5.3.1　IP 子网划分 ………………………………………………… 113

5.3.2　CIDR ………………………………………………………… 115

5.4　IP 和 ICMP 协议 …………………………………………………… 118

5.4.1　IP 协议 ……………………………………………………… 119

5.4.2　ICMP 协议 …………………………………………………… 121

5.5　ARP 协议 …………………………………………………………… 123

5.5.1　IP 地址与 MAC 地址的映射方法 …………………………… 123

5.5.2　ARP 的工作原理 …………………………………………… 124

5.6　路由选择协议和路由器 ……………………………………………… 125

5.6.1　IP 分组转发 ………………………………………………… 126

5.6.2　内部网关协议(RIP) ………………………………………… 129

5.6.3　开放最短路径优先(OSPF)协议 …………………………… 133

5.6.4　边界网关协议(BGP) ………………………………………… 140

5.6.5　路由器 ………………………………………………………… 141

5.7　IP 多播 ……………………………………………………………… 142

5.7.1　IP 多播概述 ………………………………………………… 142

5.7.2　IP 多播协议与路由选择 …………………………………… 144

5.8　VPN 和 NAT ………………………………………………………… 145

5.8.1　VPN …………………………………………………………… 145

5.8.2　NAT …………………………………………………………… 147

5.9　IPv6 协议 …………………………………………………………… 150

　　　　5.9.1　IPv6 编址 ························· 150

　　　　5.9.2　IPv6 的基本首部格式 ·················· 152

　　习题 5 ······························· 154

第 6 章　传输层 ··························· 157

　6.1　传输层协议概述 ······················ 157

　　　　6.1.1　进程之间的通信 ···················· 157

　　　　6.1.2　端口及其作用 ····················· 158

　6.2　UDP 协议 ························· 161

　　　　6.2.1　UDP 协议的特点 ··················· 161

　　　　6.2.2　UDP 报文格式 ···················· 161

　　　　6.2.3　UDP 的校验和计算 ················· 162

　6.3　TCP 协议概述 ······················· 164

　　　　6.3.1　TCP 协议的基本特点 ················ 164

　　　　6.3.2　TCP 报文段的首部格式 ··············· 165

　6.4　TCP 的连接管理 ····················· 167

　　　　6.4.1　连接建立 ······················ 167

　　　　6.4.2　连接释放 ······················ 168

　　　　6.4.3　连接重置 ······················ 169

　6.5　可靠传输 ························· 170

　　　　6.5.1　TCP 校验和 ····················· 170

　　　　6.5.2　确认机制 ······················ 170

　　　　6.5.3　定时器 ······················· 171

　6.6　TCP 的流量控制 ····················· 173

　6.7　TCP 的拥塞控制 ····················· 174

　　习题 6 ······························· 176

第 7 章　应用层 ··························· 178

　7.1　网络应用模式 ······················· 178

　　　　7.1.1　集中应用模式 ····················· 178

　　　　7.1.2　客户机/服务器应用模式 ·············· 179

　　　　7.1.3　基于 Web 的浏览器/服务器应用模式 ······· 180

　　　　7.1.4　P2P 模式 ······················ 180

　7.2　域名系统(DNS) ····················· 181

　　　　7.2.1　域名与域名空间 ··················· 181

　　　　7.2.2　域名服务器与域名解析 ··············· 183

　7.3　文件传输协议(FTP) ·················· 185

　　　　7.3.1　FTP 的工作原理与模式 ·············· 185

7.3.2　FTP 协议的规范 ……………………………………………………… 187

7.3.3　FTP 的登录方式 ……………………………………………………… 189

7.3.4　简单文件传输协议（TFTP） ………………………………………… 190

7.4　电子邮件 …………………………………………………………………… 191

7.4.1　电子邮件系统的组成 …………………………………………………… 191

7.4.2　SMTP 协议 ……………………………………………………………… 194

7.4.3　POP3 和 IMAP4 协议 ………………………………………………… 198

7.5　WWW 服务 ………………………………………………………………… 199

7.5.1　统一资源定位符 ………………………………………………………… 200

7.5.2　HTTP 协议 ……………………………………………………………… 201

7.5.3　HTML ……………………………………………………………………… 204

7.5.4　HTTPS 协议 ……………………………………………………………… 206

7.6　SNMP 协议 ………………………………………………………………… 207

7.6.1　SNMP 概述 ……………………………………………………………… 207

7.6.2　SNMP 的配置 …………………………………………………………… 208

7.6.3　管理信息库 ……………………………………………………………… 209

7.6.4　SNMP 报文格式 ………………………………………………………… 210

7.7　RTP/RTCP 协议 …………………………………………………………… 212

7.7.1　RTP/RTCP 的协议层次 ………………………………………………… 212

7.7.2　RTP 的报头格式 ………………………………………………………… 213

7.7.3　RTCP 的报头格式 ……………………………………………………… 213

7.7.4　RTP 的会话过程 ………………………………………………………… 215

7.8　主机配置协议 ……………………………………………………………… 216

7.8.1　BOOTP ……………………………………………………………………… 216

7.8.2　DHCP ……………………………………………………………………… 217

7.9　MQTT 协议 ………………………………………………………………… 218

7.9.1　MQTT 的服务质量 ……………………………………………………… 218

7.9.2　MQTT 协议的规范 ……………………………………………………… 219

7.9.3　MQTT 的报文示例 ……………………………………………………… 221

习题 7 ………………………………………………………………………………… 223

第 8 章　网络安全 ………………………………………………………………… 225

8.1　网络安全概述 ……………………………………………………………… 225

8.1.1　网络安全的含义 ………………………………………………………… 225

8.1.2　网络安全威胁 …………………………………………………………… 227

8.1.3　网络安全体系 …………………………………………………………… 228

8.2　数据加密技术 ……………………………………………………………… 229

8.2.1　传统加密方法 …………………………………………………………… 230

8.2.2　对称加密技术 ……………………………………………… 231

8.2.3　非对称加密技术 ……………………………………………… 231

8.2.4　数字信封 …………………………………………………… 233

8.2.5　数字签名 …………………………………………………… 234

8.2.6　报文摘要 …………………………………………………… 235

8.3　防火墙技术 ………………………………………………………… 235

8.3.1　防火墙的功能与特点 ………………………………………… 235

8.3.2　防火墙的分类 ………………………………………………… 237

8.3.3　常见的防火墙结构 …………………………………………… 238

8.3.4　防火墙的发展 ………………………………………………… 243

8.4　网络安全协议 ……………………………………………………… 244

8.4.1　IPSec 协议 …………………………………………………… 244

8.4.2　SSL/TLS 协议 ………………………………………………… 245

8.4.3　PGP 协议 ……………………………………………………… 246

8.4.4　SSH 协议 ……………………………………………………… 248

8.4.5　SET 协议 ……………………………………………………… 249

习题 8 ……………………………………………………………………… 250

附录 A　2021 年全国硕士研究生入学统考计算机学科专业基础综合考试计算机
网络大纲 ……………………………………………………………… 252

附录 B　全国硕士研究生入学统考计算机学科专业基础计算机网络部分综合题
与解析（2009—2019） ……………………………………………… 257

参考文献 …………………………………………………………………… 271

第 1 章 绪 论

作为信息社会的基础设施,计算机网络已经深入人类生活的各个方面,广泛应用于军事、教育、科研和管理等领域。从日常办公网络到连接世界的因特网,从家庭网络到无线接入的公共区域和物联网世界,从科学计算的小型计算机到分布式网络搜索系统,都离不开计算机网络。

计算机网络是一个复杂的系统,在多个层次上具有丰富的协议标准和技术,在网络服务时能够提供多种不同的配置和安全性能。

1.1 计算机网络概述

计算机网络的功能主要表现在硬件资源共享、软件资源共享和用户间信息交换 3方面。

(1) 硬件资源共享。可以在全网范围内提供对处理资源、存储资源、输入输出资源等昂贵设备的共享,使用户节省投资,也便于集中管理和均衡分担负荷。

(2) 软件资源共享。允许互联网上的用户远程访问各类大型数据库,可以得到远地进程管理服务和远程文件访问服务,从而避免软件研制上的重复劳动以及数据资源的重复存储,也便于集中管理。

(3) 用户间信息交换。计算机网络为分布在各地的用户提供了强有力的通信手段。用户可以通过计算机网络发送电子邮件、发布新闻消息和进行电子商务活动。

1.1.1 计算机网络的产生和发展

计算机网络是计算机和通信技术发展的产物,经历了一个从简单到复杂的演变过程,主要分为四个阶段。

1. 面向终端的计算机网络

第一阶段的计算机网络产生于 20 世纪 50 年代,实际上是以单个计算机为中心的远程联机系统。其典型代表是美国的半自动地面防空系统。它把远距离的雷达和其他测控设备的信号通过通信线路传送到一台 IBM 计算机进行集中处理和控制,首次实现了计算机技术与通信技术的结合。

20 世纪 60 年代初,面向终端的计算机通信网络有了新的发展,在主机和通信线路之间设置了通信控制处理机,专门负责通信控制。在终端聚集处设置了集中器,用低速线路将各终端汇集到集中器,再通过高速线路与计算机相连,如图 1-1 所示。其典型的应用是美国航空公司的飞机订票系统。它通过电话线将位于纽约的一台中心计算机和全美范围内超过 65 个城市的 2000 多个终端连接在一起,处理飞机座位库存和乘客记录。

图 1-1　面向终端的计算机网络系统

这种网络系统是一种主从式结构,计算机处于主控地位,而各终端一般只具备输入输出功能,处于从属地位。因此,这种网络只是现代计算机网络的雏形。

2. 以通信子网为中心的计算机网络

第二阶段从 20 世纪 60 年代中期到 20 世纪 70 年代末,由多台计算机和通信线路互连起来,其标志是由美国国防部高级研究计划局研制的 ARPANET。该网络首次使用了分组交换技术,为计算机网络的发展奠定了基础,被公认为是第一个真正的计算机网络,于 1969 年建成。ARPANET 的目标主要是借助于通信系统,使网内各计算机系统之间能够相互共享资源。

这种网络的基本结构如图 1-2 所示,该网络主机之间由图 1-2 中称为接口报文处理机的节点进行互连。这些节点及其之间互连的通信线路一起负责主机间的通信任务,共同构成了通信子网。主机都处于通信子网的外围,构成了资源子网。

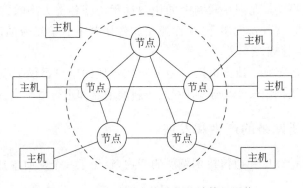

图 1-2　具有分组交换功能的计算机网络

到了 20 世纪 70 年代中期,网络的数目开始增加,涌现出一些分组交换网,如 ALOHAnet 以及将夏威夷岛上的大学连接起来的微波网络。

3. 体系结构标准化的网络

第三阶段是面向标准化的计算机网络,从 20 世纪 70 年代末到 20 世纪 90 年代初期。

在 20 世纪 70 年代末期,局域网技术首次被提出,IP、TCP 和 UDP 协议的概念已经完成,标志着网络互联体系结构的原则已经确立,此时期约有 200 台主机与 ARPANET 相连。

1980 年成立了 IEEE 802 局域网络标准委员会,并制定了一系列局域网标准。1983 年 1 月,ARPANET 完全转换到 TCP/IP 协议,TCP/IP 协议被批准为美国军方的网络传输协议。同时,ARPANET 分化为 ARPANET 和 MILNET 两个网络。接着,国际标准化组织 ISO 正式颁布了异种机系统互联的标准框架,即开放系统互连参考模型 OSI/RM,为国际标准 ISO 7498。该模型是公认的计算机网络系统结构的基础。

1984 年,美国国家科学基金会决定将教育科研网 NSFNET 与 ARPANET 和 MILNET 合并,运行 TCP/IP 协议,向世界范围扩展,并将此网命名为 Internet。

4. 面向全球互联的计算机网络

自 20 世纪 90 年代至今,计算机网络发展迅猛,人类从此进入了网络计算的新时代。

1993 年,美国公布了国家信息基础设施发展计划,其核心是构建国家信息高速公路,即建设一个覆盖全美的高速宽带通信与计算机网络。同年,由欧洲原子核研究组织开发的万维网(World Wide Web,WWW)被广泛使用在因特网上,大大方便了广大非网络专业人员对网络的使用,成为因特网日后呈指数级增长的主要驱动力。

这一时期以高速率、高服务质量、高可靠性等为指标,出现了高速以太网、无线网络、P2P、下一代因特网计划 NGI、网络安全、云计算、物联网等技术。计算机网络的应用与发展渗入社会的各个方面,进入了一个多层次的发展阶段。

卫星互联网也被称作空天互联网,是基于卫星通信的互联网,通过一定数量的卫星形成规模组网,从而辐射全球,构建具备实时信息处理的大卫星系统。同时,它也是一种能够完成向地面和空中终端提供宽带互联网接入等通信服务的新型网络,如图 1-3 所示。

图 1-3 卫星互联网示意图

卫星互联网不受地理条件限制,对地面设施依赖程度较低,是对光纤互联网、移动互联网很好的补充。

2020 年为空天互联网元年,美国推进星链计划 Starlink,计划在 2019 年至 2024 年间在太空搭建由约 1.2 万颗卫星组成的"星链"网络。同时,我国从国家战略层面,首次将卫星互联网列入"新基建"范畴。

1.1.2 我国的网络发展情况

在因特网建设方面，我国经历了三个发展阶段。

1. 初始阶段

这一阶段从 1986 年到 1993 年，主要是通过中科院高能物理研究所的网络线路，实现了与欧洲及北美地区的 E-mail 通信。中国科技界从 1986 年开始使用因特网。

2. 教育科研网发展阶段

从 1994 年到 1995 年，北京中关村地区及清华大学、北京大学组成 NCFC 网（National Computing and Networking Facility of China），于 1994 年开通了因特网的 64Kb/s 专线连接。同时，架设了我国的顶级域名 CN 服务器。从此，我国真正加入因特网行列。随后，中国教育和科研计算机网 CERNET 建成，其目的是把全国大部分高校连接起来，并与国际学术计算机网互联。

3. 网络商业应用阶段

自 1996 年后，我国网络进入了商业应用阶段。至今已经建立了 10 个公用骨干网，如表 1-1 所示。

表 1-1 我国十大公用骨干网络

骨干网名称	缩 写	主管部门	运营者	用 户	建立时间
中国科学技术网	CSTNET	中国科学院	中国科学院	科研、政府和高新技术企业	1994 年 4 月
中国公用计算机互联网	ChinaNET	中国工业和信息化部	中国电信	所有中国人	1995 年 5 月
中国教育与科研网	CERNET	中国教育部	赛尔网络有限公司	学校和科研单位	1995 年 11 月
中国金桥信息网	ChinaGBN	中国工业和信息化部，2008 年整合后划入中国工业和信息化部	中国联通	所有中国人	1996 年 9 月
中国联通计算机互联网	UNINET	中国工业和信息化部	中国联通	所有中国人	1999 年 4 月
中国网通公用互联网	CNCNET	中国工业和信息化部	中国网通，后被中国联通收购	所有中国人	1999 年 7 月
中国移动互联网	CMNET	中国工业和信息化部	中国移动	所有中国人	2000 年 1 月
中国国际经济贸易互联网	CIETNET	中国国际电子商务中心	对外经济贸易合作部	涉外企事业单位	2000 年 1 月
中国长城互联网	CGWNET	中国长城互联网络中心	中国长城互联网络中心	军队	2000 年 1 月
中国卫星集团互联网	CSNET	中国工业和信息化部	中国卫通，后被中国电信收购	所有中国人	2000 年 1 月

2002 年,我国成立国家互联网应急中心,致力于建设国家级的网络安全监测中心、预警中心和应急中心。2004 年,我国的第一个下一代互联网 CNGI 的主干网 CERNET2 试验网正式开通,并提供服务。2006 年,CNGI-CERNET2/6IX 通过国家鉴定验收,建成世界上规模最大的纯 IPv6 大型互联网主干网,成为我国研究下一代互联网技术、开发重大应用、推动下一代互联网产业发展的关键性基础设施的重要组成部分。

2011 年 5 月,国家互联网信息办公室正式设立,体现出国家层面对互联网的高度重视。2018 年 3 月,设立中央网络安全和信息化委员会办公室,管理国家计算机网络与信息安全管理中心。

中国互联网络信息中心(China Internet Network Information Center,CNNIC)是我国域名注册管理机构和域名根服务器运行机构。CNNIC 负责运行和管理国家顶级域名.CN、中文域名系统、通用网址系统及无线网址系统,负责建立并维护全国最高层次的网络目录数据库,提供对域名、IP 地址、自治系统号等方面信息的查询服务。

2021 年 2 月,CNNIC 发布了第 47 次《中国互联网络发展状况统计报告》。该报告显示,截至 2020 年 12 月,我国网民规模达 9.89 亿,占全球网民的 1/5 左右。互联网普及率达 70.4%,网络扶贫成效显著。网络零售连续八年全球第一,有力推动消费“双循环”;网络支付使用率近 90%,数字货币试点进程全球领先;短视频用户规模增长超 1 亿,节目质量飞跃提升;数字政府建设扎实推进,在线服务水平全球领先。2020 年,“健康码”助 9 亿人通畅出行,我国互联网行业在抵御新冠肺炎疫情和疫情常态化防控等方面发挥了积极作用,为我国成为全球唯一实现经济正增长的主要经济体、国内生产总值(GDP)首度突破百万亿元、圆满完成脱贫攻坚任务做出了重要贡献。

1.1.3　计算机网络的定义

对于计算机网络,从不同的发展阶段和角度看,有着不同的定义。其中,资源共享观点的定义比较准确、客观地描述了计算机网络的基本特征:计算机网络是以能够相互共享资源的方式互联起来的自治计算机系统的集合。

计算机网络与多终端系统具有明显的区别。传统的多终端系统由一台中央处理机、多个联机终端及一个多用户操作系统组成。系统资源全部集中在主机上,数据处理也在主机上进行。而计算机网络系统并不是以一台大型的主计算机为基础,而是以许多独立的计算机为基础。每台计算机可以拥有自己的资源,具有独立的数据处理能力。网络中的计算机可以共享网络中的全部资源。

【例 1-1】　叙述计算机网络与分布式系统的异同点。

解析:分布式计算机系统与计算机网络系统都是由多个互联的自治计算机系统构成的集合,在计算机硬件连接、系统拓扑结构和通信控制等方面基本一致,都具有通信和资源共享的功能。

但是,分布式计算机系统的最主要特点是整个系统中的各计算机对用户都是透明的,即强调系统的整体性,强调各计算机在协调下自治工作。例如,分布式系统的应用程序可分为几个独立的部分,分别运行于不同的机器上,它们之间通过通信而相互协作,共同完成一个作业。

而在计算机网络中，每台计算机对用户都是完全可见的，它以资源共享为主要目的，方便用户访问其他计算机所具有的资源。如果用户需要在远程的一台计算机上运行某个程序，则用户必须在线登录该计算机，然后执行程序。

从效果上看，分布式系统是建立在网络之上的软件系统，具有高度的整体性和透明性。

因此，两者的区别主要在于软件（尤其是操作系统）而不是硬件。

1.1.4 计算机网络的组成

计算机网络的组成可以有两种分类：物理组成和功能组成。

计算机网络必须具备以下三个基本要素。

（1）至少有两台独立操作系统的计算机，它们之间有相互共享某种资源的需求。

（2）必须通过某种通信手段连接两台独立的计算机。

（3）网络中各台独立的计算机之间要能相互通信，必须制定相互可确定的规范标准或者协议。

以上三条是组成一个网络的必要条件，三者缺一不可。计算机网络也是由各种可以连起来的网络单元组成的。

1. 物理组成

从物理构成上看，计算机网络包括三部分：硬件系统、软件系统和网络信息。大型的计算机网络是一个复杂的系统，一般是一个集计算机软件系统、通信设备、计算机硬件设备以及数据处理能力为一体的能够实现资源共享的现代化综合服务系统。

1）硬件系统

硬件系统是计算机网络的基础，硬件系统由计算机、通信设备、连接设备及辅助设备组成，通过这些设备的组成形成了计算机网络的类型。常用的设备有以下几种。

（1）服务器。

在计算机网络中，核心的组成部分是服务器。服务器是计算机网络中向其他计算机或网络设备提供服务的计算机，并按提供的服务被冠以不同的名称。常用的服务器有文件服务器、打印服务器、通信服务器、数据库服务器、邮件服务器、信息浏览服务器和文件下载服务器等。

（2）客户机。

客户机是与服务器相对的一个概念，在计算机网络中享受其他计算机提供的服务的计算机就称为客户机。

（3）网络设备。

网络设备包括网卡、调制解调器、集线器、交换机和路由器等。

2）软件系统

网络系统软件包括网络操作系统和网络协议等。

网络操作系统是网络用户和计算机网络的接口，管理计算机的硬件和软件资源，其主要功能是资源管理、网络通信和网络服务。网络操作系统主要有 UNIX、Windows 和

Linux 三大系列。

网络协议保证网络中两台设备之间正确传送数据。

3）网络信息

计算机网络上存储、传输的信息称为网络信息。网络信息是计算机网络中最重要的资源，它存储于服务器上，由网络系统软件对其进行管理和维护。

2. 功能组成

在功能上，计算机网络由资源子网和通信子网两部分组成。其中，资源子网完成数据的处理、存储等功能，相当于计算机系统；而通信子网完成数据的传输功能，如网络通信设备和通信线路等。一般而言，资源子网属于网络的边缘部分，而通信子网是网络的核心部分。

1.2　计算机网络的分类

计算机网络的分类方法有多种，常见的是从网络的拓扑结构、网络的地理范围、网络的传输介质、网络的通信方式、网络的功能等方面进行划分。

1.2.1　按拓扑结构分类

网络的拓扑结构是指网络中各节点的互联模型，以图的形状表示，图的顶点表示网络节点（如计算机、路由器），图的边表示节点之间的物理链路。网络拓扑结构主要有四种基本类型：总线、星形、环形和树形，其结构如图 1-4 所示。

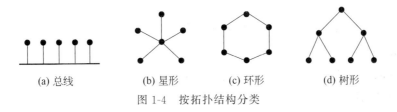

(a) 总线　　　　(b) 星形　　　　(c) 环形　　　　(d) 树形

图 1-4　按拓扑结构分类

1. 总线结构

如图 1-4(a)所示，其特点是所有节点都连到一条主干线上，从任何一台计算机上发出的信息，都通过该公共总线以广播方式传送到其他所有的计算机上。大多数无线网络也具有相同的广播性质。

总线结构的突出优点是低成本和连接新节点的简便性；其缺点是在某一时刻，网络上只能有一台计算机传输数据，当两台及两台以上的计算机同时发送信息时，会发生冲突。

传统的以太网就是总线结构，是局域网最常见的拓扑结构之一。

2. 星形结构

星形结构的特点是存在一个中心节点，该中心节点可以是计算机，但通常是交换机。其他节点与中心节点互联，系统的连通性与中心节点的可靠性有很大的关系。这种结构的优点是，节点的增减都很简便。

3. 环形结构

环形结构的网络存在一个环形的总线，节点之间为点到点连接，所有节点连接成一个闭合的环，数据通过环在节点之间传输。环的特性可用于测试网络的连通性，以及用来搜索不能正常工作的节点；其缺点是，当环中的一台计算机失效时，往往会使整个环中的数据传输无法正常工作。

4. 树形结构

在实际网络中，经常需要使用多级星形连接，将多个中心节点以星形结构连接到另外的上一级的中心节点，这样便构成了树形结构。其特点是从根节点到叶节点呈现层次性。目前，树形结构是最常见的网络拓扑结构之一。

广域网通常是各种形状的网络的互联，其拓扑结构不是很符合规则的几何形状，往往表现为网状结构。

1.2.2　按地理范围分类

根据网络的作用范围，可将网络划分为以下五种。

（1）个域网（Personal Area Network，PAN）：作用范围在 10m 以内。

（2）局域网（Local Area Network，LAN）：作用范围通常为几十米到几十千米。

（3）城域网（Metropolitan Area Network，MAN）：作用范围介于局域网与广域网之间。

（4）广域网（Wide Area Network，WAN）：作用范围通常为几十千米到几千千米。

（5）因特网（Internet）：全球范围。

这种划分并没有严格意义上的地理范围的区分，只是一个定性的概念。

1. 个域网

个域网的范围比局域网更小，如一个家庭内用来连接多个具有计算机功能的家用电器或电子设备的网络。

2. 局域网

局域网是最常见、应用最广的一种网络。现在，局域网随着整个计算机网络技术的发展和提高得到充分的应用和普及。局域网就是在局部地区范围内的网络，它所覆盖的地区范围较小。局域网在计算机数量配置上没有太多的限制，少则可以只有两台，多则可达几百台。一般来说在企业局域网中，工作站的数量在几十到两百台左右。局域网一般位于一个建筑物或一个单位内，不存在寻径问题，不包括网络层的应用。

这种网络的特点是：连接范围窄、用户数少、配置容易、连接速率高。目前局域网速率最快的当属 10Gb/s 以太网。

3. 城域网

城域网一般来说是在一个城市中，但不在同一地理小区范围内的计算机互联。这种网络的连接距离可以在 10～100km，它采用的是 IEEE 802.6 标准。MAN 与 LAN 相比扩展的距离更长,连接的计算机数量更多,在地理范围上可以说是 LAN 网络的延伸。在一个大型城市或都市地区,一个 MAN 网络通常连接着多个 LAN 网络,如连接政府机构的 LAN、医院的 LAN、电信的 LAN、公司企业的 LAN 等。由于光纤连接的引入,使 MAN 网络中高速的 LAN 网络互联成为可能。

4. 广域网

广域网也称为远程网,所覆盖的范围比城域网更广,它一般是在不同城市之间的 LAN 或者 MAN 网络互联。广域网可以分为公共传输网络、专用传输网络和无线传输网络。通常广域网的数据传输速率比局域网高,而信号的传播延迟却比局域网要大得多。广域网的典型速率是从 56kb/s 到 155Mb/s,已有 622Mb/s、2.4Gb/s 甚至更高速率的广域网;传播延迟可从几毫秒到几百毫秒(使用卫星信道时)。

到 2013 年,我国互联网络连接带宽情况如图 1-5 所示。

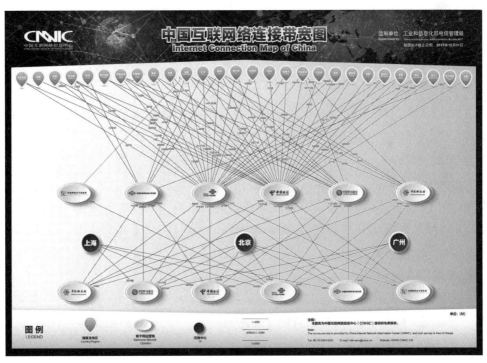

图 1-5　中国互联网络连接带宽图

5. 因特网

无论是从地理范围还是网络规模来讲,因特网都是最大的一种网络。其最大的特点就是不定性,整个网络的计算机每时每刻都在随着人们网络的接入而不断变化。因为该网络的复杂性,所以其实现的技术非常复杂。

近年来还出现了存储区域网(Storage Area Network,SAN),它主要用来连接多个大容量存储设备,这与计算机网络的基本功能完全不同。SAN 在灾备技术中应用广泛,能够将大型应用系统的重要数据实时保存在本地或异地的大容量存储设备(如磁盘阵列机)中。

此外,有的计算机系统中可能包括许多处理机,若中央处理机之间的距离非常近(如仅1m的数量级甚至更小),则一般称之为多处理机系统,而不称其为计算机网络。多处理机系统中,各处理机之间通常是通过存储器或高速总线紧密地耦合传递信息,而计算机网络中各计算机之间是松耦合的,所以它们具有明显的差异。

1.2.3　无线网络

无线通信系统的应用较早,各种技术标准众多,在应用上包括卫星通信系统、蜂窝式无线网络系统、无绳系统等。人造卫星是一个强大的通信系统,包括地球同步卫星、中间轨道卫星和低轨道卫星等多种类型。在语音通信系统中,低轨道卫星得到了广泛应用。

无线网络按覆盖范围可以划分为无线个域网、无线局域网、无线城域网和无线广域网。

1. 无线个域网

无线个域网(Wireless Personal Area Network,WPAN)的通信范围为10～100m,目前主要的技术是蓝牙技术、ZigBee技术和超宽带UWB技术。

2. 无线局域网

无线局域网(Wireless Local Area Network,WLAN)的覆盖范围较大,采用IEEE 802.11标准。这部分内容将在第4章详细阐述。

3. 无线城域网

无线城域网(Wireless Metro Area Network,WMAN)是可以覆盖城市等较大范围的无线网络,采用IEEE 802.16标准。目前比较成熟的标准有IEEE 802.16d和IEEE 802.16e,如802.16e标准可以支持移动终端设备在120km/h的速度下以70Mb/s的数据速率接入。

4. 无线广域网

无线广域网(Wireless Wide Area Network,WWAN)是移动电话和数据业务所使用的数字移动通信网络,可以覆盖相当广泛的范围甚至全球,一般由电信运营商进行维护。表1-2中指的就是这类网络。

表1-2　蜂窝式无线通信系统的发展情况

时　代	商用元年	主 要 特 征	采 用 标 准	主 要 性 能
1G	20世纪80年代	模拟网,面向语音	AMPS、TACS	传输率<10kb/s
2G	1992年	面向数字语音和低速数据传输	CDMA、GSM	传输率<50kb/s
3G	2001年	面向语音和宽带传输	CDMA2000、WCDMA、TD-SCDMA	传输率<2Mb/s
4G	2013年	实现快速数据服务,高清视频传输	TD-LTE(中国主导)、FD-LTE(欧美)	室内传输率100Mb/s～1Gb/s,延时为30～70ms

时　代	商用元年	主　要　特　征	采　用　标　准	主　要　性　能
5G	2019 年	实现高清视频、虚拟现实等大数据量传输	3GPP	传输率高达 10Gb/s，延时低于 1ms

5G 的性能目标是高数据速率、减少延迟、节省能源、降低成本、提高系统容量和大规模设备连接。

5G 网络技术主要分为核心网、回传网和前传网、无线接入网，如图 1-6 所示。

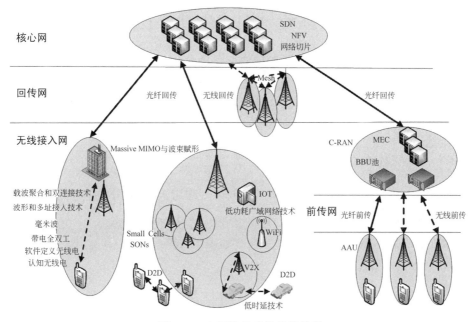

图 1-6　5G 网络技术的分类示例

华为 5G 技术在基带容量、设备部署简易度、射频单元系、技术演进能力和相关专利方面均是第一。在 2016 年 5G 标准的制定中，华为主推的极化码成为 5G 的控制信道编码方案，而高通推崇的低密度奇偶校验(LDPC)码成为数据信道的编码方案。

1.2.4　其他分类

从传输媒体看，计算机网络可以划分为双绞线网、同轴电缆网、光纤网或无线网等。

从传输技术看，计算机网络可以分为点对点网络和广播网络。在点对点网络中，每条物理线路连接一对计算机；而在广播网络中，所有联网的计算机都共享一个公共通信信道。

从网络的使用范围看，计算机网络可以分为公用网和专用网。公用网为全社会服务，而专用网属于某行业或部门专用，如银行系统的网络。

【例 1-2】　5 台路由器要连接成一个点对点式的通信子网。在每对路由器之间可以使用一条高速线路、中速线路、低速线路或不设线路。如果生成和检查每一种拓扑结构需要 100ms 的计算时间,则需要多少时间才能检查完所有可能的拓扑结构?

解析:假设 5 台路由器分别是 A、B、C、D 和 E,它们之间存在 10 条可能的线路:AB、AC、AD、AE、BC、BD、BE、CD、CE、DE。由于每条线路都有 4 种可能性,因此,所有可能的拓扑结构数为 $4^{10} = 1\ 048\ 576$。

由于检查每种拓扑结构需要花费 100ms,则检查完所有可能的拓扑结构需要的时间为

$$1\ 048\ 576 \times 100\text{ms} = 104\ 857.6\text{s} \approx 29.13\text{h}$$

1.3　计算机网络的体系结构

网络体系结构要解决的问题是如何构建网络的结构,如何根据网络结构制定网络通信的规范和标准。由于计算机网络通信的过程非常复杂,一般采用系统分解方法进行分析。协议层次化就是解决网络互连复杂性的系统分解方法,目前著名的网络体系结构主要有 OSI 层次模型和 TCP/IP 的层次模型。

1.3.1　分层体系结构及协议

下面先以生活中邮政系统中传统邮件的收发处理为例,说明分层体系结构的特点。

1. 邮政系统的分层实例

在邮政系统中,传统邮件的收发处理过程如图 1-7 所示。

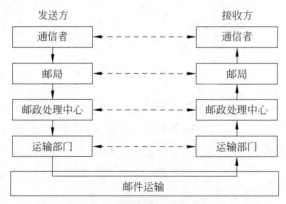

图 1-7　传统邮件的收发处理过程

可以将整个过程按实施者划分为四个层次。

(1) 通信者,负责邮件的填写和邮寄。

(2) 邮局,负责邮件的收集、检查、加盖邮戳、投递和分拣等。

(3) 邮政处理中心,负责邮件的汇总、打包拆包、转送等。

(4) 运输部门,负责邮件包的运输。

图 1-7 中有两条线路:实线表示邮件的实际发送和接收路线,描述分层及其层次之间的关系,每一层只需要完成相应的工作,既相互独立,又存在内在联系;虚线表示邮件传

输的对等关系,如通信者之间描述了邮件的收发双方对书写语言和内容之间的约定、邮局之间对信件邮资邮戳和格式的约定,从而保证邮件能被准确送达。

从上述实例可以看出,合理的层次结构具有许多优点,如层次上独立,便于实现和维护,有助于标准化工作;具有良好的灵活性,当某一层发生变化时,只要保持层间的接口关系不变,则不会影响整个系统的运行,使各层都能够采用最合适的技术实现,便于各层软/硬件的开发。

层次划分也要遵循以下原则。

(1) 结构清晰,层数适中。若层次太少,就会使每层需要的内容太多,协议变得复杂;但层次太多,会增加设计的负担,影响工作效率。

(2) 层次之间的通信接口容易实现,调用方便,使下层为上层提供服务。

(3) 对等层次按照相同的规则和约定,实现相互间的通信。

2. 网络协议及其层次模型

协议是指双方必须遵循的、用于控制信息交换的规则的集合,是一套语义和语法规则。协议的概念在日常生活中无处不在,例如交通法规就是出行的各种车辆及行人应当遵守的协议。

网络协议指网络通信中建立的规则、标准或约定,规定了网络中使用的格式、顺序和差错控制等。网络协议由语义、语法和同步三个要素组成。

(1) 语义,定义数据格式中每一部分的含义,即“是什么”。

(2) 语法,指数据与控制信息的结构或格式,确定通信时采用的数据格式、编码及信号电平等,即“如何做”。

(3) 同步,规定了事件的执行顺序。

前文已经说明,协议的分层可以将复杂的问题简单化。对于一个层次化的网络体系结构,每一层中活动的元素被称为实体,表示通信时能够发送和接收信息的任何硬件或软件进程。不同系统的同一层实体称为对等实体。对等实体必须采用同一种协议。

下面给出网络协议的层次模型,如图 1-8 所示。

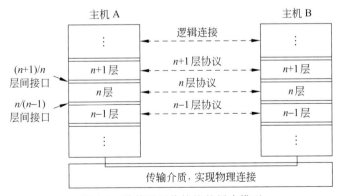

图 1-8 计算机网络协议的层次模型

系统中的下层实体向上层实体提供服务,在图 1-8 中,n 层既是 $n-1$ 层的用户,又是

$n+1$ 层的服务提供者。

　　服务是通过接口完成的。接口是网络层次结构中相邻层之间的通信之处，是上层实体和下层实体交换数据的地方，称为服务访问点（Service Access Point，SAP）。

　　由此，可以看出协议和服务之间的关系如下。

　　协议和服务之间的联系表现在：协议是控制两个对等实体进行通信的规则的集合。在协议的控制下，两个对等实体间的通信使本层能够向上一层提供服务。而要实现本层协议，还需要使用下面一层提供服务。因此，协议的实现保证了能够向上一层提供服务。注意，下层的协议对上面的服务用户是透明的。

　　协议是"水平"的，即协议是不同系统对等层实体之间的通信规则，如图 1-8 中的虚线上描述了 n 层实体之间的协议；服务则是"垂直"的，是同一系统中下层实体通过层间的接口向上层实体提供的。同时，协议是实现不同系统对等层之间的逻辑连接，而服务则是通过接口实现同一个系统中不同层之间的物理连接，并最终通过传输介质实现不同系统之间的物理传输过程。

1.3.2　OSI 模型

　　开放系统互连（Open System Interconnection，OSI）是由国际标准化组织 ISO 于 1983 年正式批准的网络体系结构参考模型。这是一个标准化开放式的计算机网络层次结构模型。OSI 模型只定义了分层结构中每一层向其高层提供的服务，并非具体实现的协议描述，只是为制定标准而提供的概念性框架。

1. OSI 模型的体系结构

　　OSI 采用七层模型的体系结构，从下到上依次为物理层（Physical layer）、数据链路层（Data link layer）、网络层（Network layer）、传输层（Transport layer）、会话层（Session layer）、表示层（Presentation layer）和应用层（Application layer）。

　　OSI 模型如图 1-9 所示。带双向箭头的水平虚线表示对等层之间的协议连接，图 1-9 中仅示意了应用层协议。主机 A 和主机 B 之间通过通信子网的节点相连，用实线表示。

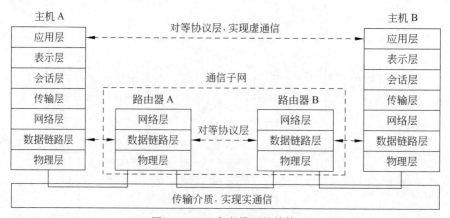

图 1-9　OSI 参考模型的结构

只有在主机中才可能需要包含所有7层的功能,而在通信子网中,一般只需要最低三层甚至最低两层就可以了,如在局域网中只需要物理层和数据链路层。而早期计算机之间通过串行通信协议相互传输数据时,只需要物理层。

下面阐述各层的基本功能和特点。

1) 物理层

作为OSI模型的第1层,物理层利用传输介质为通信的网络节点之间提供一个物理连接,实现比特流的透明传输,从而为数据链路层提供数据传输服务。

物理层定义了为建立、维护和拆除物理链路所需要的机械、电气、功能和规程四种特性,其中涉及接插件的机械规格、信号线的安排、比特"0"和"1"信号的电平表示以及收发双方的协调等内容。此外,还涉及数据传输模式、电信号或光信号的选择、信号编码及传输介质的选择等问题。但具体的传输介质并不在OSI的7层之内,有人把物理媒体当作第0层。

物理层的基本协议有RS-232C、RS-499和CCITT的X.21等。

2) 数据链路层

数据链路层是OSI模型的第2层,在通信实体之间建立数据链路连接,以帧为单位传输数据包,并采取差错控制和流量控制等方法,使有差错的物理线路变成似乎是不出差错的链路。

数据链路层的基本协议主要有ISO-HDLC、IEEE 802.3、IEEE 802.4、IEEE 802.5等协议。

3) 网络层

网络层是OSI模型的第3层,主要功能是用于通信子网的运行控制,选择合适的路由和交换节点,将分组从源节点高效地传输到目的节点,并实现拥塞控制和网络互连等功能。

网络层的协议主要有CCITT的X.25等。

4) 传输层

传输层是OSI模型的第4层,基本功能是建立和管理两个端点中应用进程之间的连接,实现端到端的数据传输、差错控制和流量控制等功能。

传输层的协议主要有ISO 8072和ISO 8073等。

5) 会话层

会话层是OSI模型的第5层,不参与具体的数据传输。通常将进程之间的数据通信称为会话,会话层负责通信中两个应用进程之间的会话连接的建立、维护、释放和数据的交换。

ISO/IEC 8826与8827定义了会话层服务与协议规范,相应的CCITT建议书为X.215。

6) 表示层

表示层是OSI模型的第6层,主要解决通信系统中用户信息的语法表示问题,充当应用程序和网络之间的"翻译官",包括数据格式转换、数据的加密与解密、数据压缩与恢复等功能。如查询网上银行账户使用的就是一种安全连接。账户数据在发送前被加密,在网络的另一端，表示层将对接收到的数据进行解密。

ISO/IEC 8882 与 8883 分别对面向连接的表示层服务和表示层协议规范进行了定义。

7）应用层

应用层是 OSI 模型的第 7 层（最高层），为应用程序提供网络服务，包含了各种用户使用协议。应用层提供的服务包括文件传输、文件管理、电子邮件等信息处理。注意，应用层并不是运行在网络上的某个特别的应用程序。

2. 层次间数据的传递

OSI 模型中的物理层、数据链路层和网络层是面向网络通信的低 3 层协议。传输层负责端到端的通信，既是 7 层模型中负责数据通信的最高层，又是面向网络通信的低 3 层和面向信息处理的高 3 层之间的中间层。传输层之上的各层面向应用，属于资源子网的问题；其下各层面向通信，主要解决通信子网的问题。所以，传输层是中间过渡层，实现了数据通信中由通信子网向资源子网的过渡和两种不同类型问题的转换。

层次结构模型中数据的实际传送过程如图 1-10 所示。进程 A 发送给进程 B 的数据，实际上经过主机 A 各层从上到下传递到传输介质，然后由接收方主机 B 经过由下到上各层的传递，最后到达进程 B，如图 1-10 中的带单向箭头的实线路线所示。

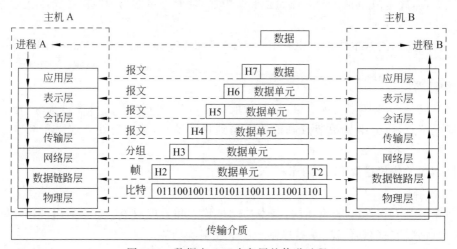

图 1-10   数据在 OSI 中各层的传递过程

在会话层及以上的更高层次中，数据传送的单位一般都称为报文。在发送方，当数据到达应用层时，应用层为数据加上本层首部 H7 后，组成新的报文，然后再传输到表示层。同样，表示层、会话层和传输层也分别为数据加上首部 H6、H5、H4，打包重构为新的报文后，发送到网络层。

传输层的报文传送到网络层时，由于网络层数据部分的长度有限制，所以报文将进行分片处理，被分成多个较小的数据部分，分别加上首部 H3 后，组成分组，作为网络层的数据传输单位。

网络层的分组传送到数据链路层时，分别加上首部 H2 和尾部 T2，构成帧，作为该层的传输单位。

数据链路层的帧传送到物理层后,物理层将以比特流的方式通过传输介质传输出去。当比特流到达目的节点主机 B 时,再从主机 B 的物理层开始依次上传,每层在正确收到数据后都进行拆包处理。最终,将用户数据送达进程 B。

3. 面向连接服务与无连接服务

通信服务可以分为两类:面向连接服务和无连接服务。在网络数据传输的许多层次中,如物理层、数据链路层、网络层和传输层,都会涉及这两种服务问题。采用的通信服务类型不同,通信的可靠性和协议的复杂性也不相同。

面向连接服务和电话系统的工作模式相似,具有连接特点;而无连接服务和邮政系统的邮件收发过程相似。比较起来,两者的特点表现如下。

1) 连接特性

面向连接服务的数据传输过程必须经过连接建立、连接维护与连接释放三个阶段,而无连接服务没有这种连接特性。

2) 独立性

面向连接服务的各个分组不需要携带目的节点的地址,其数据收发依赖于建立好的虚拟连接;而无连接服务的每个分组都携带完整的目的节点地址,各分组在系统中是独立传送的。

3) 可靠性

面向连接服务因具有连接特性,保持了传输的专有性和顺序性;而无连接服务的分组传送路径可能不同,分组在传输中也可能出现乱序、重复和丢失等现象。因此,面向连接服务的可靠性高。

4) 实时性

无连接服务的通信协议较为简单,省略了许多可靠保证机制,所以,无连接服务的效率较高,实时性好。

此外,两种服务还可以与确认机制结合使用。确认是指目的节点在正确收到发来的分组后回送确认信息。发送方若在规定时间内没有收到该信息,就要重传这个分组。显然,这种确认机制可以提高服务的可靠性,但会增加通信负荷,网络协议也更为复杂。在TCP/IP 的传输层中,TCP 即采用了有确认的面向连接服务。

【例 1-3】 某包装公司的总裁打算与本地的啤酒酿造商合作生产一种啤酒罐。总裁指示其法律部门调查此事,而法律部门请工程部门帮助。于是,总工程师打电话给啤酒公司的该方面主管讨论此事的技术问题。然后,工程师又各自向自己的法律部门汇报。双方法律部门通过电话商议,安排了有关法律方面的事宜。最后,两位公司总裁讨论这笔生意经济方面的问题。请问,这是否是 OSI 参考模型意义上的多层协议的例子?

解析:OSI 参考模型将计算机网络的通信功能自下而上分为 7 层:物理层、数据链路层、网络层、传输层、会话层、表示层与应用层。除了最低层即物理层之外,不同节点的各层对等层实体都不进行直接通信,而是通过网络协议进行间接通信。

本题中的例子也是一种分层处理的结构,下层为其直接上层提供服务,但每层的实体(总裁、法律部门、工程师)都进行直接物理通信,这不同于 OSI 参考模型的处理方式。因此,本例不是 OSI 模型意义上的多层协议的例子。

1.3.3　TCP/IP 协议

TCP/IP 协议的产生过程与 OSI 模型不同,其经历了一个发展和演变的过程。TCP/IP 协议的起源可以追溯到最早出现的网络 ARPANET。ARPANET 开始使用的是网络控制协议 NCP,随着 Internet 的发展,1973 年引入了传输控制协议(Transport Control Protocol,TCP),并于 1981 年引入了网络协议(Internet Protocol,IP)。1982 年 TCP 和 IP 协议被标准化为 TCP/IP 协议族,并在 1983 年取代了 ARPANET 上的 NCP 协议。

随后,TCP/IP 协议作为一个标准网络组件被包含到 UNIX 系统的实现中,使系统具有了网络功能。此后,该协议也加入到 Windows 等操作系统中。至此,虽然 TCP/IP 协议不是 ISO 标准,但已经成为了事实上的标准。现在的 Internet 就是以 TCP/IP 协议为核心的网络系统。

TCP/IP 协议从发展初期到现在一共出现了 6 个版本,后 3 个版本是版本 4、版本 5 和版本 6。目前我们使用的是版本 4,其网络层 IP 协议称为 IPv4。由于 IPv4 的 32 位地址长度较小、地址类型复杂和存在安全问题,所以提出了改进版本。版本 5 没有形成标准,版本 6 即 IPv6,称为下一代的 IP 协议,它在地址空间、数据完整性、保密性与实时传输等方面都有很大改进。本书主要阐述 IPv4 协议,同时对 IPv6 协议进行介绍。

1. TCP/IP 协议族

TCP/IP 的层次模型与协议族如图 1-11 右侧所示,从下到上包含了四个层次:网络接口层、网络层、传输层和应用层。

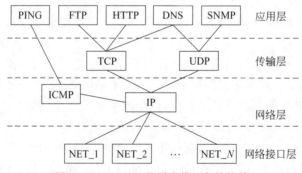

图 1-11　TCP/IP 的层次模型与协议族

各层的主要功能和特点如下。

1) 网络接口层

TCP/IP 标准并没有定义具体的网络接口协议,而是旨在提供灵活性以适应各种网络类型。这些通信网络包括 Internet 和 X.25 公用数据网等多种广域网络,以及各种局域网。IP 层提供了特有的功能,用于解决与各种网络物理地址的转换。

2) 网络层

网络层负责将源主机的分组发送到目的主机,它相当于 OSI 网络层的无连接网络服务。该层最常用的协议是 IP 协议,还有网际控制报文协议 ICMP、网际组管理协议 IGMP、地址转换协议 ARP 和反向地址转换协议 RARP。

3)传输层

传输层负责在应用进程之间建立端到端的通信,与 OSI 模型的传输层功能相似。该层主要定义了两个重要的协议:TCP 协议和 UDP 协议。

4)应用层

TCP/IP 模型的应用层是最高层,该层定义了大量的应用协议,其中最常用的协议包括文件传输协议 FTP、远程登录 Telnet、域名服务 DNS、简单邮件传输协议 SMTP 和超文本传输协议 HTTP 等。

用户可以利用应用程序编程接口(如 Microsoft 的 Windows Sockets),开发网络通信应用程序。

2. TCP/IP 模型与 OSI 模型的比较

TCP/IP 模型和 OSI 模型比较,存在着许多相同和差异之处,其对应关系如图 1-12 所示。

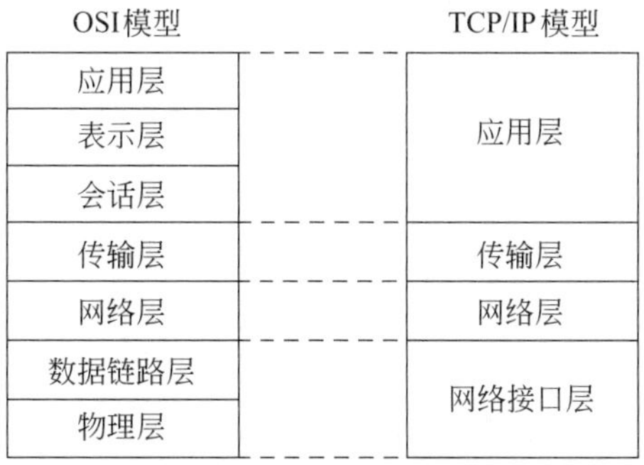

OSI模型	TCP/IP模型
应用层	应用层
表示层	
会话层	
传输层	传输层
网络层	网络层
数据链路层	网络接口层
物理层	

图 1-12　OSI 模型与 TCP/IP 模型的对应关系

1)相同点

两者都是层次化模型,且都定义了相似的功能,如网络层、传输层和应用层。需要注意的是,TCP/IP 模型的应用层比 OSI 的范围大,相当于 OSI 的会话层、表示层和应用层的合并功能。

2)不同点

① 在 OSI 模型中,严格地定义了服务、接口与协议;而在 TCP/IP 模型中,并没有严格区分服务、接口与协议。

② TCP/IP 模型不区分甚至不提起物理层和数据链路层,而这种划分是必要和合理的。

③ TCP/IP 模型不是通用模型,不适合描述除 TCP/IP 模型之外的任何协议。

④ OSI 模型支持无连接和面向连接的网络层通信,但在传输层只支持面向连接的通信;TCP/IP 模型只支持无连接的网络层通信,但在传输层有支持无连接和面向连接的两种协议可供用户选择。

⑤ 在应用方面,OSI模型的结构复杂,实现周期长,没有在工业上得到真正的应用;而TCP/IP模型因其大量成功的应用而成为了工业标准。

虽然OSI模型未能得到实际应用,但其许多概念、研究结果和方法对今后网络的发展具有重要的指导意义。为了保证网络教学的科学性和系统性,Andrew S. Tanenbaum建议了一种层次参考模型,应该吸取两者的优点,选用TCP/IP模型的上面3层和OSI模型的最低2层,构成5层模型,从下到上分别是物理层、数据链路层、网络层、传输层和应用层。本书也基本按照这种思路进行阐述。

习　题　1

1. 请登录以下网站,了解我国网络技术的最新发展和应用情况。

(1) 中国互联网络信息中心:www.cnnic.net.cn/index.htm。

(2) 中国教育和科研计算机网:www.cernet.edu.cn。

2. 请登录网站www.ietf.org/rfc,学习和了解各类网络协议的国际标准文档。

3. 计算机网络的发展经历了哪几个阶段? 各阶段有什么特点?

4. 计算机网络都有哪些类别? 各种类别的网络都有什么特点?

5. 请给出以下事件发生的先后顺序。

(1) 万维网的发明。　　　　　　　　(2) ARPANET开始运行。

(3) OSI模型标准的正式发布。　　　　(4) 以太网标准发布。

(5) TCP的提出。　　　　　　　　　(6) 分组交换技术的提出。

6. 协议与服务有何区别? 有何联系?

7. 比较面向连接服务和无连接服务的异同点。

8. 请说明网络协议中三要素"语法""语义"和"时序"的含义与关系。

9. 什么是网络体系结构? 为什么要定义网络的体系结构?

10. 试举出一些现实生活中与分层体系结构的思想相类似的例子。

11. 试比较OSI模型与TCP/IP模型的异同点。

12. 在ISO的OSI参考模型中,提供流量控制功能的层是第___(1)___;提供建立、维护和拆除端到端连接的层是___(2)___;为数据分组提供在网络中路由功能的是___(3)___;传输层提供___(4)___的数据传送;为网络层实体提供数据发送和接收功能和过程的是___(5)___。

(1) A. 1、2、3层　　　　B. 2、3、4层　　　C. 3、4、5层　　　D. 4、5、6层

(2) A. 物理层　　　　　B. 数据链路层　　　C. 会话层　　　　D. 传输层

(3) A. 物理层　　　　　B. 数据链路层　　　C. 网络层　　　　D. 传输层

(4) A. 主机进程之间　　B. 网络之间　　　　C. 数据链路之间　D. 物理线路之间

(5) A. 物理层　　　　　B. 数据链路层　　　C. 网络层　　　　D. 传输层

13. Wireshark是一款著名的免费网络协议分析工具,便于获得网络原理的真实感受,其抓包界面示例如图1-13所示。请从官方网站www.wireshark.org中下载该工具并

开始学习使用。

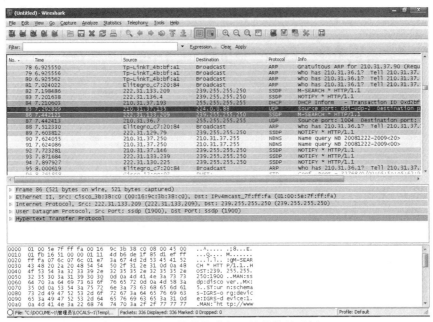

图 1-13 网络协议分析工具的使用示例

第 2 章 物 理 层

物理层是 OSI 的第 1 层,也是最低层,是指在物理介质之上为数据链路层提供一个原始比特流的物理连接。物理层的传输单位为比特,直接面向实际承担数据传输的物理介质。

物理层要解决如下两个问题。

(1) 为设备之间的数据通信提供传输媒体及互连设备,包括计算机、集线器、交换机、路由器等之间如何实现接口。

(2) 为数据传输提供可靠的环境,实现如何在连接各种设备的传输介质上透明地传输数据的比特流等。物理层的作用是尽可能地屏蔽因传输介质和通信手段等各种因素所带来的差异,使其上层的数据链路层感觉不到这些差异的存在,从而专注于完成本层的协议与服务。

下面从数据通信的角度出发,依次阐述数据通信模型和性能指标,分析常见的传输介质、数据通信方式和数据编码方法,比较三种交换技术,最后给出物理层的协议举例。

2.1 数据通信概述

数据通信是指在两点或多点之间以二进制形式进行的信息交换。现代数据通信系统是指使通过电力或电子设备在两点或多点之间传送符号或字符形式的信息,如电报系统、电话系统、传真系统等。

2.1.1 数据通信模型

一个数据通信系统由源系统、传输系统和目的系统三部分组成,如图 2-1 所示,这是两个用户通过电话机上网相互通信的例子。其中,源系统包括信源和信号变换器,目的系统包括信宿和信号变换器。

这里的信号变换器也称为数据通信设备,是指不对数据进行最终处理的设备,只是把数据接收下来,通过一定变换又发送出去的设备,如调制解调器。信源就是信息的发送端,信宿就是信息的接收端,信源和信宿也可以称为数据终端设备,指的是对数据进行最终处理的设备,可以是计算机,也可以是显示器、电传打字机、打印机等发送或接收数据的其他设备。因此,数据通信系统也由数据通信设备和数据终端设备组成。

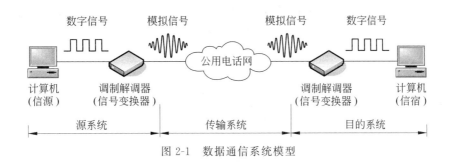

图 2-1 数据通信系统模型

传输系统可以是简单的传输信道，也可以是复杂的网络系统，它是以通信线路为基础、能够传输数据的通道。信道可以是有线或无线的，可以是数字或模拟的。图 2-1 中的信道即是通过公用电话网建立的模拟信道。

数据通信就是利用通信系统对各种数据信号进行变换、处理和传输的过程。因此，计算机与计算机、计算机与终端之间的通信及计算机网络中的通信主要是数据通信。

下面阐述有关数据、信息与信号之间的差异和联系。

1. 数据和信息

数据由数字、字符和符号等组成，是信息的载体。它没有实际含义，总是和一定的形式相联系。

信息是数据的具体内涵和解释，有具体含义。信息是数据经过加工处理（说明或解释）后得到的，即信息是按一定要求以一定格式组织起来且具有一定意义的数据。

严格地讲，数据和信息是有区别的。数据是独立的，是尚未组织起来的事实的集合；而信息是按一定要求以一定格式组织起来且具有一定意义的数据。数据是信息的表示形式，信息是数据形式的内涵。

随着信息的多媒体化，数据的含义也得以广义化，即数据不仅包括离散变化的数据，也包括连续变化的数据。因此，数据可分为模拟数据和数字数据两种。前者取连续值，如表示声音、图像、电压、电流等的数据；后者取离散值，如自然数、字符文本的取值等。

2. 信号

信号是数据的具体物理表示，具有确定的物理描述，如电压、磁场强度等。在电路中，信号就是具体表示数据的电磁编码。在数据通信系统中，要进行数据传输，总是要借助于一定的物理信号完成，如电信号或光信号。

信号一般有数字信号和模拟信号两种形式。绝大多数的计算机通信，如终端与计算机、计算机与磁盘的数据传输等都使用数字信号，另外，大多数的局域网通信也是建立在数字信号的基础之上；而模拟信号多出现在远程通信中，如图 2-1 所示，利用电话系统上的现成硬件实现物理连接。由于普通电话机是一种模拟设备，需要在它与计算机之间安装调制解调器，实现数字信号和模拟信号之间的变换。

2.1.2 数据通信系统的技术指标

数据通信的主要技术指标有数据传输速率、传输时延、信道带宽、信道容量、数据传输的误码率等，这些指标是衡量数据传输的有效性和可靠性的参数。有效性主要由数据传输速率、传输延迟、信道带宽和信道容量等指标衡量。可靠性一般用数据传输的误码率指标衡量。

1. 数据传输速率

数据传输速率是指单位时间内传输信息量的多少，它是衡量数据传输有效性的主要指标。数据传输速率通常用波特率和比特率表示。

1）波特率

波特率是指单位时间内传输码元的个数，单位为波特（Bd）。每个码元表示一个波形或一个电平。波特率又称为调制速率或码元速率。调制速率是指信号经过调制后的传输速率，表示调制后信号每秒钟变化的次数。若用 $T(s)$ 表示调制周期，则波特率为

$$R_s = 1/T \quad (\mathrm{Bd}) \tag{2-1}$$

可见，1 波特表示每秒钟传送一个码元。

2）比特率

比特率是指单位时间内传输二进制码的位数（单位为 b/s），也称为信息速率。

比特率公式为

$$R_b = (1/T)\log_2 N \quad (\mathrm{b/s}) \tag{2-2}$$

式（2-2）中，T 为传输的脉冲信号周期；N 为脉冲信号所有可能的状态数；R_b 为比特率。

当信号的状态数 $N=2$ 时，每个电信号脉冲只传送 1 位二进制数，此时比特率与波特率相同，为

$$R_b = 1/T \quad (\mathrm{b/s}) \tag{2-3}$$

由以上分析得知，比特率和波特率的关系为

$$R_b = R_s\log_2 N \quad (\mathrm{b/s}) \tag{2-4}$$

在数值上"比特"单位等于"波特"的 $\log_2 N$ 倍。

【例 2-1】 在传输语音或图像信息的 64kb/s 的数字信道上，若传真机将每英寸数字化为 300 像素，每像素用 4b 表示，问该信道以传真方式传输一幅 $8\times10\mathrm{in}$（$1\mathrm{in}=2.54\mathrm{cm}$）的图像需要多少时间？

解析：所需要的时间 t 为

$$t = \frac{8\times10\times300\times4\mathrm{b}}{64\times10^3\mathrm{b/s}} = 1.5(\mathrm{s})$$

3）误码率

误码率是指二进制码在传输过程中出现错误的概率，它是衡量通信系统在正常情况下传输可靠性的指标。

误码率计算公式为

$$P_e = N_e/N \tag{2-5}$$

式（2-5）中，N_e 表示被传错的码元数；N 表示传输的二进制总码元数；P_e 为误码率，即错误接收的码数在所传输的总码元数中所占的比例。

2. 信道带宽

带宽原本是指某个信号具有的频带宽度。信号的带宽是指该信号所包含的各种不同

频率成分所占据的频率范围,基本单位是 Hz。例如,在传统的通信线路上传送的电话信号的标准带宽是 3.1kHz(从 300Hz 到 3400Hz,是语音主要成分的频率范围)。以往通信的主干线路都是用来传送模拟信号的,此时,表示通信线路允许通过的信号频带范围就称为线路的带宽。

在计算机网络中,带宽用来表示网络的通信线路传送数据的能力,此时其意义等同于比特率。

3. 传输时延

传输时延是指一个报文或分组从链路的一端传送到另一端所需要的时间。网络中的时延由发送时延、传播时延和处理时延三个部分组成,如图 2-2 所示。

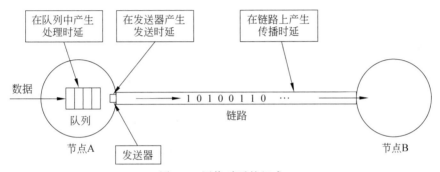

图 2-2　网络时延的组成

1)发送时延

发送时延是指节点在发送数据时使数据块从节点进入到传输媒体所需要的时间,也就是从数据块的第一个比特开始发送到传输媒体算起,到最后一个比特发送完毕所需要的时间。因此,发送时延也称为传输时延,其计算公式如下:

$$发送时延 = \frac{数据块长度(b)}{信道带宽(b/s)} \tag{2-6}$$

可见,发送时延与发送的数据块长度呈正比,而与信道带宽呈反比。

2)传播时延

传播时延是电磁波在信道中传播一定的距离所花费的时间,其计算公式如下:

$$传播时延 = \frac{信道长度(m)}{电磁波在信道上的传播速率(m/s)} \tag{2-7}$$

电磁波在自由空间的传播速率是光速,即 3.0×10^5 km/s。电磁波在网络传输媒体中的传播速率比在自由空间中的传播速度要略低一些:在铜线电缆中的传播速率约为 2.3×10^5 km/s,在光纤中的传播速率约为 2.0×10^5 km/s。

3)处理时延

处理时延是指数据在交换节点为存储转发而进行一些必要的处理所花费的时间。处理时延的重要组成部分是分组在节点缓存队列中排队所经历的排队时延。因此,处理时延的长短通常取决于网络中当时的通信量,当通信量过大时,还会发生队列溢出,使分组丢失,这相当于处理时延为无穷大。

综上所述,数据经历的总时延可以表示为

$$总时延 = 发送时延 + 传播时延 + 处理时延 \qquad (2\text{-}8)$$

【例 2-2】 若 A、B 两台计算机之间的距离为 1000km,假设在电缆内信号的传播速度是 2×10^8 m/s。试对下列类型的链路分别计算发送时延和传播时延。

（1）数据块长度为 10^8 b,数据发送速率为 1Mb/s。

（2）数据块长度为 1000b,数据发送速率为 1Gb/s。

解析:

（1）发送时延 $= 10^8$ b/(1Mb/s) $= 100$ s。

　　传播时延 $= 1000$ km/(2×10^8 m/s) $= 5$ ms。

（2）发送时延 $= 1000$ b/(1Gb/s) $= 1\mu$s。

　　传播时延 $= 1000$ km/(2×10^8 m/s) $= 5$ ms。

4. 信道容量

信道容量是指单位时间内信道所能传输的最大信息量,它表征信道的传输能力。信道容量有时也表示为单位时间内最多可传输的二进制数的位数(b/s)。一般情况下,信道带宽越宽,则信道容量就越大,单位时间内信道上传输的信息量就越多,传输效率也就越高。

任何通信信道都不是理想的,信道带宽总是有限的。由于信道带宽的限制和信道干扰的存在,信道的数据传输速率总会有一个上限。以下两个定理分别从不同角度描述了这种限制。

1）奈奎斯特定理

早在 1924 年,奈奎斯特(Nyquist)就推导出具有理想低通矩形特性的信道,在无噪声情况下的最高速率与带宽关系的公式,这就是奈奎斯特定理,即任意一个信号如果通过带宽为 W(Hz)的理想低通滤波器,若每秒取样 $2W$ 次,就可实现无码间干扰传输。

在理想的条件下,即无噪声有限带宽为 W 的信道,其最大的数据传输速率 C(信道容量)为

$$C = 2W\log_2 M \qquad (2\text{-}9)$$

式中,M 是电平的个数。

【例 2-3】 电视信道带宽为 6MHz,理想情况下,如果数字信号取 4 种离散值,那么可获得的最大传输速率是多少?

解析:$C = 2 \times 6\text{MHz} \times \log_2 4 = 24\text{Mb/s}$。

2）香农定理

1948 年,香农(Shannon)给出了在有噪声的环境下,信道容量将与信噪功率比有关。香农定理指出:在有随机热噪声的信道中传输数据信号时,最大数据传输速率 C 与信道带宽 W、信噪功率比 P_s/P_n 的关系为

$$C = W\log_2(1 + P_s/P_n) \qquad (2\text{-}10)$$

在通信系统中,信噪比通常以分贝(dB)表示,其计算公式为

$$SNR \text{ 或 } S/N = 10\lg(P_s/P_n) \qquad (2\text{-}11)$$

式中，P_s 为信号功率；P_n 为噪声功率。

香农公式表明：信道的带宽或信道中的信噪比越大，则信息的极限传输速率就越高。只要信息传输速率低于信道的极限信息传输速率，就一定可以找到某种办法实现无差错的传输。若信道带宽 W 或信噪比 S/N 没有上限（当然实际信道不可能是这样的），则信道的极限信息传输速率 C 也就没有上限。实际信道上能够达到的信息传输速率要比香农的极限传输速率低很多。

【**例 2-4**】 带宽为 4kHz，假设有 8 种不同的物理状态表示数据，信噪比为 30dB。请按奈奎斯特定理和香农定理，分别计算其最大限制的数据传输速率。

解析：

（1）按奈奎斯特定理，计算最大数据传输速率：
$$C = 2 \times 4\text{kHz} \times \log_2 8 = 24\text{kb/s}$$

（2）按香农定理，计算最大数据传输速率：

由式（2-11）可知，有 $10\lg(P_s/P_n) = 30$，得 $P_s/P_n = 1000$。

于是，最大数据传输速率为
$$C = 4\text{kHz} \times \log_2(1 + 1000) = 40\text{kb/s}$$

请注意，对于频带宽度已确定的信道，如果信噪比不能再提高，并且码元传输速率也达到了上限值，那么还另有办法提高信息的传输速率，这就是用编码的方法让每一个码元携带更多比特的信息量。

2.2 传 输 媒 体

传输媒体也称为传输介质或传输媒介，是数据传输系统中连接发送部分和接收部分的物理通路。传输媒体可分为两大类：有线的传输媒体和无线的传输媒体。在有线的传输媒体中，电磁波沿着固体媒体（铜线或光纤）向前传播，而无线的传输媒体则是利用大气和外层空间作为传播电磁波的通路。图 2-3 所示是电信领域使用的电磁波的频谱。

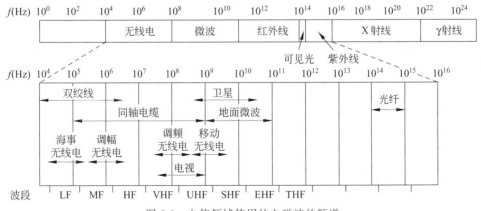

图 2-3 电信领域使用的电磁波的频谱

2.2.1 双绞线

双绞线是最古老、最常用的传输介质，几乎所有的电话都使用双绞线连接电话交换机。把两根互相绝缘的铜导线并排放在一起，再用规则的方法绞合起来就构成了双绞线。绞合可减少对相邻导线的电磁干扰。双绞线可以传输模拟信号和数字信号，其通信距离一般为几千米到十几千米，导线越粗其通信距离越远。

双绞线分为屏蔽双绞线和无屏蔽双绞线两种，它们的结构如图 2-4 所示。屏蔽双绞线增加了一层用金属丝编织的屏蔽层，能够提高抗电磁干扰的能力，但价格要比无屏蔽双绞线贵一些。

聚氯乙烯套层　绝缘层　铜线　　　　　　聚氯乙烯套层　屏蔽层　绝缘层　铜线

(a) 无屏蔽双绞线　　　　　　　　　　(b) 屏蔽双绞线

图 2-4　双绞线结构示意

EIA/TIA-568 标准对布线标准有具体规定，常用的绞合线的类别、带宽和典型应用如表 2-1 所示。使用更大和更精确的绞合度，可以获得更大的带宽。如图 2-5 所示，5 类线具有比 3 类线更高的绞合度。

表 2-1　常用的双绞线类别、带宽和典型应用

双绞线类别	带宽/MHz	典 型 应 用
3	16	低速网络；模拟电话
4	20	短距离的 10Base-T 以太网
5	100	10Base-T 以太网；某些 100Base-T 快速以太网
5E(超 5 类)	100	100Base-T 快速以太网；某些 1000Base-T 千兆以太网
6	250	1000Base-T 千兆以太网；ATM 网络
7	600	万兆以太网

(a) 3 类线　　　　　　　　　　　(b) 5 类线

图 2-5　不同绞合度的双绞线

2.2.2 同轴电缆

同轴电缆由内导体、绝缘层、网状编织的外导体屏蔽层和外部保护层组成，如图 2-6 所示。由于外导体屏蔽层的作用，同轴电缆具有很好的抗干扰特性，广泛应用于传输较高

速率的数据。

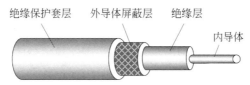

图 2-6　同轴电缆的结构

按特性阻抗数值的不同,将同轴电缆分为50Ω同轴电缆和75Ω同轴电缆两类,分别又称为基带同轴电缆和宽带同轴电缆。基带同轴电缆主要用于传送基带数字信号,早期在局域网中得到广泛的应用。宽带同轴电缆主要用于模拟传输系统,是有线电视系统CATV中的标准传输电缆。在传输数字信号时,需要在接口处安装转换设备。

2.2.3　光缆

光缆是网络传输媒体中性能最好、应用前途最广泛的一种。光纤的纤芯是一种直径为50~100μm的柔软、能传导光波的介质,光纤通过内部的全反射传输一束经过编码的光信号,多条光纤组成一束便构成一条光缆。图 2-7(a)表示了光纤的基本结构,图 2-7(b)给出了光纤传输的工作原理。

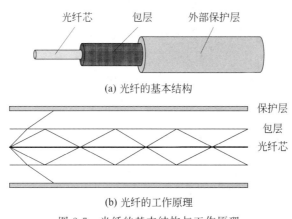

(a) 光纤的基本结构

(b) 光纤的工作原理

图 2-7　光纤的基本结构与工作原理

光纤的主要优点如下。

(1) 传输速率极高,频带极宽,传送信息的容量极大。

(2) 传输损耗小,对远距离传输特别经济。

(3) 抗雷电和电磁干扰性能好。

(4) 无串音干扰,保密性好,也不易被窃听或截取数据。

(5) 体积小,质量小。

与双绞线、同轴电缆相比,光缆每千米的单价较贵,因此光缆被广泛应用于网络系统的主干线。另外,要将两根光缆精确地连接需要专用设备。实际光纤如图 2-8(a)所示。

光纤连接器是在一段光纤的两头都安装连接头,主要作为光配线使用。

　　按照光纤的类型分类，光纤传输可以分为单模光纤和多模光纤两种，单模光纤的纤芯很细，制造成本较高，但性能要优于多模光纤。

　　单模光纤连接器（一般为 G.652 纤，光纤内径为 $9\mu m$，外径为 $125\mu m$）。

　　多模光纤连接器（一种是 G.651 纤，内径为 $50\mu m$，外径为 $125\mu m$；另一种内径为 $62.5\mu m$，外径为 $125\mu m$）。

　　按照光纤连接器的连接头形式分类，可分为 FC、SC、ST、LC、MU、MTRJ 等，目前常用的有 FC、SC、ST、LC，如图 2-8（b）所示。

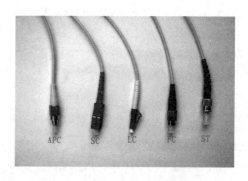

(a) 实际光纤　　　　　　　　　　　(b) 光纤连接器的接口类型

图 2-8　光纤及其接口

　　按照光纤连接器连接头内插针端面分类，可分为 PC、SPC、UPC 和 APC。

　　按照光纤连接器的直径分类，可分为 Φ3、Φ2 和 Φ0.9。

　　光纤连接器的性能主要有光学性能、互换性能、机械性能、环境性能和寿命。其中最重要的是插入损耗和回波损耗这两个指标。

2.2.4　无线通信

　　若通信线路要通过一些高山或岛屿，有时很难进行施工。而利用无线电波在自由空间的传播，就可较快地实现多种通信。同时，由于社会各方面的节奏变快，要求能够在运动中进行计算机数据通信，这只有无线通信才能实现。

　　无线传输可使用的频段很广，如图 2-3 所示，人们现在已经利用了多个波段进行通信，而紫外线和更高的波段还不能用于通信。无线信道分地面微波接力通信和卫星通信，其主要优点是频率高、频带范围宽、通信信道的容量大；信号所受工业干扰较小，传输质量高，通信比较稳定；不受地理环境的影响，建设投资少、见效快。其缺点是地面微波接力通信在空间是直线传播，传输距离受到限制，一般只有 50km，隐蔽性和保密性较差。卫星通信虽然通信距离远且通信费用与通信距离无关，但传播时延较大，技术较复杂，价格较高。

　　2020 年 12 月，我国采用微波雷达技术，成功引导完成了"嫦娥五号"轨道器和上升器的精准交会对接任务，如图 2-9 所示。月球轨道微波雷达是一组成对产品，由雷达主机和应答机组成，分别安装在轨道器和上升器上。当两者相距约 100km 时，微波雷达开始工作,不断为导航控制分系统提供两航天器之间的相对运动参数,并进行双向空空通信,两航天器根据雷达提供信号调整飞行姿态,直至轨道器上的对接机构捕获、锁定上升器。

图 2-9　"嫦娥五号"的交会对接示意图

2020 年 11 月,我国首艘万米级载人潜水器"奋斗者"号,实现了深潜 10 909m 的纪录。其主要通信方式如图 2-10 所示,采用了卫星实时传输、水面无线传输、水下声学通信和无线蓝绿光通信等技术。其中,蓝绿光通信是激光通信的一种,采用光波波长为 450～570nm 的蓝绿光束,介于蓝光和绿光之间。由于海水对蓝绿波段的可见光吸收损耗极小,因此蓝绿光通过海水时,不仅穿透能力强,而且方向性极好,是在深海中传输信息的通信重要方式之一。

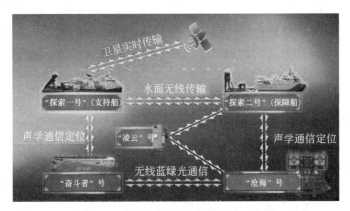

图 2-10　"奋斗者"号的通信方式示意图

2.3　数据传输方式

数据在信道上可以采用不同的传输方式进行传输。

(1) 按照通信方式,数据通信分为并行通信和串行通信。其中,串行通信分为同步通信和异步通信。

(2) 按照通信的方向,数据通信分为单工、半双工和全双工。

(3) 按照通信时对信道的使用方式,数据通信分为共享通信和点对点通信。

下面分别介绍这些传输方式。

2.3.1 并行传输与串行传输

并行传输与串行传输的原理如图 2-11 所示。

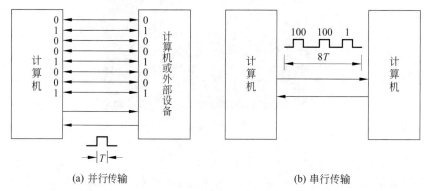

(a) 并行传输   (b) 串行传输

图 2-11   两种传输方式

1. 并行传输

并行传输是指数据以成组的方式，在多条并行信道上同时进行传输，如图 2-11(a)所示。

并行传输常用于计算机内部数据总线，或应用于两个短距离设备之间的通信，最常见的例子是计算机和打印机之间的通信。但由于使用的线路多，成本较高，不适合长距离传输。

2. 串行传输

串行传输是指使用一条通信线路，依次传送多组数据，如图 2-11(b)所示。它具有线路简单、成本低、适合长距离传输等优点，因为串行传输每次只能发送一个比特，所以在同等条件下其速度比并行通信慢。

串行通信中存在如何识别信号的问题，即如何判断收到了一位数据或收到了一个字符。在并行方式下，这些问题均已得到了解决。每一位数据通过一根信号线传送，发送端与接收端之间的信号线的连接为一一对应方式，即最高位接最高位，次高位接次高位等。另外，发送设备与接收设备之间又设置了相对应的判断信号接口，从而可以保证发送端每送出一个数，接收端就能收到一个数，而且每个数的数位关系都是正确的。但在串行通信中，所有的数据都通过同一根信号线传送，而信号线上出现的信号无非是持续一定时间的高电平或低电平。显然，在通信双方之间需要约定字符的传送速率，需要外加同步措施以保证收发双方的同步。此外，串行通信中收到的信号代表什么数据？这就是字符格式的问题。为此需要规定每一个数据单位（如每字节）有多少位，各位的含义是什么，以及位数据的传送顺序等。

串行通信有两种不同的方法解决上述问题，对应有以下两种基本通信方式——异步传输与同步传输。

2.3.2 异步传输与同步传输

在串行传输中,为了使接收方能够从接收的数据比特流中正确区分出与发送方相同的字符而采取的措施称为字符同步,分为异步传输和同步传输方式。

1. 异步传输

异步传输指数据的传送以一个字符为单位。一个字符所包含的位数可以是 8 位、7 位或 6 位、5 位,可根据具体需要确定。在每个字符前面都要加上一个起始位,长度为一个码元长度,极性为 0,表示一个字符的开始;字符后面要加上一个停止位,长度可选为 1、1.5 或 2 个码元长度,极性为 1,表示一个字符的结束,如图 2-12 所示。

根据需要还可以选择是否设置奇偶校验位,如果设置了校验位,还需选择采用奇校验还是偶校验等。异步通信的速率在 50～19200Bd,常用于主机与 CRT 终端和字符打印机之间的通信,以及分布式控制系统中上位机与下位机之间的通信等。

2. 同步传输

同步传输方式是指把若干个要传送的数据字符顺序连接起来,组成一个数据块(通常称为一帧),在数据块的开头加上同步字符,如图 2-13 所示。同步字符的格式和个数可以根据需要确定,它被接收器作为确定数据字符块的起始界限。同步传输常用于计算机之间的通信和计算机与 CRT 等外部设备之间的通信。

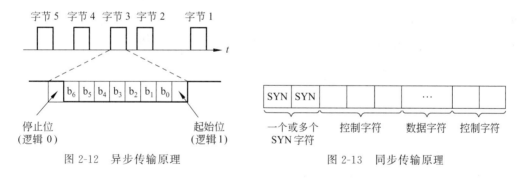

图 2-12　异步传输原理　　　　　图 2-13　同步传输原理

异步传输方式是以字符为单位,把每个字符看作一个独立的信息,用起始位和停止位作为字符开始和结束的标志,在每个字符起始处同步。异步通信仅要求发送器和接收器的时钟能够在一段时间内保持同步,而各个字符之间的发送间隙时间长度不受限制,因此比较容易实现,所需设备也简单。

同步传输方式以数据块为单位,许多字符组成的数据块使用公共的成帧字符(同步字符及校验字符),仅在数据块的起始处同步,字符之间没有间隙,也不加起始位和停止位等成帧信号。因此,同步传送的速度高于异步传送。但同步通信要求接收器与发送器的时钟严格保持同步,不仅频率相同,而且要求相位一致,这就需要采取一系列保障措施,硬件比较复杂。

【例 2-5】 在异步传输中,假设停止位是 2 位,并采用 1 位奇/偶校验位,字符的数据位为 6 位,求传输效率是多少?

解析：传输效率＝字符的数据位/字符的总长度，则有：

$$传输效率＝6/(1＋1＋2＋6)×100\%＝60\%$$

2.3.3　单工、半双工和全双工传输

根据数据在线路上的传输方向和特点，分为单工、半双工和全双工传输三种通信方式，如图 2-14 所示。

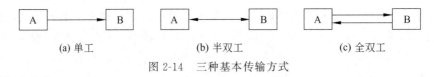

(a) 单工　　　　　　　　　(b) 半双工　　　　　　　　　(c) 全双工

图 2-14　三种基本传输方式

1. 单工传输

单工传输即单方向通信，数据只能按一个固定的方向传送而不能进行相反方向的传送，例如广播、遥控通信。单工传输类似于传呼机，只允许传呼台给传呼机发送信息，而传呼机不能给传呼台发送信息。

2. 半双工传输

半双工传输即双向交替通信，数据可以双向传输，但不能同时进行，在任一时刻只允许在一个方向上传输信息。

3. 全双工传输

全双工传输即双向同时通信，数据可以在两个方向上同时传输，从而双方能够同时收发数据。话音通信就是典型的例子，属于全双工传输。

单工通信最简单、通信效率最低；而全双工通信最复杂、通信效率最高。半双工通信比较复杂，特别是在网络上。协议必须确保信息能被正确而有序地接收，并允许设备有效地进行通信。网络设备中集线器是半双工的，多数交换机都是全双工的。早期的网卡是半双工的，现在的网卡多数是全双工的。

全双工通信可以是四线或二线传输：四线传输时有两条物理上独立的信道，一条发送一条接收；二线传输可以采用频分复用、时分复用或回波抵消技术使两个方向的数据共享信道带宽。

2.3.4　模拟传输与数字传输

模拟传输是信道中传输模拟信号的通信形式，而数字传输是信道中传送数字信号的通信形式。两种通信强调的是信道中传输的信号形式，即强调的是信道的形式。前者是数字信道，后者是模拟信道。至于信源发出和信宿接收的信号可以是数字信号、模拟信号或其他形式的信号。

数字通信系统比模拟通信系统具有如下突出的特点。

（1）便于差错控制：由编码/译码器进行信道编码。

（2）便于保密通信：对基带信号进行加密，接收端解密，用于保密通信。

（3）便于同步：数字信号按节拍传输，容易保证时钟同步。

（4）便于信号再生重传：远距离传输时，中继器可将数字信号再生并恢复成 0 和 1 标准电平后，继续重传。

（5）增强抗干扰能力：离散的数字信号容易使小的噪声和干扰信号不起作用，有效地抑制干扰信号，增强抗干扰能力。

因此，数字传输的可靠性比模拟传输要高，大多数的计算机网络使用数字传输的方式。

2.3.5 共享通信和点对点通信

根据对传输介质的使用方式，可以把数据通信分为两类：共享通信和点对点通信。

1. 共享通信

共享通信是指许多节点（多于两个）可以共享传输介质并进行通信，如图 2-15 所示。因为多数通信会独占整个信道，共享通信事实上就是通过一定的分配策略把传输介质分配到多个节点轮流使用，这是通过介质访问控制协议实现的，这类似于地上铁路系统，某条路线上行驶着许多不同车次的列车，这些列车可能有不同的始发站与终点站，如果把不同车次的列车看作不同源节点发往不同目标节点的数据，那么铁路调度系统就是介质访问控制协议，负责通信准确有序地发生。通过铁路调度系统，可以节省修铁路的开销，但是不可避免地会使有的车次变得低效，因为要避免撞车情况发生。网络共享通信也是如此，虽然可以节省传输介质，但会有冲突发生。显然，冲突频繁发生的网络是低效的。

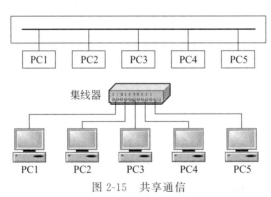

图 2-15 共享通信

2. 点对点通信

点对点通信是指两个节点独占传输介质的通信，类似于地下铁路系统，在一条线路上的列车都是从一个始发站开往同一个终点站的。这种情况下不会有冲突发生，是最高效的通信，现在的交换网络使用的都是点对点通信，如图 2-16 所示。

通常共享传输介质的网络，其可用带宽只是最大带宽的 30%，并且网络中的节点数目越多，这个值就会越小。例如一个 10Mb/s 的共享传输介质网络的可用带宽往往不会超过 3Mb/s。点对点的通信要比共享通信性能好得多，其可用带宽会很接近最大带宽，可以超过 90%。另外，对于点对点的通信，可以很容易地实现全双工。那么对于一个

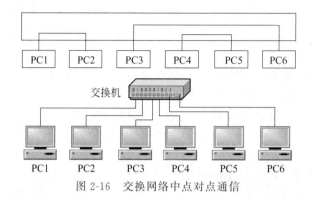

图 2-16　交换网络中点对点通信

10Mb/s 的点对点网络，在全双工的情况下，可用带宽接近 20Mb/s。随着网络技术的发展和网络设备价格的下降，人们为了提高网络性能，逐渐用交换机替代集线器，用点对点通信的交换网络替代共享网络。

2.4　数据编码技术

传输过程中的数据编码类型分为模拟数据编码和数字数据编码，如图 2-17 所示。

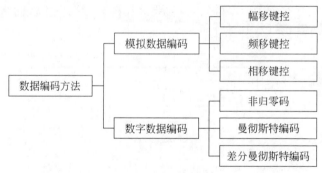

图 2-17　基本的数据编码方法

2.4.1　数字数据调制为模拟信号

电话通信信道是典型的模拟通信信道，为了利用模拟语音通信的电话交换网实现计算机的数字信号的传输，必须首先将数字信号转换成模拟信号，这一过程称为调制。在接收端将模拟信号还原为数字信号的过程称为解调。具有调制和解调功能的设备称为调制解调器，是家庭利用电话线上网的常用设备。

基带信号是来自信源的信号，如计算机输出的代表各种文字或图像文件的数据信号都属于基带信号。基带信号往往包含较多的低频成分，甚至直流成分，而许多信道并不能传输这种低频分量或直流分量，因此必须对基带信号进行调制。经过载波调制后，把基带信号的频率范围搬移到较高的频段以便在信道中传输，成为带通信号。

因为正弦信号可以通过三个特征定义,即幅度、频率和相位,所以在频带传输中所使用的调制方法主要有幅移键控、频移键控和相移键控三种,如图 2-18 所示。

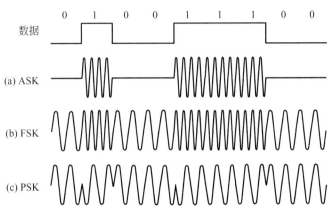

图 2-18 基本的调制方法

1. 幅移键控

幅移键控(Amplitude Shift Keying,ASK),又称为数字调幅,通过改变载波信号振幅表示数字信号 1 和 0。ASK 信号波形如图 2-18(a)所示。

ASK 信号容易实现、技术简单,但抗干扰能力较差。

2. 频移键控

频移键控(Frequency Shift Keying,FSK),又称为数字调频,通过改变载波信号的角频率表示数字信号 1 和 0。图 2-18(b)所示为用不同的载波频率(相同幅度)表示 1 和 0。

3. 相移键控

相移键控(Phase Shift Keying,PSK),又称为数字调相,通过改变载波信号的相位值表示数字信号 1 和 0。该方法抗干扰能力强,但信号实现的技术较复杂。

相移键控分为绝对调相和相对调相两种。

(1)绝对调相,是以未调载波的相位作为基准的相位调制。以二进制调相为例,取码元为 1 时,调制后载波与未调载波同相;取码元为 0 时,调制后载波与未调载波反相;取码元 1 和 0 时调制后载波相位差 180°,如图 2-18(c)所示。

(2)相对调相,是以相邻的前一个码元的载波相位确定其相位的取值。当取 1 时,其载波相位与前一码元的载波同相;取 0 时则相反。

在现代调制技术中,常将上述方法组合应用以提高传输速率,如正交调幅调制、数字调幅调相。

2.4.2 数字数据编码为数字信号

在数据通信技术中,频带传输是指利用模拟信道通过调制解调器传输模拟信号的方法,基带传输是指利用数字信道直接传输数字信号的方法。

频带传输的优点是可以利用目前普遍使用的模拟语音信道,但是其传输速率与系统效率较低。而基带传输在基本不改变数字信号频带的情况下直接传输数字信号,可以达到很高的数据传输效率。因此,基带传输是目前发展迅速的数据通信方式。

在基带传输中,数字信号编码方式主要有非归零码、曼彻斯特编码和差分曼彻斯特编码三种,如图 2-19 所示。

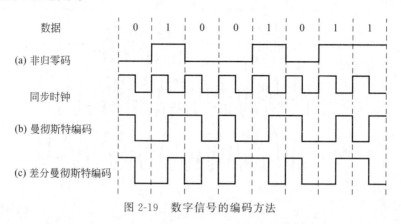

图 2-19　数字信号的编码方法

1. 非归零码

若在一个码元周期内,数据电信号的电平值保持不变,即是非归零编码(Non-Return to Zero,NRZ),其波形如图 2-19(a)所示;反之,若在一个码元周期内,电平维持某个值(正电平或负电平)一段时间就返回 0,则称为归零码。其中,零电平占整个码元周期的比例称为占空比,通常占空比为 50%。

NRZ 码规定:用低电平代表 0,高电平代表 1。

NRZ 码的优点是简单、容易实现,缺点是接收方和发送方无法保持同步,必须在发送NRZ 码的同时,用另一个信道同时传送同步信号。另外,如果传输 1 和 0 过多,则在单位时间内将有累积的直流分量,而且没有检错功能。

2. 曼彻斯特编码

曼彻斯特编码是目前应用最广泛的编码方法之一,其典型的编码波形如图 2-19(b)所示。

曼彻斯特编码规则是将每个码元分成两个相等间隔,每个码元周期的中间有跳变(极性转换)。关于曼彻斯特编码的电平跳变,按照 IEEE 802.4(令牌总线)和低速版的 IEEE 802.3(以太网)中规定:低-高电平跳变表示 1(上跳),高-低的电平跳变表示 0(下跳)。

曼彻斯特编码的优点如下。

(1) 中间的电平跳变可以产生收发双方的同步信号,称为自含时钟编码信号,所以无需专门传递同步信号的线路,因此成本较低。

(2) 曼彻斯特编码信号不含直流分量。

曼彻斯特编码的缺点是:由于所占的频带宽度比原始的基带信号增加了一倍,所以效率较低。例如,当信号传输速率是 10Mb/s 时,发送时钟信号频率应为 20MHz。

3. 差分曼彻斯特编码

差分曼彻斯特编码是对曼彻斯特编码的改进,其典型波形如图 2-19(c)所示。差分曼彻斯特编码的规则是:若码元为 1,则其前半个码元的电平与上一个码元的后半个码元的电平一样;若码元为 0,则其前半个码元的电平与上一个码元的后半个码元的电平相反。对于第一个值,一般是参考曼彻斯特编码的方法。

差分曼彻斯特编码的优点如下。

(1) 它是自含时钟和同步信号的编码技术。

(2) 抗干扰性能较好。如果突然产生会使码元长期跳变的干扰,那么曼彻斯特编码就会一直出错,而差分曼彻斯特编码只会在跳变的一瞬间出错。

(3) 差分曼彻斯特编码比曼彻斯特编码的变化要少,因此更适合于传输高速的信息,被广泛用于宽带高速网中。

2.4.3 模拟数据编码为数字信号

由于数字信号传输的失真小、误码率低、数据传输速率高,因此除了计算机直接产生的数字用于网络传输之外,语音、视频图像信息的数字化已成为了发展趋势。模拟数据数字化的主要方法是脉冲编码调制(Pulse Code Modulation,PCM)。

PCM 的处理过程包括采样、量化和编码三部分。

1. 采样

采样定理:如果一个带限的模拟信号 $f(t)$ 的最高频率分量为 f_{max},采样周期为 T,通信信道带宽为 B。当满足以下关系时,所获得的样本序列 $f_s(t)$ 就可以完全代表原模拟信号 $f(t)$:

$$f \geqslant 2B \quad 或 \quad f = 1/T \geqslant 2f_{max} \tag{2-12}$$

得到样本序列 $f_s(t)$ 后,就可以对每个样本进行量化和编码了。

2. 量化

量化是将采样样本幅度按量化精度决定取值的过程。经过量化后的样本幅度是离散值。量化精度可以分为 8、16 等级别,数值越大,精度越高,但数据量越大。

3. 编码

编码是用相应位数的二进制代码表示量化后的采样样本的量级。如果有 k 个量化级,则二进制的位数为 $\log_2 k$。当 PCM 用于数字化语音系统时,声音分为 128 个量化级,每个量化级采用 7 位二进制编码表示。由于采样频率为 8000 样本/秒,所以数据传输速率能达到 $7 \times 8000 = 56(kb/s)$。

2.5 多路复用技术

各种网络应用的发展需要有足够的网络带宽,而通信线路架设费用相当高。为了适应网络技术的迅猛发展,在不断设计高速网络的同时,需要充分提高信道的利用率。另外，在许多情况下，网络通信并没有占用信道所能提供的所有带宽。因此，为了提高信道传输数据的效率，在同一传输介质上，同时传输多个有限带宽信号的方法被称为多路复用（Multiplexing）。

多路复用的基本原理如图 2-20 所示，其过程是：发送方将多个用户的数据通过复用器进行汇集，并将汇集后的数据通过一条物理线路传输到接收方。接收方通过分用器将数据分离成多个独立的数据，然后分发给相应的多个用户。如图 2-20 中用户 S1 发送数据①给 R1，其数据将与另外两个用户的数据②和③进行汇聚。显然，信道利用率得到了显著的提高。

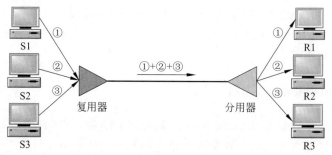

图 2-20　多路复用的基本原理

常用的多路复用技术有频分多路复用（Frequency Division Multiplexing，FDM）、时分多路复用（Time Division Multiplexing，TDM）、波分多路复用（Wavelength Division Multiplexing，WDM）和码分多路复用（Code Division Multiplexing，CDM）。

2.5.1　频分多路复用（FDM）

FDM 技术是一种模拟技术，其原理是当信道带宽大于各路信号的总带宽时，可以将信道分割成若干个子信道，通过载波调制技术，使每个子信道传输一路信号，相互之间没有重叠。

FDM 的工作原理如图 2-21 所示，第 1、2、3 信道的中心频率分别是 62kHz、66kHz 和 70kHz，三个信道的载波频率相互独立。

2.5.2　时分多路复用（TDM）

当信道所能支持的数据速率大于各路信号的数据速率之和时，可以将使用信道的时间划分为一系列时隙，按一定策略将时隙分配给各路信号，每路信号只能在自己的时隙内独占信道进行传输，这就是时分多路复用。

TDM 技术是一种数字技术，它的发展与电话系统密切相关，用于解决在连接交换机的数字线路上同时传输多路话音的问题。为了在数字线路上传输模拟话音，首先要通过脉冲编码调制（PCM）技术实现模/数转换。目前这种 PCM 存在两个互不兼容的国际标准：北美的 24 路 T1 载波和欧洲的 30 路 E1 载波。我国采用 E1 系统，而美国和日本等国家采用 T1 系统。这两种载波帧的结构分别如图 2-22 和图 2-23 所示。

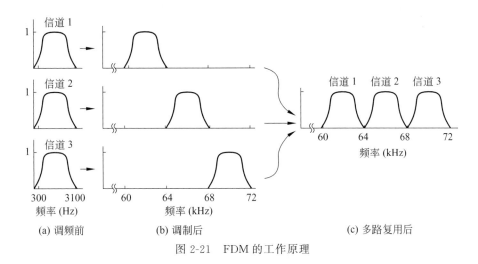

图 2-21 FDM 的工作原理

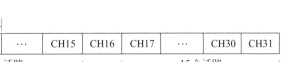

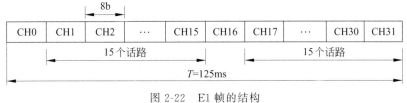

图 2-22 E1 帧的结构

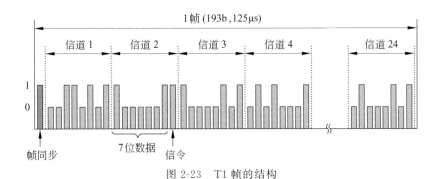

图 2-23 T1 帧的结构

E1 的一个时分复用帧共划分为 32 个相等的时隙,时隙的编号为 CH0~CH31。时隙 CH0 用于帧同步,时隙 CH16 用于传送信令。可供用户使用的时隙有 32 路,每个时隙传送 8 位,话音的采样频率是 8000Hz,因此 E1 系统的总速率是 $8 \times 32 \times 8000 = 2.048 \text{Mb/s}$,其中,每路信号的数据速率为 $8 \times 8000 = 64 \text{kb/s}$。

T1 载波由 24 路话音通道组成,话音的采样频率也是 8000Hz,每个话路的采样值编码为 7 位,再加上 1 位信令码元,所以每个话路也占用 8 位。这样,每帧由 $24 \times 8 = 192$ 位组成。为了便于帧同步,额外增加了一个同步位。因此,T1 系统的总速率为 $(8 \times 24 + 1) \times 8000 = 1.544 \text{Mb/s}$,其中,每路话音的数据速率为 $7 \times 8000 = 56 \text{kb/s}$。当 T1 系统完全用于传输数据而非话音时,只使用 23 个通道,每个通道 8 位,而第 24 个通道用于同步。

以上的 TDM 方案称为同步 TDM，其时隙的分配是事先约定的，且固定不变。其优点在于控制简单，接收设备只要根据预先约定的时隙分配方案，将各时隙内的数据分发到不同的输出线路即可；缺点是当某个信号源没有数据时，它的时隙也不能被其他信号使用，这势必会造成信道资源的浪费。

为了克服这一缺点，可以采取异步 TDM，其时隙是按需分配的，只有当某一路信道有数据要发送时才把时间片分配给它，这样就可以避免通信信道资源的浪费。但是随之而来的问题是，当这些数据到达接收端时，它们不以固定的顺序出现，接收端不知道应该将哪一个时间片的数据送到哪一路信道中去。为了解决这个问题，异步时分多路复用时要求把发送站地址、接收端地址等作为附加信息随同数据一起发送，以便使接收站按地址发送数据。可见，异步 TDM 的控制较为复杂。目前，异步 TDM 已成为局域网中经常采用的技术。

2.5.3　波分多路复用（WDM）

波分多路复用在概念上与频分多路复用相似，所不同的是，它传输的是光信号，并按照光的波长区分信号，所以称为波分多路复用。

波分多路复用利用光复用器（也称合波器）和分用器（也称分波器）对光信号进行调制和解调，其工作原理如图 2-24 所示。图 2-24 中的两根光纤连在一个棱柱或衍射光栅，每根光纤中的光波处于不同的波段上，两束光通过棱柱或衍射光栅合到一根共享的光纤上，到达目的地后，再将两束光分解开。

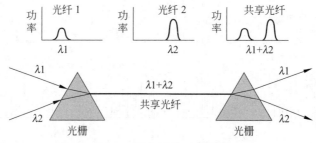

图 2-24　WDM 的工作原理

在 WDM 中使用的衍射光栅是无源的，因此可靠性非常高。由于受到目前电/光和光/电转换速度的限制，对于带宽可达 $25\,000\mathrm{GHz}$ 的光纤来说，目前一般可以利用的数据传输速率可达 $10\mathrm{Gb/s}$。如果采用 WDM 技术，在一根光纤上可以发送 8 个波长的光波，假设每个波长可以支持 $10\mathrm{Gb/s}$ 的数据传输率，则一根光纤所能支持的最大数据传输速率将达到 $80\mathrm{Gb/s}$。目前，这种系统在高速主干网中已得到广泛的应用。

2.5.4　码分多路复用（CDM）

码分多路复用也是一种数字技术，但其复用信道的方法不同。各个用户使用经过特殊挑选的不同的码型进行通信，因此，不同的用户可在同一时间、同一频带复用信道而不会造成干扰。该技术具有很强的抗干扰能力和安全性，已广泛应用于移动通信和无线局域网中。

最后,对 FDM 和 TDM 进行比较。

(1) 从性质上来看,FDM 适用于传输模拟信号,而 TDM 适用于传输数字信号。

(2) 数字信号抗干扰能力强,而且逐级再生整形,可以避免干扰的积累;数字信号比较容易实现自动转换,易于集成化等,这是采用 TDM 的主要优势。

(3) 与 FDM 相比,TDM 可以充分利用信道的全部带宽,所以有较高的传输效率。

因此,在计算机通信中广泛使用 TDM 技术。

2.6 数据交换技术

数据交换是指在任意拓扑结构的通信网络中,通过网络节点的某种转换方式实现任意两个或多个系统之间的连接。按交换原理区分,数据交换的类型如图 2-25 所示。

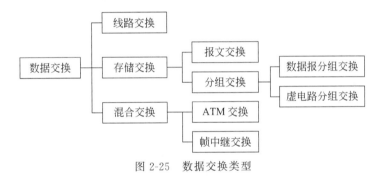

图 2-25 数据交换类型

下面重点介绍线路交换、报文交换和分组交换,其交换过程如图 2-26 所示。

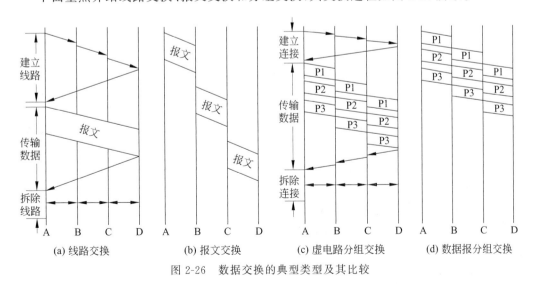

图 2-26 数据交换的典型类型及其比较

2.6.1　线路交换

线路交换是数据通信领域最早使用的交换方式，多用于电话网络交换。线路交换就是通过中间交换节点在两个站点之间建立一条专用的通信线路。

1. 线路交换的主要过程

利用线路交换进行通信包括建立线路、传输数据和拆除线路三个阶段，如图 2-26(a)所示。

（1）建立线路。源点向网络发送带终点地址的请求连接信号。该信号先到达连接源点的第一个交换节点，该节点根据请求中的终点地址，按一定的规则将请求传送到下一个节点，以此类推，直到终点。终点接收到请求信号后，若同意通信，则从刚才的来路上返回一个应答信号，此时，源点和终点之间的线路即已建成。

（2）传输数据。源点在已建立的线路上发送数据和控制信息，直至全部发送完毕。

（3）拆除线路。源点数据发送完毕，且终点也正确接收完毕，就可由某一点提出拆线请求，拆除原来建立的线路。

2. 线路交换技术的特点

线路交换的特点是在数据传送开始之前必须先设置一条专用的线路。在线路释放之前，该线路由一对用户完全占用。因此，数据不丢失、不乱序、传输可靠，而且建立连接后，传输实时性好。

但该方式的线路建立时间较长，传输效率较低；线路建立后即为专用线路，线路利用率低；不具备数据存储和差错控制能力。因此，它适用于系统间要求高质量的大量数据传输的情况。对于猝发式的通信，电路交换效率不高。

2.6.2　报文交换

当端点间交换的数据具有随机性和突发性时，采用电路交换方法的缺点是信道容量和有效时间的浪费，采用报文交换则不存在这种问题。

1. 报文交换原理

如图 2-26(b)所示，采用报文交换方式的数据的传输单位是报文，报文就是站点一次性要发送的数据块，其长度不限且可变。当一个站点要发送报文时，它将一个目的地址附加到报文上，网络节点根据报文上的目的地址信息，把报文发送到下一个节点，一直逐个节点地转送到目的节点。

每个节点在收到整个报文并检查无误后，就暂存这个报文，然后利用路由信息找出下一个节点的地址，再把整个报文传送给下一个节点。因此，端与端之间不需要先通过呼叫建立连接。

一个报文在每个节点的延迟时间，等于接收报文所需的时间加上向下一个节点转发所需的排队延迟时间之和。

2. 报文交换的特点

（1）报文从源点传送到终点采用"存储-转发"方式，在传送报文时，一个时刻仅占用一段通道。

（2）在交换节点中需要缓冲存储，报文需要排队，故报文交换不能满足实时通信的要求。

3. 报文交换的优点

（1）电路利用率高。由于许多报文可以分时共享两个节点之间的通道，所以对于同样的通信量来说，对电路的传输能力要求较低。

（2）在电路交换网络上，当通信量变得很大时，就不能接收新的呼叫。而在报文交换网络上，通信量大时仍然可以接收报文，不过传送延迟会增加。

（3）报文交换系统可以把一个报文发送到多个目的地，而电路交换网络很难做到这一点。

（4）报文交换网络可以进行速度和代码的转换。

4. 报文交换的缺点

（1）不能满足实时或交互式的通信要求，报文经过网络的延迟时间长且不确定。

（2）有时节点收到过多的数据而无空间存储或不能及时转发时，就不得不丢弃报文，而且发出的报文不按顺序到达目的地。

2.6.3 分组交换

分组交换是报文交换的一种改进，它将报文分成若干个分组，每个分组的长度有一个上限，有限长度的分组使每个节点所需的存储能力降低了，分组可以存储到内存中，提高了交换速度。它适用于交互式通信，如终端与主机通信是计算机网络中使用最广泛的一种交换技术。

分组交换有虚电路分组交换和数据报分组交换两种，分别如图 2-26（c）和图 2-26（d）所示。

1. 虚电路分组交换的原理与特点

在虚电路分组交换中，为了进行数据传输，网络的源节点和目的节点之间要先建立一条逻辑通路。每个分组除了包含数据之外还包含一个虚电路标识符。在预先建好的路径上的每个节点都知道把这些分组引导到哪里去，不再需要路由选择判定。最后，由某一个站用清除请求分组结束这次连接。

虚电路分组交换的主要特点是：在数据传送之前必须通过虚呼叫设置一条虚电路。但并不像电路交换那样有一条专用通路，分组在每个节点上仍然需要缓冲，并在线路上进行排队等待输出。

2. 数据报分组交换的原理与特点

在数据报分组交换中，每个分组的传送是被单独处理的。每个分组称为一个数据报，每个数据报自身携带足够的地址信息。一个节点收到一个数据报后，根据数据报中的地址信息和节点所存储的路由信息，找出一条合适的出路，把数据报原样地发送到下一节点。由于各数据报所走的路径不一定相同，因此不能保证各个数据报按顺序到达目的地，有的数据报甚至会中途丢失。整个过程中没有虚电路建立，但要为每个数据报进行路由选择。

因此，若要传送的数据量很大，且其传送时间远大于呼叫时间，则采用电路交换较为合适；当端到端的通路由很多段的链路组成时，采用分组交换传送数据较为合适。从提高整个网络的信道利用率上看，报文交换和分组交换优于电路交换，其中分组交换比报文交换的时延小，尤其适合于计算机之间的突发式数据通信。

2.7   物理层协议与设备

为了适应不同厂商的计算机和各种外部设备串行连接的需要，已经制定了一些串行物理接口的标准。

2.7.1   物理层的接口特性

物理层的接口特性主要包括以下几方面。

（1）机械特性，规定了物理连接所采用的连接器的形状、大小、各个接线引脚的数量、排列情况等。

（2）电气特性，规定了连接导线的电路特性，如电气连接方式、信号电平、最大数据传输率和距离限制等。

（3）功能特性，规定了物理接口上各条信号线的功能分配和确切定义。

（4）规程特性，规定了利用信号线进行二进制比特流传输的一组操作过程，即各信号线的动作规则和先后顺序。

EIA-RS-232-C 和 EIA-RS-449 是两种最常用的物理层接口标准，其应用原理如图 2-27 所示。其中，DTE 是数据终端设备，可以是计算机、终端或各种 I/O 设备；DCE 是数据电路端接设备，提供信号变换和编码功能，并且负责建立、保持和释放数据链路的连接。典型的 DCE 是调制解调器。

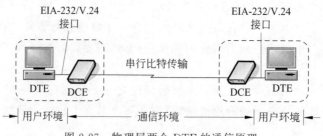

图 2-27   物理层两个 DTE 的通信原理

下面以 EIA-232-C 接口标准为例说明物理层的协议内容。

在机械特性方面，EIA-232-C 使用 25 根引脚的 DB-25 插头座，分上下两排。

在电气特性方面,EIA-232-C 采用负逻辑:逻辑 0 相当于对信号地线有 3～15V 的电压,逻辑 1 相当于对信号地线有－3～－15V 的电压。而逻辑 0 相当于数据的 0 或控制线的"接通"状态,逻辑 1 相当于数据的 1 或控制线的"断开"状态。当连接电缆长度不超过15m 时,允许数据传输速率不超过 20kb/s。但是,当连接电缆长度较短时,数据传输速率就可以大大提高。

在功能特性方面,定义了数据线、控制线、定时线和地线共四类端口,其引脚定义如图 2-28 所示。

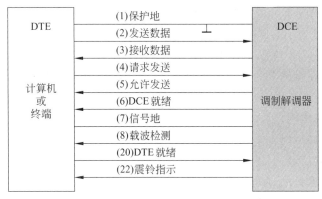

图 2-28 EIA-232-C 的引脚定义

在规程特性方面,规定了在 DTE 和 DCE 之间所发生的事件的合法序列。

2.7.2 物理层的设备

1.中继器

中继器的作用是放大信号,提供电流以驱动长距离电缆。中继器主要用于扩充局域网电缆段的距离限制,如粗缆以太网,由于收发器只能提供 500m 的驱动能力,而 MAC协议的定时特性允许粗缆以太网电缆最长为 2.5km,所以每隔 500m 的网段之间就要利用中继器连接。

2. 集线器

集线器也称为 Hub 或 Concentrator,是基于星形拓扑的接线点,实际上是个多端口的中继器,其外形如图 2-29 所示。集线器的基本功能是信息分发,它把一个端口接收的所有信号向所有端口分发出去。一些集线器在分发之前将弱信号重新生成,一些集线器整理信号的时序以提供所有端口间的同步数据通信。

图 2-29 集线器实物图

习　题　2

1. 物理层要解决哪些问题？物理层的主要特点是什么？

2. 计算机网络有哪些常用的性能指标？

3. 解释以下名词：数据、信号、模拟数据、模拟信号、半双工通信、全双工通信。

4. 收发两端之间的传输距离为1600km，信号在传输介质上的传播速率为 $2×10^8$ m/s。试计算以下两种情况下的发送时延和传播时延。

(1) 数据长度为10GB，数据发送速率为100kb/s。

(2) 数据长度为10KB，数据发送速率为2Gb/s。

5. 假设信号在媒体上的传播速率为 $2.3×10^8$ m/s。传输介质长度 L 分别为

(1) 10cm（网络接口卡）。

(2) 100m（局域网）。

(3) 100km（城域网）。

(4) 5000km（广域网）。

试计算当数据率为1Mb/s和10Gb/s时在以上传输介质中正在传播的比特数。

6. 请问石油管道是单工系统还是半双工系统，或是全双工系统，或者三者都不是？

7. 对于带宽为3kHz、信噪比为20dB的信道，当其用于发送二进制信号时，它的最大数据传输率是多少？

8. 比较说明双绞线、同轴电缆与光缆三种常用传输介质的特点。

9. 多路复用技术主要有几种类型？它们各有什么特点？

10. 什么是曼彻斯特编码与差分曼彻斯特编码？其特点如何？

11. 请画出1100011001的非归零码、曼彻斯特编码、差分曼彻斯特编码，以及 ASK、FSK 和绝对调相 PSK、相对调相 PSK 的编码波形示意图。

12. 假设需要在相隔1000km的两地间传送3kb的数据，有以下两种方式：通过地面电缆以 4.8kb/s 的数据传输速率传送或通过卫星通信以 50kb/s 的数据传输速率传送，则从发送方开始发送数据直到接收方收到全部数据，哪种方式的传送时间较短？已知电磁波在电缆中的传播速率为光速的 2/3，卫星通信的端到端单向传播延时的典型值为 270ms。

13. 试比较电路交换、报文交换和分组交换的主要优缺点。

14. 物理层的接口有哪几方面的特性？各包含什么内容？

第3章 数据链路层

链路和数据链路意义不同,前者是指一条无源的点对点的物理线路段,中间没有任何其他的交换节点,有时也称为"物理链路"。

在一条线路上传送数据时,除了必须有一条物理线路外,还必须有一些必要的规程控制这些数据的传输。将实现这些规程的硬件和软件加到链路上,就构成了数据链路。当采用复用技术时,一条链路上可以有多条数据链路。

数据链路层位于第2层,其传输原理如图3-1所示。主机 A 的数据从应用层出发,向下到数据链路层,以帧的方式发送到下一个节点(路由器1),再经过路由器2和路由器3两个节点,达到目的主机 B,期间将经过局域网和广域网等不同的网络,主机 A 和主机 B 连接到网络可能采用电话网或局域网等接入方式。当然,从实际传输上看,是经过物理层由通信线路到达邻近节点的。

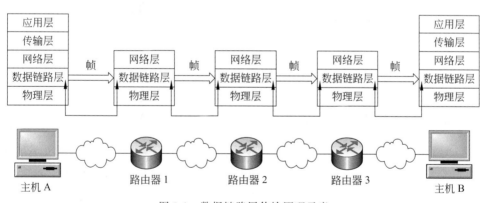

图 3-1 数据链路层传输原理示意

3.1 数据链路层的功能

3.1.1 为网络层提供服务

数据链路层的基本任务是将源机器中来自网络层的数据传输到目的机器的网络层,所提供的基本服务有以下三种。

(1) 无确认的无连接服务。不需要建立链路连接,每个帧上都携带目的地址,形成独立的帧。接收方对收到的帧不进行确认。如果由于线路噪声而造成帧丢失，数据链路层不负责重发，留待上层完成。因此，其主要适用于误码率低、实时性要求较高的传输环境，如局域网。

（2）有确认的无连接服务。这是在上述服务中引入了确认功能。每收到一个帧，接收方都要发回确认信号。如果发送方在规定的时间内没有收到确认信号，则该帧就需要重新发送。这类服务适用于可靠性不高的信道，如无线通信系统。

（3）有确认的面向连接服务。具有连接建立、数据传输和连接释放的三个阶段。所有的帧都有序号，每一帧都有确认信号。大多数广域网的通信子网的数据链路层采用这种服务。

3.1.2　组帧

来自网络层的数据加上首部和尾部后，以帧为单位向下传输。这样，在接收端即使在物理层传输中出现了错误，也只需要将有错的帧重发，而不必将全部数据重新发送，从而提高了效率。为了明确一个帧的开始和结束，就需要加上一定的标志，实现帧同步或帧定界，如图 3-2 所示。图 3-2 中，MTU 是最大传输单元，是帧的数据部分长度的上限。帧的长度等于数据部分加上帧首部和帧尾部的长度。

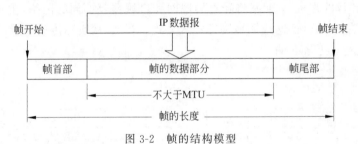

图 3-2　帧的结构模型

3.1.3　差错控制

当一帧到达目的地时，需要校验其正确性。这需要通过差错控制码产生的校验和确定，首先在发送端计算后连同数据一起发送，在接收端进行检错处理。如果是正确的，则数据部分向网络层传送；否则进行丢弃处理。

3.1.4　流量控制

流量控制是解决发送能力大于接收能力的问题，如果接收方来不及接收，则会有许多帧丢失。流量控制实际上是控制发送方的数据流量，使其发送速率不超过接收方所能处理的程度。

【例 3-1】　在数据链路层应根据什么原则确定应当使用面向连接服务还是无连接服务？

解析：在设计硬件时就能够确定。例如，若采用拨号电路，则数据链路层将使用面向连接服务；但若使用以太网，则数据链路层使用的是无连接服务。

3.2 组帧技术

组帧技术,也称为帧同步技术。有不同的组帧方式,可以是以字节为单位组成帧的各部分字段,称为面向字节的组帧方式;也可以是以任意比特组合成帧的,称为面向比特的组帧方式。下面介绍四种组帧方法。

3.2.1 字节计数法

这种帧同步方法是一种面向字节的同步规程,是利用帧首部中的一个域指定该帧中的字节数,其原理如图 3-3 所示。

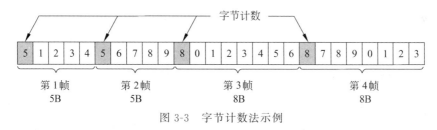

图 3-3 字节计数法示例

图 3-3 标识了 4 个数据帧的帧格式,它们的大小依次为 5B、5B、8B、8B。接收方可以通过对该特殊字符的识别从比特流中区分出帧的起始,并获知该帧的数据字节数,从而可以确定帧的终止位置。

这种方法最大的问题在于如果标识帧大小的字段出错,即失去了帧边界划分的依据,将造成灾难性的后果。如第 2 帧中的计数字节由 5 变为 7,则接收方就会失去帧同步的可能,从而不可能再找到下一帧正确的起始位置。由于第 2 帧的校验和出现了错误,所以即使接收方给发送方请求重传都无济于事。因此,这种字节计数法目前已很少使用。

3.2.2 字符填充法

该同步方法是用一些特定的字符作为一个帧的开始和结束标志,同时也采用某些特定的字符作为传输过程中用到的控制字符。在过去,开始和结束字节并不相同,但在最近几年,绝大多数协议倾向于使用相同的字节,称为标志字节,如图 3-4(a)中的 FLAG 所示。因此,接收方如果丢失了同步,也只需要搜索标志字节就能找到当前帧的结束位置。两个连续的标志字节代表了当前帧的结束和下一帧的开始。

如果标志字节出现在数据中,则发送方在该字节前插入一个特殊的转义字节(ESC);接收方在删除该 ESC 字节后才将数据送交给网络层,这就是字节填充技术。进一步地,如果 ESC 字节也出现在数据中,则采用同样的处理方式,在其前面插入一个 ESC。在图 3-4(b)中,给出了 4 种不同的原始字符序列及其填充结果。

这种方法依赖于 8 位字符模式,对其他类型的字符码并不适用。例如,UNICODE 使用 16 位字符。所以需要开发新的技术,以便允许任意长度的字符。

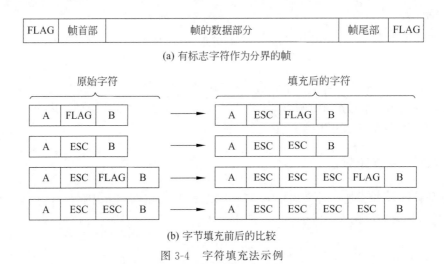

(a) 有标志字符作为分界的帧

(b) 字节填充前后的比较

图 3-4　字符填充法示例

3.2.3　零比特填充法

这是以一组特定的比特模式(01111110)标志一帧的开始和结束，它允许任意长度的位码，也允许每个字符有任意长度的位。在发送方的数据链路层，每当数据中遇到 5 个连续的比特 1 时，会自动在其输出位流中填充一个比特 0。在接收方的数据链路层中，每当数据中收到 5 个连续的 1 且其后是 0 时，会自动删除该 0 比特。其工作原理如图 3-5 所示，如果要传输的数据帧为 0110111111101111110010，则采用零比特填充后，在网络中传送时表示为 01101111101110111110010010。

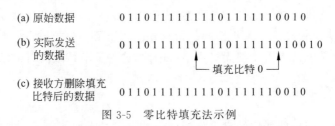

(a) 原始数据　　　　0110111111101111110010

(b) 实际发送
　　的数据　　　　01101111101110111110010010

　　　　　　　　　　　　填充比特 0

(c) 接收方删除填充
　　比特后的数据　　0110111111101111110010

图 3-5　零比特填充法示例

零比特填充帧同步方式很容易由硬件实现，性能优于字符填充方式。所有面向比特的同步控制协议采用统一的帧格式，不论是数据还是单独的控制信息均以帧为单位传送，其典型代表是 HDLC 协议。

3.2.4　违例编码法

在物理层采用特定的比特编码方法时采用。例如，曼彻斯特编码方法是将数据比特 0 编码成"高-低"电平对，将数据比特 1 编码成"低-高"电平对，而"高-高"电平对和"低-低"电平对在数据比特中是违例的，可以借用这些违例编码序列界定帧的开始和结束，局域网 IEEE 802 标准中就采用了这种方法。违例编码法不需要任何填充技术，便能实现数据的透明性,但它只适于采用冗余编码的特殊编码环境。

由于字节计数法中计数字段的脆弱性及字符填充实现上的复杂性和不兼容性,目前较普遍使用的帧同步法是零比特填充法和违例编码法。

【例 3-2】 数据链路协议中使用了下面的字符编码。

A:01000111;B:11100011;FLAG:01111110;ESC:11100000

为了传输一个包含 4 个字符的帧:A B ESC FLAG,请给出当使用下面的成帧方法时所对应的位序列(用二进制表达)。

(1) 字节计数。

(2) 包含字节填充的标志字节。

(3) 包含零比特填充的开始和结束标志。

解析:

(1) 有 4 个字符和 1 个标识符,二进制表示为 00000101。按照字符计数,这 5 个字符应表示为

00000101 01000111 11100011 11100000 01111110

(2) 首尾各加上一个 FLAG 标志一帧的开始和结束,再考虑字节填充法,则结果为 FLAG A B ESC ESC ESC FLAG FLAG,对应的二进制编码为

01111110 01000111 11100011 11100000 11100000 11100000 01111110 01111110

(3) 采用特定的比特模式(01111110)标志一帧的开始和结束,再考虑零比特填充法,得到结果为

01111110 01000111 110100011 111000000 011111010 01111110

3.3 差 错 控 制

理想的通信系统在现实中是不存在的,信息传输过程中总会出现差错。差错控制是指采用编码技术,在通信过程中发现并检测差错,或对差错进行纠正,从而将差错控制在尽可能小的范围内。能检测差错的编码称为检错码,如奇偶校验码、循环冗余校验码以及校验和;能检测并纠正错误的编码称为纠错码,如汉明码。纠错码的实现过程复杂,在一般的通信场合不适宜采用;检错码的实现较为容易,能够通过重传机制获得正确的帧,因此在网络中广泛使用。

3.3.1 奇偶校验码

奇偶校验码是最常见的一种检错码,主要用于以字符为传输单位的通信系统中。其工作原理很简单,即在原始数据字节的最高位或最低位增加一位,作为奇偶校验位,以保证所传输的每个字符中 1 的个数为奇数(奇校验)或偶数(偶校验)。

国际标准规定:在同步传输中使用奇校验,而在异步传输中使用偶校验。

奇偶校验只能检测出奇数个位发生的错误,校验能力低,不适用于块数据的传输,需要采用垂直水平奇偶校验码(也称为纵横奇偶校验或方阵码),其工作原理如图 3-6 所示。

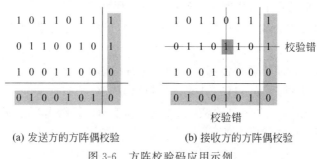

(a) 发送方的方阵偶校验   (b) 接收方的方阵偶校验

图 3-6   方阵校验码应用示例

图 3-6 中有一组由 3 行 7 列的数据组成的块，每行的最右位是水平奇偶校验位，每列的最低位是垂直奇偶校验位。由于增加了纵向的校验，所以其检错能力得到了提高，能够检测出所有 3 位或 3 位以下的错误、奇数个错和大部分偶数个错，可以使误码率下降到原误码率的百分之一到万分之一。

该方阵码的另一个特点是可以纠正部分差错。如图 3-6(b)所示，发现第 2 行和第 5 列的奇偶校验出错，则可以判定当前位置的数据位发生了传输错误，将之取反即可纠正差错。

3.3.2   循环冗余校验码

循环冗余校验(Cyclic Redundancy Check，CRC)编码是局域网和广域网的数据链路层通信中使用最多也是最有效的检错方式。其基本思想是在数据后面添加一组与数据相关的冗余码，冗余码的位数越多，检错能力越强，但传输的额外开销也越大。

CRC 码又称为多项式码，任何一个由二进制数位串组成的代码都可以和一个只含有 0 和 1 两个系数的多项式建立一一对应的关系，例如，代码 1011011 对应的多项式为 $x^6+x^4+x^3+x+1$。k 位要发送的信息位可对应于一个 $k-1$ 次多项式 $M(x)$，r 位冗余位对应于一个 $r-1$ 次多项式 $R(x)$。由 k 位信息位后面加上 r 位冗余位组成的 $n=k+r$ 位的编码即为 CRC 码，对应于一个 $n-1$ 次多项式 $F(x)=x^r M(x)\oplus R(x)$。

由信息位产生冗余位的编码过程，就是已知 $M(x)$ 求 $R(x)$ 的过程。在 CRC 码中，可以通过找到一个特定的 r 次多项式 $G(x)$ 实现，用 $G(x)$ 除以 $x^r M(x)$ 得到的余式就是 $R(x)$。

在接收方，校验的方法是用生成的多项式 $G(x)$ 除以接收到的 $x^r M(x)\oplus R(x)$，若不能整除，则表明传输中出错，但无法指明错误位置。

注意，这里的加法和除法都基于模 2 运算，其特点是不考虑进位和借位的运算，相当于异或运算。

【例 3-3】   假设要发送的数据为 101110，采用 CRC 的生成多项式是 $G(x)=x^3+1$，请问：

(1) 冗余码和发送的码字分别是什么？

(2) 若收到的数据序列是 100010011，请判断是否有错？

解析：已知发送的信息 $M=101110$，生成多项式对应的除数 $G=1001$。

（1）经过除法运算，如图 3-7 所示，得到冗余码为 $R = 011$，所以发送的码字是 101110011。

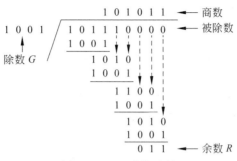

图 3-7 CRC 计算示例

（2）如图 3-8 所示，用除数 G 除以收到的数据序列 100010011，得到的结果是 101，不是全零。所以，收到的数据序列有错。

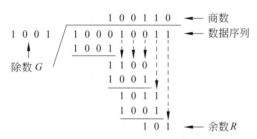

图 3-8 CRC 校验接收的数据

需要注意的是，余数为 0 并不能断定传输中一定无错。在某些非常特殊的位差错组合下，CRC 完全有可能使余数为 0，所以其检错率并非 100%。经过精心设计和实际检验，目前国际上已被标准化的生成多项式 $G(x)$ 主要见如下。

CRC-8：$x^8 + x^2 + x + 1$

CRC-12：$x^{12} + x^{11} + x^3 + x^2 + x + 1$

CRC-16：$x^{16} + x^{15} + x^2 + 1$

CRC_CCITT：$x^{16} + x^{12} + x^5 + 1$

CRC-32：$x^{32} + x^{26} + x^{23} + x^{22} + x^{16} + x^{12} + x^{11} + x^{10} + x^8 + x^7 + x^5 + x^4 + x^2 + x + 1$

它们在实际通信中得到广泛的应用，如 CRC-8 被用于 ATM 信元头差错校验中，CRC-16 被用于二进制同步传输规程中，CRC_CCITT 被用于 HDLC 通信规程中，CRC-32 被用于 IEEE 802.3 以太网的数据链路层通信中。

除了以上两种差错校验方法外，还有校验和校验方法。校验和的校验过程计算简单，但其校验差错的能力远不如 CRC 高。用 CRC 检测方法无论是生成校验码还是进行差错检测计算都比较复杂，在数据链路层一般都是使用硬件技术生成校验码和实现数据校验操作。因此，CRC 技术常用在数据链路层，而校验和技术一般用在链路层之上的高层。另外，设置高层校验也是为了避免因数据链路层漏检或硬件设备及软件系统异常而误收错误分组。

3.3.3 汉明码

汉明码由 Richard Hamming 于 1950 年提出，是一种纠错码。其指导思想是，在被校验的数据中，增加几位校验位。当某一数据位出错时，引起几位校验位的值改变，不同代码位出错，得到不同的校验结果（即非法编码）。这样，不仅可发现错误，还能知道错误的位置，进而达到纠正错误的目的。

它是利用在信息位为 k 位，增加 r 位冗余位，构成一个 $n=k+r$ 位的码字，然后用 r 个监督关系式产生的 r 个校正因子区分无错和在码字中的 n 个不同位置的一位错。它必须满足关系式 $2^r \geqslant k+r+1$ 或 $2^r \geqslant n+1$。

汉明码的编码效率为 $R=k/(k+r)$（k 为信息位位数，r 为增加冗余位位数）。

1. 码距

码距是编码系统中两个任意合法码之间的最少二进制位数的差异。可见，ASCII 的码距为 1，奇偶校验码的码距为 2。码距公式为

$$L-1=D+C \tag{3-1}$$

式(3-1)中，L 为码距；D 是可检测的错误位数；C 为可纠正的错误位数。若能在数据码中增加几个校验位，将数据代码的码距均匀拉开，把每个二进制位分配在几个奇偶校验组中，则当某位出错后，会引起几个校验位的值的变化，这样不仅能查错，还能纠错。

为了检测出 d 个比特的错误，需要使用汉明距离为 $d+1$ 的编码。例如：数据后加奇偶校验位，编码后的汉明距离为 2，能检测 1b 的错误。

为了纠正 d 个比特的错误，必须用汉明距离为 $2d+1$ 的编码。例如：一个编码集只有 4 个有效码字：000000，000111，111000，111111。

其汉明距离为 3。

如果接收端收到码字 010111 时，判断是由哪个码字错来的？以上 4 个码字分别错 4、1、5 和 2，最有可能（概率最大）是第 2 个：$d=1$。

2. 有效信息位与校验位的关系

校验的位数与有效信息位的位数有关。若被校数据是 k 位、校验位是 r 位，校验位共有 2^r 个状态。在这 2^r 个状态中，应有 k 个状态表示 k 个数据位中是哪位出错。考虑到校验位本身也可能出错，因此有 r 个状态分别表示不同校验位出错，另外还有一个状态表示被校数据位和校验位都不出错。因此，为查出每位错，必须满足：

$$2^r \geqslant k+r+1 \tag{3-2}$$

例如：当 $r=4$ 时，$2^4 \geqslant k+4+1$，即 $16 \geqslant k+5$。于是，k 最大为 11，最小为 5。

因此，当被校数据为 8 位时，r 取 4；被校数据为 16 位时，r 取 5。

3. 编码规则

若被校数据为 D8D7D6D5D4D3D2D1，校验位取 4 位 P1、P2、P3、P4，形成汉明码 H12H11H10H9H8H7H6H5H4H3H2H1。

规则 1：规定校验位 Pi 放在汉明位号为 2^{i-1} 的位置上，则 P1 在 H1 位、P2 在 H2 位、P3 在 H4 位、P4 在 H8 位，其余的用信息数据从高到低插入。传送的数据流为

D8D7D6D5P4D4D3D2P3D1P2P1。

4. 确定校验位的取值

规则2：被校数据位的汉明位号等于校验该数据位的各校验位汉明位号之和。另外，校验位不需要再被校验。

各数据位与校验位的关系：

D1 放在 H3 上，由 P2P1 校验，满足 3＝2＋1。

D2 放在 H5 上，由 P3P1 校验，满足 5＝4＋1(P3 的汉明位号是 4)。

D3 放在 H6 上，由 P3P2 校验，满足 6＝4＋2。

D4 放在 H7 上，由 P3P2P1 校验，满足 7＝4＋2＋1。

D5 放在 H9 上，由 P4P1 校验，满足 9＝8＋1。

D6 放在 H10 上，由 P4P2 校验，满足 10＝8＋2。

D7 放在 H11 上，由 P4P2P1 校验，满足 11＝8＋2＋1。

D8 放在 H12 上，由 P4P3 校验，满足 12＝8＋4。

注意：上述安排的目的是希望校验的结果能正确反映出错位的位号。

若用偶校验则可得到各位校验位的值：

$$P1：D1,D2,D4,D5,D7 \rightarrow P1 = D1 \oplus D2 \oplus D4 \oplus D5 \oplus D7$$

$$P2：D1,D3,D4,D6,D7 \rightarrow P2 = D1 \oplus D3 \oplus D4 \oplus D6 \oplus D7$$

$$P3：D2,D3,D4,D8 \rightarrow P3 = D2 \oplus D3 \oplus D4 \oplus D8$$

$$P4：D5,D6,D7,D8 \rightarrow P4 = D5 \oplus D6 \oplus D7 \oplus D8$$

若数据 D＝10100110(D8—D1)，则有：

$$P1 = D1 \oplus D2 \oplus D4 \oplus D5 \oplus D7 = 0 \oplus 1 \oplus 0 \oplus 0 \oplus 0 = 1$$

$$P2 = D1 \oplus D3 \oplus D4 \oplus D6 \oplus D7 = 0 \oplus 1 \oplus 0 \oplus 1 \oplus 0 = 0$$

$$P3 = D2 \oplus D3 \oplus D4 \oplus D8 = 1 \oplus 1 \oplus 0 \oplus 1 = 1$$

$$P4 = D5 \oplus D6 \oplus D7 \oplus D8 = 0 \oplus 1 \oplus 0 \oplus 1 = 0$$

5. 汉明校验值

$$C1 = P1 \oplus D1 \oplus D2 \oplus D4 \oplus D5 \oplus D7 = 1 \oplus 1 = 0$$

$$C2 = P2 \oplus D1 \oplus D3 \oplus D4 \oplus D6 \oplus D7 = 0 \oplus 0 = 0$$

$$C3 = P3 \oplus D2 \oplus D3 \oplus D4 \oplus D8 = 1 \oplus 1 = 0$$

$$C4 = P4 \oplus D5 \oplus D6 \oplus D7 \oplus D8 = 0 \oplus 0 = 0$$

6. 校验结论

(1) 若汉明校验值为全 0，即 C4C3C2C1＝0000，表示数据传送无错。

(2) 若汉明校验值 1 位出错，则校验位出错。

当 C4C3C2C1＝0001 时，H1 出错，即校验位 P1 出错。

当 C4C3C2C1＝0010 时，H2 出错，即校验位 P2 出错。

当 C4C3C2C1＝0100 时，H4 出错，即校验位 P3 出错。

当 C4C3C2C1＝1000 时，H8 出错，即校验位 P4 出错。

(3) 若汉明校验值中有 2 位或 2 位以上出错，则是被校验数据位出错。C4C3C2C1

的编码就是出错位的汉明位号。

C4C3C2C1＝0011（汉明位号 3），H3 出错，即数据位 D1 出错。

C4C3C2C1＝0101（汉明位号 5），H5 出错，即数据位 D2 出错。

C4C3C2C1＝0110（汉明位号 6），H6 出错，即数据位 D3 出错。

C4C3C2C1＝0111（汉明位号 7），H7 出错，即数据位 D4 出错。

C4C3C2C1＝1001（汉明位号 9），H9 出错，即数据位 D5 出错。

C4C3C2C1＝1010（汉明位号 10），H10 出错，即数据位 D6 出错。

C4C3C2C1＝1011（汉明位号 11），H11 出错，即数据位 D7 出错。

C4C3C2C1＝1100（汉明位号 12），H12 出错，即数据位 D8 出错。

按上述方法进行汉明码编码后，假设接收到的码字是 101100111001，该如何校验和纠错呢？

已知接收的汉明码共 12 位，从中分离出校验位，得 $P1=1$、$P2=0$、$P3=1$、$P4=0$，数据位 D8 到 D1 的排列为 10110110。

接着通过译码公式求解校验结果：

$C1＝P1\oplus D1\oplus D2\oplus D4\oplus D5\oplus D7=1\oplus 0\oplus 1\oplus 0\oplus 1\oplus 0=1$

$C2＝P2\oplus D1\oplus D3\oplus D4\oplus D6\oplus D7=0\oplus 0\oplus 1\oplus 0\oplus 1\oplus 0=0$

$C3＝P3\oplus D2\oplus D3\oplus D4\oplus D8=1\oplus 1\oplus 1\oplus 0\oplus 1=0$

$C4＝P4\oplus D5\oplus D6\oplus D7\oplus D8=0\oplus 1\oplus 1\oplus 0\oplus 1=1$

则有 C4C3C2C1＝1001，结果非 0，说明接收的码字有错，且汉明位号 9 出错，即数据位 D5 出错。

因此，正确的数据是：10100110。

3.4　流量控制

在链路的两个站点之间建立了链路连接后，就进入了数据传输阶段。为了保证数据传输的正确性和完整性，必须建立一套通信协议。

流量控制用于协调链路中发送方和接收方之间的数据流量，以保证双方的数据发送和接收达到平衡。当来不及接收时，就必须及时控制发送方的发送速率。流量控制可以有效地防止由于网络中瞬间的大量数据对网络带来的冲击，保障用户的网络运行。

流量控制不仅可以在数据链路层上实现，在其他高层，如网络层和传输层上也有相应的控制机制。不同功能层的流量控制对象是不同的，数据链路层上控制的是网络中相邻节点之间的数据传输过程，网络层上控制的是网络源节点和目的节点之间的数据传输，而传输层上控制的是网络中不同节点内发送进程和接收进程之间的数据传输过程。

目前，通信节点之间常用的流量控制技术有停止-等待方式（简称为停等方式）和滑动窗口方式，分别对应有停止-等待协议（简称为停等协议）和滑动窗口协议，后者又包括了后退 N 帧协议和选择重传协议。

3.4.1　停等协议

停等协议是最简单的流量控制协议。在数据传输之前,发送方已将上层发来的分组装配成帧,分为数据帧和确认帧。每当发送完一个数据帧,就主动停止,等待接收方的确认。如果收到的是肯定应答,则接着发送下一个帧;如果收到否定应答或在规定的时间内没有收到任何应答,则重发该帧。停等协议的工作流程如图 3-9 所示。

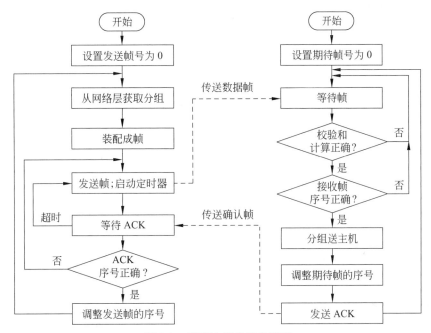

图 3-9　停等协议的工作流程

接收方获得帧后,先计算其校验和,实现差错检测。进一步地,如果正确的帧是接收方所期望的,则给发送方返回确认帧,并上交分组给网络层;否则丢弃该帧,继续等待,或者发回一个否定帧(对于选择重传协议)。

为了说明停等协议的具体原理,下面分别讨论几种可能的数据传输现象,如图 3-10 所示。

1. 无差错的理想情况

如图 3-10(a)所示,指主机 A 到主机 B 的传输信道没有差错。接收方的缓存只需要装下一个数据帧,收发双方能够实现良好的传输同步。

实际的传输信道是不理想的,差错不可避免,可能出现数据错误或丢失情况。

2. 数据帧传输出错情况

如图 3-10(b)所示,主机 A 向主机 B 发送一个数据帧 DATA0,但在传输中出现了差错。如果该帧的结构仍然完整,则接收方能够识别此帧,并进行差错校验。一旦判断其是有差错的数据帧,则丢弃该帧,并向对方发回一个否定的帧(Negative Acknowledgement,NAK),要求对方对 NAK 中指定的帧进行重传。

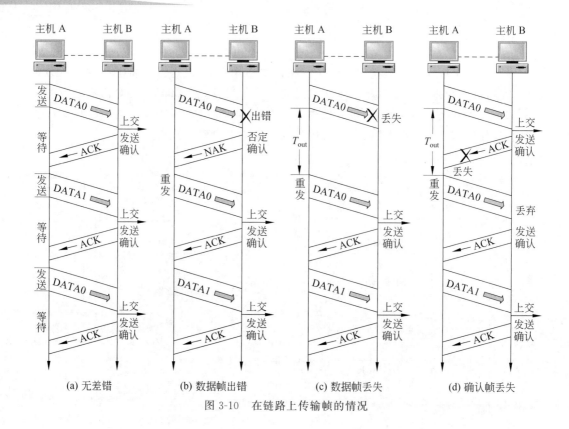

图 3-10   在链路上传输帧的情况

3. 数据帧丢失情况

如图 3-10(c)所示，主机 A 发往主机 B 的数据帧在传输中丢失，使主机 B 始终处于等待状态。此时，主机 A 也在一直等待确认的到来，就会出现死锁现象。为了解决这个问题，需要引入定时器，设置重发时间 T_{out}。每当一个数据帧发出之后，就立即启动一个定时器。如果定时器超时后仍然没有收到主机 B 的应答，则重发该帧，这种方法称为超时重发。如果连续多次重传都出现差错，超过了一定次数（如 16 次），则停止发送，向上一级报告故障情况。

4. 确认帧丢失情况

如图 3-10(d)所示，确认帧在传输中丢失。主机 A 因为收不到该确认帧，执行超时重发。结果是主机 B 收到了一个重复帧。为了分清是新帧还是重复帧，需要对每个帧设置序号，以示区别。因此，如果两个序号相同，就认为是重复帧。

可见，使用以上方法可以避免帧的重复和丢失，实现了一定的差错控制功能。而接收方控制发送确认帧 ACK 的时间（不超过重发时间），还完成了流量控制功能。

停等协议的优点是控制比较简单，但由于一次只能发送一帧，在信号传播过程中发送方必须处于等待状态，这对于短信道来说是合适的。对于长信道而言，效率很低。下面分析停等协议的传输效率，具体过程如图 3-11 所示。

假设在传输过程中没有数据帧的差错发生，则总时延为

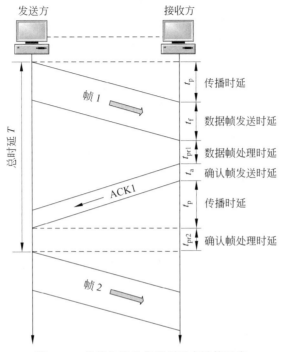

图 3-11　停等协议的信道利用率计算示意

$$T = t_{p} + t_{f} + t_{pr1} + t_{a} + t_{p} + t_{pr2} \tag{3-3}$$

进一步地,假设计算机对数据帧的确认帧的处理时间可以相对忽略不计。同时,由于确认帧比数据帧小得多,其传输时延也忽略,则有

$$T \approx t_{f} + 2t_{p} \tag{3-4}$$

在无差错的数据链路中,数据传输效率 U 表示为

$$U = \frac{t_{f}}{t_{f} + 2t_{p}} \tag{3-5}$$

可见,如果在一个总时延内能够连续发送多个数据帧,就会使传输效率成倍增加。

【例 3-4】 已知信道速率为 8kb/s,传播时延为 20ms,确认帧长度和处理时间均可忽略。如果采用停等协议,请问帧长是多少才能使信道利用率至少达到 50%?

解析:已知 $t_{p} = 20$ms。设帧长为 L(b),则有: $t_{f} = (L/8)$ms。由式(3-5)可得

$$U = \frac{t_{f}}{t_{f} + 2t_{p}} \geqslant 50\%$$

当 $t_{f} \geqslant 40$ms 时,不等式成立。因此,帧长 $L \geqslant 320$b。

3.4.2　滑动窗口机制

滑动窗口机制是网络中控制流量最常用的技术方案,发送方不必等待接收方的应答就可以连续发送数据帧,但对发送方在收到确认帧之前可以发送的数据帧数目加以限制。如果希望发送方停止发送数据,就停止发送确认信息,使发送方发送缓冲区中未被确认的

数据帧很快达到极限而停止发送新的数据帧，直到再次收到接收方的确认帧。

所有帧都进行统一编号，既要正确区分不同的帧，又要减少控制开销，提高传输效率。如果用 n 比特表示帧的序号，则帧的序号范围是 $0\sim(2^{n}-1)$。例如，在传播时延较小的链路上，通常设置 $n=3$，序号空间为 $0\sim7$，共 8 个序号，称为"模 8"编码。待发送完序号为 $0\sim7$ 的帧后，下一帧又从 0 开始。而在传播时延较大的链路上，如卫星链路上，通常使用 $n=7$ 的编码方案，序号空间为 $0\sim127$，共 128 个序号，称为"模 128"编码。

1. 发送窗口

发送缓冲区由两部分组成：一是已经发送出去、但未接收到确认的数据帧，保留这部分的目的是预备其中某些帧需要重发；二是还未被发送的数据帧，也是发送方能够继续发送的数据帧。

发送方把未得到确认而允许连续发送的一组帧的序号集合称为发送窗口，即允许发送的帧的序号表。

图 3-12 是发送窗口的滑动控制示意图，帧的序号范围是 $0\sim7$。

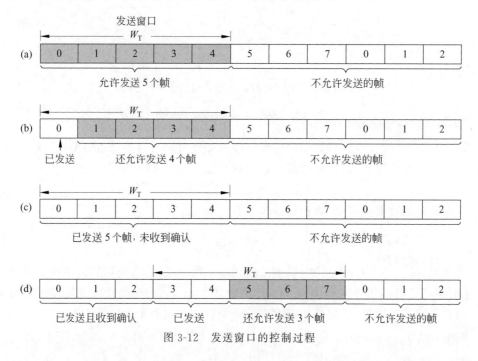

图 3-12　发送窗口的控制过程

发送方未得到确认而允许连续发送的帧的最大数目称为发送窗口尺寸。发送方每发送一个新帧，都要先检查该帧序号是否落在发送窗口内。发送方最早发送但还未收到确认的帧序号，称为发送窗口的后沿；发送窗口后沿加上窗口尺寸再减 1，称为发送窗口的前沿，表示发送方在收到确认前最后允许发送的帧序号。如图 3-12(a) 所示的窗口尺寸为 5，后沿为 0，则前沿为 $0+5-1=4$。

发送方每发送一个新的数据帧，窗口的后沿就向前滑动一个序号，窗口尺寸减 1，即可以连续发送的帧数减 1。而当发送窗口尺寸为 0 时，窗口关闭。如图 3-12(b) 所示，窗口尺寸由 5 减小到 4；而在图 3-12(c)中，窗口尺寸为 0，不可发送。

在收到了发送窗口后沿所对应的帧的确认应答后，就将发送窗口前沿向前滑动一个序号，且窗口尺寸加 1，表示可以继续发送的帧数加 1，并从发送缓冲区中将已确认的数据帧的副本删除。如图 3-12(d)所示，窗口尺寸变为 3，可以发送 3 个新的数据帧。

因此，接收方就可以通过发送确认帧控制发送窗口的滑动，从而达到流量控制的目的。

2. 接收窗口

同样，在接收方将允许接收的一组帧的序号集合称为接收窗口，即允许接收的帧的序号表。接收方最多允许接收的帧数目称为接收窗口尺寸。接收窗口的上下界分别称为接收窗口的前沿和后沿。如图 3-13 所示，接收窗口尺寸为 1。图 3-13(b)中的前沿和后沿都是 1。

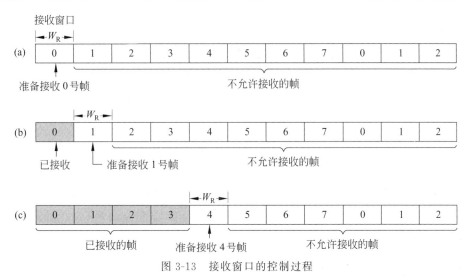

图 3-13 接收窗口的控制过程

接收方每收到一帧，都要判断该帧是否落在接收窗口之内。如果帧的序号正好等于接收窗口的后沿，且经过检验正确，则将该帧的数据部分上交给网络层，并向发送方返回一个确认帧，同时使接收窗口向前滑动一个序号。

如果收到的帧序号落在接收窗口之外，则直接丢弃该帧，不进行其他处理。

如果收到的帧序号落在接收窗口但不等于接收窗口后沿，则该帧经过检验正确后，暂时保留在接收缓冲区中。然后，继续等待序号为接收窗口后沿的帧，直到正确地收到后，才将其连同先前保留在接收缓冲区中的帧按顺序送交上层，并发出应答，同时向前滑动接收窗口。

下面，以饼图方式表示滑动窗口协议的基本原理，其发送窗口尺寸为 2、接收窗口尺寸为 1，如图 3-14 所示，从初态开始，展示了从发送 0 号帧到接收 1 号确认帧的窗口滑动过程。从中可以清晰地看到，在发送进行中，无论是发送窗口还是接收窗口，其位置都一直在顺时针转动。

在滑动窗口机制中，既要发挥流量控制的作用，又要尽可能地提高传输信道的利用率。如果发送窗口太小，则会造成传输信道的浪费；但如果发送窗口太大，又起不到流量控制的作用。理想的情况是，当刚刚发完发送窗口中允许发送的最后一帧时，就收到了窗

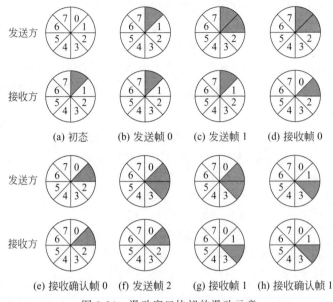

(a) 初态   (b) 发送帧 0   (c) 发送帧 1   (d) 接收帧 0

(e) 接收确认帧 0 (f) 发送帧 2 (g) 接收帧 1 (h) 接收确认帧 1

图 3-14　滑动窗口协议的滑动示意

口中最先发送帧的确认。这样,发送窗口向前滑动,又可以继续发送;同时,信道的利用率几乎没有浪费。

在发送窗口大于 1 的滑动窗口协议中,如果传输中出现差错,协议则会自动要求发送端重传出错的数据帧,这种滑动窗口控制机制称为自动重传请求(Automatic Repeat reQuest,ARQ),或称为自动请求重传。

3.4.3　后退 N 帧协议

后退 N 帧协议也称为连续 ARQ 协议,是指发送方可以连续发送多个数据帧,而接收方只能按顺序接收指定序号的帧。如果该帧被正确接收,则接收窗口向前滑动一帧,并开始接收下一帧。但是,如果某个发送的数据帧出错或丢失,接收方无法接收到该帧,则其后到达的 N 帧也都只能丢弃。所以,等到发送方定时器超时,就必须重发这一帧及其后面的所有帧,因此称这种协议为后退 N 帧(Go-Back-N)协议,简称为 GBN 协议。

图 3-15 是后退 N 帧协议的示意图,当 2 号数据帧出错并被丢弃后,后面到达的 3～8 号帧都被丢弃,也不发应答。等到发送方超时后,从第 2 帧开始全部重发直到确认后,才能继续发送新的数据帧。可见,本协议一方面因为能够连续发送多个数据帧而提高了效率,另一方面却因为后退 N 帧的重传方式而降低了效率。所以,如果信道的传输质量很差且误码率较大时,后退 N 帧协议不一定优于停等协议。

【例 3-5】　对于后退 N 帧协议,其接收窗口尺寸固定为 1,即 $W_R = 1$。若用 n 个比特对数据帧进行编码,试证明:只有当发送窗口尺寸 $W_T \leqslant 2^n - 1$ 时,本协议才能正确运行。

证明:为讨论方便,取 $n = 3$,则数据帧的序号范围为 0～7,最大窗口尺寸为 8。

采用反证法,令 $W_T = 8$,即发送窗口尺寸为 8 时的协议工作情况。

考虑以下极端状态下的传输过程(如图 3-16 所示)。

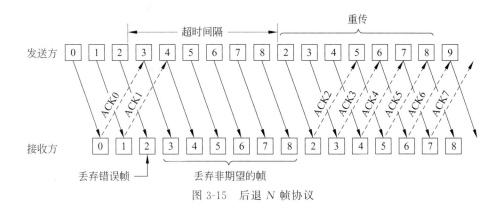

图 3-15　后退 N 帧协议

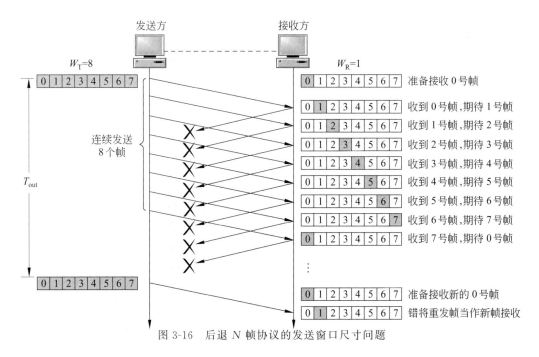

图 3-16　后退 N 帧协议的发送窗口尺寸问题

（1）初始状态，接收窗口位于 0 号时，发送方开始发送 0～7 号的数据帧。

（2）接收方在正确收到了 0～7 号共 8 个帧后，立即上交到网络层，返回对所有帧的确认后，窗口滑动到 0 号，并准备接收新一轮的 0～7 号数据帧。

（3）所有的应答帧都丢失。

（4）发送方超时，重发 0～7 号数据帧。

（5）接收方按顺序滑动，先后收到 0～7 号数据帧，并错误地将其当作新的数据帧送交网络层，于是协议失效。

因此，发送窗口尺寸必须小于 8，即 $W_T < 8$。

那么，$W_T = 7$ 时协议能否正确运行呢？

再次考虑上述极端状态的传输过程。

（1）初始状态，接收窗口位于 0 号时，发送方开始发送 0～6 号的数据帧。

（2）接收方在正确收到了 0～6 号共 7 个帧后，立即上交到网络层，返回对所有帧的确认后，窗口滑动到 7 号，并准备接收新一轮的 7 号和 0～5 号数据帧。

（3）所有的应答帧都丢失。

（4）发送方超时，重发 0～6 号数据帧。

（5）接收方先后收到 0～6 号重发的数据帧，由于不是期待的 7 号，所以直接丢弃，然后重新发送对 0～6 号帧的应答，表示希望接收序号从 7 开始的帧。

（6）发送方收到应答后，发送序号为 7 号和 0～5 号的新数据帧。这样就保证了协议的正常实现。

因此，有 $W_T \leq 7$ 成立。证毕。

3.4.4　选择重传协议

在后退 N 帧协议的重发方案中，可能将已经正确传送到目的方的帧再次重发，这显然是一种浪费。另一种效率更高的策略是，当接收方发现某帧出错后，其后继续送来的正确帧虽然不能立即递交给接收方的高层，但接收方仍可收下来并存放在一个缓冲区中。同时，要求发送方只重传出错的数据帧或者定时器超时的数据帧。一旦收到正确的重传数据帧后，就可以与原来已存于缓冲区中的其余帧一并按正确的顺序递交高层。这就是选择重传（Selective Repeat）协议，简称为 SP 协议。

选择重传协议的工作原理如图 3-17 所示，其发送窗口尺寸和接收窗口尺寸都大于 1。接收方收到出错的 2 号帧后，立即丢弃该帧并返回一个否认帧 NAK2，要求发送方选择重发 2 号帧。随后正确接收的 3～4 号数据帧被保存在缓冲区中。在接收到正确的 2 号数据帧后，将 2～4 号数据帧一起提交给高层，且返回 ACK4。

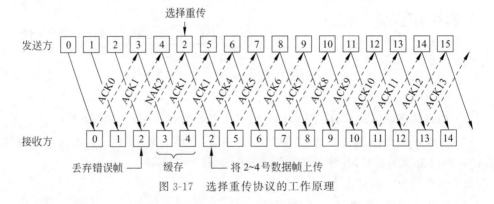

图 3-17　选择重传协议的工作原理

选择重传协议具有两个明显的特点。

（1）采用累计确认技术。接收方收到了连续且正确的数据帧后，为了节省链路带宽资源，并不对每一个数据帧返回确认，而是只返回对最高序号的帧进行确认。发送方收到这个确认帧号后，认为该帧号之前的其他帧都已经被正确接收。

（2）否认帧。在收到的数据帧经校验计算发现有错后，接收方会返回一个否定帧，以便通知发送方重发该帧。这样,发送方如果收到了否认帧,则可以在定时器的超时到来之前,就能够立即重发数据帧。

显然,选择重传协议减少了浪费,但要求接收方有足够大的缓冲区空间,这在许多情况下是不够经济的,因此,该协议目前还没有后退 N 帧协议使用得广泛。随着存储技术的发展,选择重传协议应该会得到重视,如在传输层的 TCP 协议中,就使用了类似选择重传的传输控制方法。

在选择重传协议中,发送窗口尺寸和接收窗口尺寸往往相同,其最大窗口尺寸为 2^{n-1}(n 为帧的编码序号)。

【**例 3-6**】 假设帧的序号长度为 3 位,发送窗口尺寸和接收窗口尺寸都是 2,采用选择重传协议发送数据帧。请画出由初始状态出发,下列事件依次发生时的发送窗口和接收窗口示意图:发送帧 0、发送帧 1、接收帧 0、接收确认帧 0、发送帧 2、接收帧 2、重发帧 1、接收帧 1、接收确认帧 2。

解析:采用饼图描述这个过程,如图 3-18 所示。

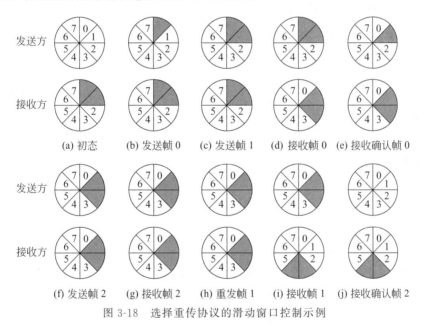

图 3-18 选择重传协议的滑动窗口控制示例

3.5 高级数据链路控制(HDLC)协议

数据链路层协议基本可以分为两类:面向字符型和面向比特型。面向字符型协议出现得最早,其特点是利用已经定义好的一种字符编码的一个子集执行通信控制功能,典型的有 IBM 公司的 BSC 协议。但是,这类协议具有明显的缺点,一是使用不同字符集的计算机无法利用该协议进行通信;二是控制字符的编码不能出现在用户数据中;三是控制功能的扩展性差,每增加一项功能就需要添加和定义相应的控制字符。而面向比特型协议可以克服这些缺点。尽管如此,目前面向字符型的点到点协议(Point-to-Point Protocol,

PPP)在 Internet 中仍然得到了广泛的应用。

1974 年，IBM 公司推出了著名的系统网络体系结构(System Network Architecture，SNA)，用于 IBM 公司的大型机(ES/9000 和 S/390 等)和中型机(AS/400)之间的联网。SNA 中的数据链路层协议采用了面向比特的 SDLC(Synchronous Data Link Control)协议。面向比特指帧首部中的控制信息是由比特组合而成，而不是由几种特殊的控制字符而定，因此，控制信息可以具有很多功能，使 SDLC 协议能够满足不同用户的需求。

此后，ISO 把 SDLC 修改为高级数据链路控制 HDLC(High-level Data Link Control)，作为国际标准 ISO 3309。相应地，我国的国家标准原为 GB7496，现已被 GB/T 7421—2008 代替，于 2009 年 1 月 1 日起实施。原 CCITT 则将 HDLC 再修改后并称为链路接入规程(Link Access Procedure，LAP)，并作为 X.25 建议书的一部分。不久，HDLC 的新版本又把 LAP 修改为 LAPB，称为链路接入规程(平衡型)。

下面详细介绍 HDLC 的特点、帧结构和帧类型。

3.5.1　HDLC 的基本特点

HDLC 定义了三种类型的站，两种配置和三种数据传输模式。

1. 站

三种类型的站分别是主站、从站和复合站。主站负责控制链路的操作，其发出的帧称为命令帧。从站受控于主站，向主站发出响应帧。复合站是指具有主站和从站的双重功能，可以发出命令帧和响应帧。

2. 两种配置

两种配置包括平衡配置和非平衡配置。在平衡配置中，每一端都是复合站，所以这种配置只能工作于点对点方式中。而非平衡配置可用于点到点链路或多点链路，由一个主站和一个从站或多个从站组成。

3. 三种数据传输模式

(1) 正常响应模式(NRM)，属于非平衡配置，主站向从站传输数据，从站进行响应。但是，从站只有在收到主站的许可后，才能响应。

(2) 异步平衡模式(ABM)，属于平衡配置，每个复合站都可以发送、接收命令/响应帧。

(3) 异步响应模式(ARM)，属于非平衡配置，从站在没有接收到主站的允许时就可以发起数据传输，但主站仍负责全程的初始化和差错恢复等工作。

3.5.2　HDLC 的帧结构

所有面向比特的协议都使用如图 3-19 所示的帧结构。

1. 标志字段 F

每帧的首尾都采用 01111110(0x7E)作为边界。当连续传输一些帧时，前帧的结束标志 F 可以兼作为下一帧的起始标志。在组帧方式中，HDLC 规定采用 3.2.3 节介绍的比

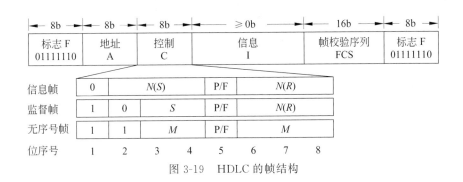

图 3-19　HDLC 的帧结构

特填充法实现数据的透明传输。

2. 地址字段 A

全 1 地址是广播地址,全 0 地址无效。在非平衡结构中,对于主站发送到从站的帧或从站发向主站的帧,地址字段给出的是从站地址;在平衡结构中,该字段填入应答站的地址。因此,有效地址共有 254 个,这样,HDLC 可用于点对多点的通信。

3. 控制字段 C

该字段最为复杂,是 HDLC 的关键字段。HDLC 的许多重要功能都是由该字段实现的。

4. 信息字段 I

该字段主要是由网络层下来的分组,其长度没有具体规定,需要根据链路情况和通信站的缓冲区容量确定,目前国际上使用得较多的是 1000～2000b。下限可以为 0,即没有信息字段。

5. 帧校验序列字段 FCS

采用 CRC 校验,生成多项式是 CRC-CCITT：$x^{16}+x^{12}+x^5+1$,校验范围包括地址、控制、信息字段等,但是不包括由于采用比特填充法而额外填入的 0。

由于只有信息字段的长度可以为 0,所以,最短的帧长为 48b(包括标志字段),小于此长度的帧是无效帧。

3.5.3　HDLC 的帧类型

如图 3-19 所示,HDLC 的帧类型有三种：信息帧、监督帧和无序号帧,其编码分为模 8 和模 128 两种,对应的控制字段长度分别为 8b 和 16b。模 8 方式采用 3 位二进制编码表示帧序号,主要用于地面链路;模 128 方式采用 7 位编码,主要用于卫星链路。图 3-19 中表示的是模 8 方式的情况。

1. 信息帧

信息帧用于传送数据,简称 I 帧,以控制字段的第 1 位是 0 标志,要传送的数据放在信息字段中。

$N(S)$ 表示当前发送的信息帧的序号,HDLC 采用滑动窗口协议,发送方最多可以连续发送 7 个帧。$N(R)$ 表示该站所期望接收到的帧的序号，用于捎带确认，而不必单独发送应答帧，在全双工传输中能够提高信道利用率。

P/F 是探询/终止比特，在命令帧中该位作为 P 使用，而在响应帧中作为 F 使用。当主站轮询各从站时，将 P 置为 1，表示允许从站发送数据；从站可以连续发送多帧数据，最后一帧的 F 比特必须置为 1，表示数据传送结束，其余各帧的 F 比特都置 0，表示有后续数据。

【例 3-7】 在 HDLC 协议中，经过初始化，发送方发来连续 3 帧，其 $N(S)$ 为 0、1、2，接收方都已经正确接收。问：此时接收方可以在即将要发出的信息帧的 $N(R)$ 是多少？

解析：接收方已经收到了序号为 0、1、2 的帧，则所发送的数据帧中 $N(R)=3$，表示 2 号及之前的各帧都已正确收到，期望对方发来 3 号信息帧。

2. 监督帧

监督帧用于差错控制和流量控制，简称 S 帧，以控制字段的第 1、2 比特为 10 作为标志。监督帧无信息字段，共 48b，它只作为应答使用，所以只有 $N(R)$ 字段。

有四种不同类型的 S 帧，如表 3-1 所示。显然，在实际应用中，监督帧的类型 1 和类型 3 不会同时使用。

表 3-1　监督帧的类型及功能

类　型	S	名　　称	功　　能
0	0 0	RR 接收就绪	肯定确认帧，准备接收序号为 $N(R)$ 的帧。具有流量控制作用；用于没有捎带确认的场合
1	0 1	REJ 拒绝	否定确认帧，表示检测到传输错误，要求重传从序号 $N(R)$ 开始的所有帧，用于后退 N 帧协议
2	1 0	RNR 接收未就绪	小于序号 $N(R)$ 的帧已全部正确收到，但还未准备好接收下一帧，要求发送方停止发送，具有流量控制作用
3	1 1	SREJ 选择拒绝	只重发序号为 $N(R)$ 的帧，用于选择重传协议中

3. 无编号帧

无编号帧因其控制字段中不包含序号 $N(S)$ 和 $N(R)$ 而得名，简称 U 帧，以控制字段中第 1、2 比特为 11 标志。无编号帧用于提供链路的建立、拆除及其他多种控制功能。当提供不可靠无连接服务时，也可用来传输无编号信息帧。各种面向比特的链路协议，主要的差别就体现在此，而信息帧和监督帧是基本相同的。

为了更好地理解信息帧和监督帧中控制字段的作用，下面给出两个复合站进行全双工通信的例子，如图 3-20 所示。

采用连续 ARQ 协议，其中 $W_{TA}=7$、$W_{TB}=7$ 表示 A 站和 B 站的发送窗口尺寸各为 7，$W_{RA}=1$，$W_{RB}=1$ 分别表示 A 站和 B 站的接收窗口尺寸都为 1。

A 站发第 1 个信息帧中 $N(S)N(R)=00$，记为 I_{00}，后面加上 P 表示这时将 P 置 1，其目的是想尽快了解链路的通信状况。A 站发送的信息帧都是命令帧，因此地址填的是接收站的地址。A 站将此帧和下一帧 I_{10} 发完时，还没有收到 B 站发来的前一个信息帧，

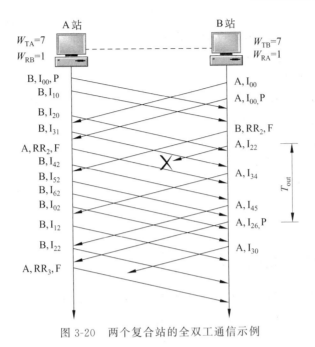

图 3-20 两个复合站的全双工通信示例

因此 A 站发的第 3 帧($N(S)=2$)中的 $N(R)$ 仍为 0。B 站发送的 2 号帧 I_{22} 在传输中丢失了，超时 T_{out} 再重发时变成了 I_{26}，这是因为在收到 A 站的 $N(S)=5$ 的信息帧后将接收状态变量的值更新了。

随着技术的进步，目前通信信道的可靠性已经有了重要的改善，已经没有必要在数据链路层使用很复杂的协议实现可靠的传输。因此，网络协议 PPP 和 CSMA/CD 已成为数据链路层的主流协议，而可靠传输的责任主要落在了传输层的 TCP 协议上。

3.6 点对点协议（PPP）

用户接入因特网有多种途径，如电话拨号、一线通、ADSL、有线通等方式，连接到某个因特网服务提供商 ISP。从用户计算机到 ISP 的链路所使用的数据链路层协议，使用得最为广泛的就是点对点协议 PPP。PPP 协议于 1992 年制定，经过若干次修订后，现在规定的 PPP 协议已经成为因特网的正式标准 RFC1661。

3.6.1 PPP 协议的特点与组成

与 HDLC 协议相比，PPP 协议不需要序号，没有确认机制和流量控制功能，只支持点对点线路，只支持全双工链路。

PPP 协议能够在同一条物理链路上同时支持多种网络层协议的运行；它还能够在多种类型的链路上运行，如串行或并行、同步或异步、低速或高速、电或光信号、交换或非交换。1999 年公布的在以太网上运行的 PPP，即 PPP over Ethernet，简称 PPPoE，是为宽带上网的主机使用的链路层协议，由于数据传输速率较高，可以为多个用户共享一条宽带链路。

PPP 灵活的选项配置、多协议的封装机制、良好的选项协商机制以及丰富的认证协议，使它在远程接入技术中得到广泛的应用。

PPP 协议由三部分组成。

（1）在串行链路上封装 IP 数据报的方法：它既支持异步链路（无奇偶校验的 8b 数据），也支持面向比特的同步链路。

（2）链路控制协议（Link Control Protocol，LCP）：用于建立、配置和测试数据链路连接，通信双方可以协商一些选项。

（3）网络控制协议（Network Control Protocol，NCP）：用于建立和配置多种不同网络层协议，如 IP、OSI 的网络层、DECnet 以及 APPleTalk 等，每种网络层协议需要一个 NCP 进行配置。

3.6.2　PPP 协议的帧结构

PPP 协议的帧结构如图 3-21 所示。可以看出，PPP 的帧结构与 HDLC 协议的帧结构非常相似，其首部的前 3 个字段和尾部都是一样的。

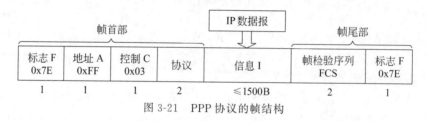

图 3-21　PPP 协议的帧结构

（1）标志字段：规定为 0x7E，作为帧首尾定界符。

（2）地址字段：规定为 0xFF，属于广播地址，该字段并未真正使用。

（3）控制字段：规定为 0x03，是一个无编号帧，该字段并未真正使用。

（4）协议字段：用于标识封装在 PPP 帧中的信息所属的协议类型，有以下 3 种情况。

- 若协议字段为 0x0021，则信息字段是 IP 数据报。
- 若协议字段为 0xC021，则信息字段是链路控制协议 LCP 的数据。
- 若协议字段为 0x8021，则信息字段是网络层的控制数据。

（5）信息字段：其长度可变，包括 0 个或多个字节，但不超过 1500B。

（6）帧校验序列字段 FCS：使用 2 字节的 CRC 计算校验和。

在信息字段中，当出现与标志字段一样的数据（0x7E）时，采用两类不同的填充方法：

（1）当 PPP 协议使用异步传输时，采用字符填充法，将转义字符定义为 0x7D，具体做法如下。

- 将信息字段中出现的每一个 0x7E 字节转变成 2 字节的序列 0x7D 和 0x5E。
- 若信息字段中出现一个 0x7D 字节，则将其转变为 2 字节的序列 0x7D 和 0x5D。
- 若信息字段中出现 ASCII 码的控制字符（小于 0x20 的字符），则在该字符前面加入一个 0x7D 字节，同时将该字符的编码加以改变，改变细节在 RFC1662 中有明确规定。这样做的目的是防止这些字符被错误地认为是控制符。

（2）当PPP协议使用同步传输（如SONET/SDH链路）时，采用零比特填充方法，这与HDLC协议一样。

【例3-8】 一个PPP帧的数据部分（十六进制）是7D 5E 21 3F 7D 5D 7D 5E 7D 5D 32 7D 5E。请问原始数据是什么？

解析：按照PPP协议的字符填充法，经过转换后，得到的原始数据是（十六进制）：7E 21 3F 7D 7E 7D 32 7E。

3.6.3 PPP协议的工作状态

下面以用户拨号上网为例，阐述PPP的工作过程，并采用状态转换图描述，如图3-22所示。

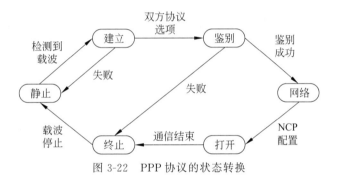

图3-22 PPP协议的状态转换

PPP链路的初始状态是静止状态，未建立物理层的连接。

当用户拨号接入ISP时，ISP方的调制解调器检测到载波信号，就建立一条物理连接，PPP进入链路的建立状态。这时用户计算机向ISP发送一系列帧，其中的协议字段为LCP（即十六进制C021），信息字段包含特定的配置选项，如链路上的最大长度、所用的鉴别协议等。LCP开始协商配置选项，协商结束后进入鉴别状态。

若通信的双方鉴别身份成功，则进入网络状态。此时，PPP链路两端交换网络特定的网络控制分组，进行网络配置，NCP给新接入的用户分配一个临时的IP地址。然后就进入打开状态，用户可以进行数据通信。

当通信结束时，链路的一端请求终止链路连接，一旦对方返回确认后，就进入终止状态。NCP释放网络连接，收回已分配的IP地址。然后LCP释放数据链路层连接，最后释放物理层的连接。当载波停止后，就回到静止状态。

习 题 3

1. 数据链路层服务功能主要可以分为哪三类？试比较它们的区别。

2. 数据片段（A B ESC C ESC FLAG FLAG D）出现在一个数据流的中间。采用字符填充法，请问经过填充后的输出是什么？

3. 位串 011110111110111110 需要在数据链路层上发送。请问经过零比特填充之后，实际发送出去的是什么？

4. 常用的差错控制的方法有哪些？各有什么特点？

5. 设生成多项式 $G(x)=x^4+x^3+1$，原数据 $K(x)=x^6+x^4+x^3+1$，求 CRC 码和待发送的码字。

6. 在循环冗余校验系统中，请利用生成多项式 $G(x)=x^5+x^4+x+1$ 判断接收到的报文 1010110001101 是否正确？并计算 100110001 的冗余校验码。

7. 已知信息码为 1101010，求汉明码码字。

8. 已知信息码为 1101，求汉明码码字。假设接收到码字为 1101110，请纠正错误。

9. 信道速率为 4kb/s，采用停等协议，单向传播时延 t_p 为 20ms，确认帧长度和处理时间均可忽略。问帧长为多少才能使信道利用率达到至少 50%？

10. 假设卫星信道的数据率为 1Mb/s，取卫星信道的单程传播时延为 250ms，每一个数据帧长度是 1000b。忽略误码率、确认帧长和处理时间。试计算下列情况下的卫星信道可能达到的最大信道利用率分别是多少？

(1) 停等协议。

(2) 后退 N 帧协议，$W_T=7$。

(3) 后退 N 帧协议，$W_T=127$。

11. 假设帧的序号长度为 3 位，发送窗口的尺寸为 3，接收窗口的尺寸为 1，采用后退 N 帧协议发送数据。请画出由初始状态出发，下列事件依次发生时的发送窗口和接收窗口示意图：发送帧 0、发送帧 1、发送帧 2、接收帧 0、接收确认帧 0、发送帧 3、接收帧 1、重发帧 1、接收帧 1、发送帧 2、接收确认帧 1。

12. 对于使用 3b 序号的停等协议、后退 N 帧协议和选择重传协议，发送窗口和接收窗口的最大尺寸分别是多少？

13. 在选择重传协议中，设编号为 3 位。假设发送窗口 $W_T=6$，而接收窗口尺寸 $W_R=3$。试找出一种情况，使在此情况下协议不能正常工作。

14. PPP 协议的主要特点是什么？为什么 PPP 不使用帧的编号？PPP 适用于什么情况？为什么 PPP 协议不能使数据链路层实现可靠传输？

第4章 局 域 网

局域网(Local Area Network,LAN)是指地理范围在几十米到几千米内的办公楼群或校园内计算机互连所构成的计算机网络。一个局域网可以容纳几台至几千台计算机,广泛应用于校园、工厂及企事业单位的个人计算机或工作站的组网。

本章重点介绍最常用的局域网——以太网。在简要给出局域网的概念后,从传统总线式以太网入手,详细讨论以太网使用的载波监听多路访问/冲突检测(CSMA/CD)协议和 MAC 帧的结构;接着对高速以太网的基本特点进行讨论;随后讲解虚拟局域网和无线局域网,最后介绍了局域网的扩展方法。

4.1 局域网概述

局域网一般具有如下特点。

(1) 覆盖的地理范围有限,一般可以是一间办公室、一栋楼或一个校园区域等。

(2) 数据传输率较高,一般在 1~100Mb/s,现在可以达到 1000Mb/s 以上。

(3) 数据传输误码率较低,误码率一般为 10^{-8}。

(4) 易于组建和维护,且各站点间关系平等,非从属关系。

(5) 相关网络技术易于理解。如拓扑结构、传输介质以及介质访问控制方法等。

(6) 便于系统的扩展,各设备的位置可灵活改变。

(7) 提高了系统的可靠性、可用性和残存性。

4.1.1 IEEE 802 参考模型和协议

局域网是一个通信网,只涉及通信子网的功能。由于内部大多采用共享信道技术,所以局域网通常不单独设立网络层,高层功能由具体的局域网操作系统实现。

IEEE(美国电气和电子工程师协会)在 1980 年成立了局域网标准化委员会(简称 IEEE 802 委员会),专门从事局域网的协议制订,形成了一系列标准,称为 IEEE 802 标准。该标准已被 ISO 采纳,成为国际标准 ISO 8802。根据局域网的不同类型,这些标准规定了各自的拓扑结构、媒体访问控制方法、帧格式等内容。IEEE 802 标准系列如表 4-1 所示。

IEEE 802.1 是局域网的体系结构、网络管理和网际互连协议。IEEE 802.2 集中了数据链路层中与媒体无关的 LLC 协议。涉及与媒体访问有关的协议，则根据具体网络的媒体访问和控制访问分别处理。目前常用的协议主要有 IEEE 802.3、IEEE 802.11、IEEE 802.15、IEEE 802.16 四个局域网标准。

表 4-1   IEEE 802 系列标准

标　　准	主要功能描述
IEEE 802.1	IEEE 802.1A—局域网体系结构 IEEE 802.1B—寻址、网络互连与网络管理
IEEE 802.2	逻辑链路控制（LLC）子层
IEEE 802.3	CSMA/CD 及 100Base-X
IEEE 802.4	令牌总线网
IEEE 802.5	令牌环网
IEEE 802.6	城域网（MAN）
IEEE 802.7	宽带网
IEEE 802.8	FDDI 访问控制方法与物理层规范
IEEE 802.9	综合数据话音网络
IEEE 802.10	LAN 的安全与保密技术
IEEE 802.11	无线局域网访问控制方法
IEEE 802.12	100VG-AnyLAN 访问控制方法与物理层规范
IEEE 802.13	100Base-T
IEEE 802.14	交互式电视网（Cable Modem）
IEEE 802.15	近距离个人无线网络
IEEE 802.16	宽带无线城域网

由于厂商们在商业上的激烈竞争，IEEE 的 802 委员会未能形成一个统一且"最佳"的局域网标准，而是被迫制定了几个不同的局域网标准，如 802.4 令牌总线网、802.5 令牌环网等。为了使数据链路层能更好地适应多种局域网标准，802 委员会将局域网的数据链路层拆成两个子层，即逻辑链路控制（Logical Link Control，LLC）子层和媒体访问控制（Medium Access Control，MAC）子层。与接入到传输媒体有关的内容都放在 MAC 子层，而 LLC 子层则与传输媒体无关，不管采用何种协议的局域网对 LLC 子层来说都是透明的。

IEEE 802 参考模型与 OSI/RM 的对应关系如图 4-1 所示，该模型包括了 OSI/RM 的最低两层（物理层和数据链路层）的功能，也包括网络互连的高层功能和管理功能。

局域网中的多个设备一般共享公共传输媒体，在设备之间传输数据时，首先要解决由哪些设备占有媒体的问题。所以局域网的数据链路层必须设置媒体访问控制功能。由于媒体有多种，对应的媒体访问控制方法也有多种。为了使数据帧的传送独立于所采用的物理媒体和媒体访问控制方法，IEEE 802 标准特意把 LLC 独立出来形成一个单独子层，

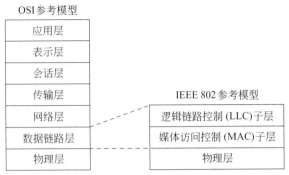

图 4-1　IEEE 802 与 OSI 参考模型的对应关系

LLC 子层与媒体无关,仅让 MAC 子层依赖于物理媒体和媒体访问控制方法。

　　然而到了 20 世纪 90 年代后,竞争激烈的局域网市场逐渐明朗,以太网在局域网市场中取得了垄断地位。在这种情况下,逻辑链路控制子层 LLC 的作用已不大,因此很多厂商生产的网卡上仅装有 MAC 协议而没有 LLC 协议。以下介绍中的以太网主要考虑 MAC 层。

4.1.2　局域网的分类

　　第 1 章已初步介绍了计算机网络的分类。对于局域网网络,可以有多种分类方式。

　　按照拓扑结构分为总线、星形、环形、树形等结构。

　　按照工作模式分为对等网模式、客户机/服务器模式。

　　按照传输介质分为有线局域网(同轴电缆、双绞线、光纤等)、无线局域网(无线电波、微波、红外线等)。

　　按照信息交换方式分为共享式局域网、交换式局域网等。

　　按照访问控制方法分为以太网的 CSMA/CD、令牌环网、FDDI 网、ATM 网等。

　　下面主要叙述按网络拓扑分类的情况。

　　(1) 星形网,如图 4-2(a)所示。近年来由于交换机的使用和双绞线大量用于局域网中,星形以太网以及多级星形结构的以太网获得了非常广泛的应用。

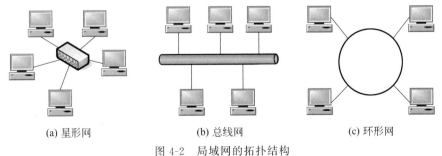

(a) 星形网　　　　　　　　(b) 总线网　　　　　　　　(c) 环形网

图 4-2　局域网的拓扑结构

　　(2) 总线网,如图 4-2(b)所示,各站直接连在总线上。总线网可使用两种协议。一种是传统以太网使用的 CSMA/CD,采用 IEEE 802.3 协议,这种总线网现在已演进为目前使用得最广泛的星形网，而另一种是令牌传递总线网，即物理上是总线网而逻辑上是令牌环形网，采用 IEEE 802.4 协议，但这种令牌传递总线网已经成为历史，早已退出了市场。

（3）环形网，如图 4-2(c) 所示，采用 IEEE 802.5 协议。最典型的就是令牌环网（Token ring），又称为令牌网。

经过近 30 年的发展，尤其是在各种高速以太网进入市场后，以太网已经在局域网市场中占据了绝对优势，并几乎成为了局域网的同义词，因此，本章主要讨论以太网。下面从传统以太网入手讨论以太网的基本原理。

4.2   传统以太网

传统以太网是指最早进入市场的 10Mb/s 速率的以太网，它将许多计算机连接到一根总线上。总线的特点是：当一台计算机发送数据时，总线上的所有计算机都能检测到这个数据，是广播通信方式。但我们并不总是希望使用广播通信，为了在总线上实现一对一的通信，可以使每一台计算机拥有一个与其他计算机都不同的地址。在发送数据帧时，在帧的首部写明接收站的地址。

以太网采用无连接的工作方式，而且不要求收到数据的目的站发回确认。因此，以太网提供的服务是不可靠的交付。当目的站收到有差错的数据帧时，就丢弃此帧。

4.2.1   CSMA/CD 协议的工作原理

对于信道共享连接的网络，大多采用随机访问技术，即所有用户都可以随机发送信息，所有节点都是平等争用发送时间的。

最早采用争用方式媒体访问控制技术的是美国夏威夷大学的 ALOHA 网。该网将分布在各个岛上的工作站通过无线网络和总校校园的主机与其他工作站相连。ALOHA协议的基本思想很简单：当网络中的任何一个节点需要发送数据时，可以不进行任何检测就发送数据，几乎不加控制。数据发送后等待确认。如果在一段时间内没有收到确认，该节点就认为网络中存在另一个或多个节点也在传送数据，发生了冲突。于是，多个节点需要等待随机的一段时间后再发送数据，直到成功发送为止。该协议虽然简单，但其性能较差，信道利用率大约只有 18%。

载波监听多路访问（Carrier Sense Multiple Access，CSMA）协议是在 ALOHA 协议的基础上改进而来的，每个节点发送数据之前都使用载波监听技术判定通信信道是否空闲。常用的 CSMA 有三种策略：1-坚持 CSMA、p-坚持 CSMA 和非坚持 CSMA。因此，CSMA 协议的最大信道利用率要远远优于 ALOHA 协议。

在 CSMA 机制中，由于可能存在两个或多个节点监听到信道空闲并同时开始发送数据，这将会产生冲突。对此，以太网采用的协调方法是在 CSMA 技术的基础上增加冲突检测功能，形成一种新的协议，即载波监听多路访问/冲突检测（Carrier Sense Multiple Access with Collision Detection，CSMA/CD）。所以，CSMA/CD 技术是一种随机争用的方法。

1. CSMA/CD 的工作原理

CSMA/CD 的工作原理概述为"先听后发,边听边发,冲突停发,随机重发",它不仅体现在以太网数据的发送过程中,还体现在数据的接收过程中。

"多路访问"说明这是总线网络,许多计算机以多点接入的方式连接在一根总线上。协议的实质是"载波监听"和"冲突检测"。

"载波监听"是指每一个站在发送数据之前先要检测一下总线上是否有其他计算机在发送数据,如果有,则暂时不发送数据,以免发生冲突。

"冲突检测"就是计算机边发送数据边检测信道上的信号电压大小。当几个站同时在总线上发送数据时,总线上的信号电压摆动值将会增大(互相叠加)。当一个站检测到的信号电压摆动值超过一定的门限值时,就认为总线上至少有两个站在同时发送数据,表明产生了冲突。在发生冲突时,总线上传输的信号产生了严重的失真,无法从中恢复有用的信息。因此,每一个正在发送数据的站,一旦发现总线上出现了冲突,就要立即停止发送,免得继续浪费网络资源,然后等待一段随机时间再次发送。

以数据发送过程为例,如图 4-3 所示。首先,需要将发送的数据组织到一起,然后监听总线的工作状态。如果总线上已经有数据传输,那么它必须等待,直到总线空闲下来,节点便启动发送过程。在以太网中存在两个甚至多个节点在同一时刻发送数据的可能性,一旦发生这种情况,冲突就会产生。所以,在发送过程中,CSMA/CD 协议需要一直检测信道状态。当冲突发生时,立即停止发送,并且随机等待下一个时间点,再次进行发送尝试。

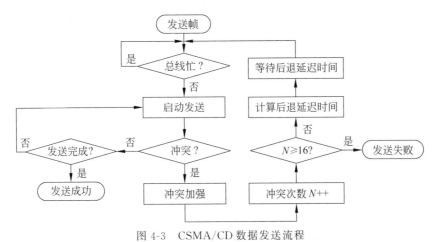

图 4-3 CSMA/CD 数据发送流程

2. 传播时延分析

由于电磁波在总线上总是以有限的速率传播的,因此当某个站监听到总线是空闲时,也可能总线并非是空闲的。

设总线上的单程端到端传播时延为 τ,考虑冲突检测的极端情况,如图 4-4 所示,分析其中的五个重要时刻。

(1) 在 $t=0$ 时,A 发送数据;B 检测到信道为空闲。

（2）在 $t = \tau - \varepsilon$ 时，A 发送的数据将要到达但还未到达 B。但是，由于 B 检测到信道是空闲，因此 B 发送数据。

（3）再经过时间 $\varepsilon/2$ 后，A 和 B 发送的数据发生了冲突。

（4）在时刻 $t = \tau$ 时，B 检测到发生了冲突，于是停止发送数据。

（5）在时刻 $t = 2\tau - \varepsilon$ 时，A 也检测到发生了冲突，因此停止发送新的数据。

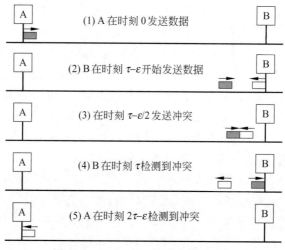

图 4-4　CSMA/CD 的冲突检测示例

可见，在 A 站发出数据后，最多需要等待两倍的传播时延（2τ），就能检测到是否发生了冲突。那么在最好的情况下，需要等待多长时间呢？可以看出，如果 A 站和 B 站同时发送数据，则它们最少需要等待一个传播时延就能知道发生了冲突。

由于局域网上任意两个站之间的传播时延有长有短，因此局域网按最坏的情况设计，即取总线上相距最远的两站之间的传播时延为端到端传播时延。

显然，在使用 CSMA/CD 协议时，一个站不可能同时进行发送和接收，所以是半双工通信。

3. 争用期与指数退避算法

以太网的端到端往返时延 2τ 称为争用期，又称为冲突窗口，是一个很重要的参数。一个站在发送完数据后，只有经过争用期这段时间还没有检测到冲突，才能肯定本次发送不会发生冲突。

现在考虑一种情况，当某个站正在发送数据时，有另外两个站有数据要发送。这两个站进行载波监听，发现总线忙，于是就等待。当它们发现总线变为空闲时，就立即发送数据。但这必然又产生冲突，经冲突检测后就停止发送。接着又重新发送，结果一直不能成功。

以太网使用截断二进制指数类型的退避算法解决这一难题。该算法很简单，具体做法如下。

（1）在第一次冲突发生后，每个站都停止发送，并推迟一个随机的时间，使再次发生冲突的概率减小。

（2）确定基本退避时间，一般取两倍的争用期。

（3）定义参数 k 为重传的次数，k 不超过 10。因此，$k = \text{Min}[重传次数，10]$。

（4）从整数集合 $[0,1,\cdots,2^k-1]$ 中随机取出一个数，记为 f。重传时需要推迟的时间就是 f 倍的基本退避时间，即 $2f\tau$。

（5）当重传达 16 次仍不能成功时，表明同时发送的站太多，则丢弃该帧，并向高层报告。

【例 4-1】　假定 100m 长的 CSMA/CD 网络的数据传输速率为 100Mb/s。设信号在网络上的传播速率为 $2\times10^8 \text{m/s}$。求能够使用此协议的最短帧长。

解析：本题主要考查以太网中最小帧长的概念与计算方法。

$$先求争用期 \ 2\tau = 2\times100\text{m}/(2\times10^8)\text{m/s} = 1\times10^{-6}(\text{s})$$

最短帧长为争用期内传输的比特数，已知发送速率 $C = 100\text{Mb/s} = 1\times10^8 \text{b/s}$，则最短帧长为

$$L_{\min} = 2\tau \times C = 1\times10^{-6}\times10^8 = 100(\text{b})$$

考虑到端到端传播时延、转发器增加时延和冲突加强信号的持续时间，以及其他多种因素，实际所取的争用期值往往大于端到端传播时延。对于 10Mb/s 以太网，实际取 $51.2\mu\text{s}$ 为争用期的长度，在争用期内可发送 512b，即 64B。因此以太网在发送数据时，如果前 64B 没有发生冲突，那么后续的数据就不会发生冲突。即如果发生冲突，就一定是在发送的前 64B 之内。由于一旦检测到冲突就立即停止发送，因此以太网规定，凡长度小于 64B 的帧都是无效帧。

实际上，帧长越大，帧首部的控制信息所占的开销比例就越小，局域网的有效信道利用率就越高。不过，考虑到网络接口缓存大小的限制、多点接入的公平性等因素，对于每个局域网还要规定一个最大传送单元（MTU）的限制。

4.2.2　传统以太网的连接方法

传统以太网可使用的传输媒体有四种，即粗同轴电缆、细同轴电缆、双绞线和光缆，对应的标准分别是 10Base5、10Base2、10Base-T 和 10Base-F。

传统以太网最初使用粗同轴电缆，后来演进到使用细同轴电缆，最后发展为使用双绞线。1990 年 IEEE 制定出 10Base-T 的标准 802.3i。这里，"Base"表示电缆上的信号是基带信号，采用曼彻斯特编码；"10"代表 10Mb/s 的数据率；T 代表双绞线星形网。但 10Base-T 的通信距离稍短，每个站到集线器的距离不超过 100m。10Base-T 双绞线以太网的出现，既降低了成本，又提高了可靠性，是局域网发展史上的一个非常重要的里程碑，它为以太网在局域网中的统治地位奠定了牢固的基础。现在，粗缆和细缆以太网都已成为历史。

传统双绞线以太网总是和集线器配合使用。衡量集线器性能的主要指标是端口速度和端口数。端口速度与网卡相对应，一般有 10Mb/s、100Mb/s 和 10/100Mb/s 自适应三种，端口数有 8、16、24 口等。由于交换机的价格已经下降到与集线器相差无几，而其性能却比集线器要好得多，因此，目前集线器已经很少使用。

【例 4-2】　一个 24 端口的集线器的冲突域和广播域个数分别是多少？

解析：早期的局域网使用集线器将计算机连接在一起。然而,随着所连接的节点数的增加,采用集线器连接的这种共享式局域网的负载增加,网络性能下降。原因就是所有连接到集线器上的节点都共享同一个冲突域。另外,在这种结构的局域网中,一个节点发送的每一帧都能够被所有节点接收到,即所有节点也共享同一个广播域。因此,集线器的冲突域和广播域个数都是1。

为了解决冲突域问题,提高共享介质的利用率,人们利用网桥和交换机分隔所互联的各网段中的通信量,建立多个分离的冲突域。但是,当网桥和交换机接收到一个未知转发信息的数据帧时,会将该帧广播到所有的端口。因此,网桥和交换机的冲突域个数等于该设备端口的个数,而广播域都是1。

路由器能够建立分离的广播域,所以,路由器的冲突域和广播域的个数都等于该设备端口的个数。

4.2.3　以太网的 MAC 层和帧结构

1. MAC 层的硬件地址

计算机与外界局域网之间是通过网络适配器相连的。适配器本来是一块网卡,在较新的计算机主板上已经内置了这种适配器,不需要单独安装。适配器与局域网之间的通信是通过电缆或双绞线以串行传输方式进行的,而它与计算机之间的通信是通过主板上的 I/O 总线以并行传输方式实现的。

局域网中的每一台主机都有一个唯一的地址,该地址属于适配器,称为硬件地址、物理地址或 MAC 地址(因为这种地址用在 MAC 帧中)。

IEEE 的注册管理委员会 RAC 是局域网全球地址的法定管理机构,它负责分配地址字段的六字节中的前三字节(即高位 24b)。世界上所有生产局域网网卡的厂家都必须向 IEEE 购买由这三字节构成的一个号(即地址块)。这个号的正式名称是机构唯一标识符,通常也称为公司标识符。例如,3Com 公司生产的网卡的 MAC 地址,其前三字节是 02-60-3C。地址字段中的后三字节(低位 24b)则由厂家自行指派,称为扩展标识符,只要保证生产的网卡没有重复地址即可。可见,用一个地址块可以生成 2^{24} 个不同的地址。利用这种方法得到的 48b 地址称为 MAC-48。在生产适配器时,这种六字节的 MAC 地址已被固化在适配器的只读存储器(ROM)中。

适配器从网络上每收到一个 MAC 帧,就首先用硬件检查 MAC 帧中的 MAC 地址。如果是发往本站的帧则收下,然后再进行其他的处理;否则就将此帧丢弃,不再进行其他的处理,这样做就不会浪费主机的资源。这里,"发往本站的帧"包括以下三种帧。

(1) 单播帧(一对一),即收到的帧的 MAC 地址与本站的硬件地址相同。

(2) 广播帧(一对全体),即发送给所有站点的帧(全1地址)。

(3) 多播(一对多),即发送给部分站点的帧。

所有的适配器都至少应当能够识别前两种帧,即能够识别单播和广播地址。有的适配器可用编程方法识别多播地址。当操作系统启动时,它就将适配器初始化,使适配器能够识别某些多播地址。显然,只有目的地址才能使用广播地址和多播地址。

以太网是一个广播网,网络中传输的每一个帧可被每一个适配器接收到。只要将适配器设置为混杂模式,就可以接收所有的帧。目前使用的网络协议分析工具,如 Wireshark 和 Sniffer,就是根据这个原理捕获局域网数据包的。

【例 4-3】 有两台计算机,都使用默认的 IRQ 和 I/O 地址设置。假如为这两台计算机安装了网卡并连接到同一个 10Base-T 以太网上,但是这两台计算机都不能访问网络。这两块网卡的设置是相同的,如表 4-2 所示。

需要如何做才能使这两台计算机都能访问网络?( )

A. 把其中一台计算机的 IRQ 改为 7

B. 把其中一台计算机的 I/O 地址改为 300

C. 把两台计算机的收发器类型改为 BNC

D. 把两台计算机的 MAC 地址改为出厂设置

表 4-2 网卡设置情况

MAC 地址	00-07-95-01-67-29
IRQ	11
I/O	500
收发器	RJ-45

解析:为了能够连接到以太网中,每台计算机都需要配备一块网卡。每块网卡都有一个全球唯一的物理地址,即 MAC 地址。网卡的 MAC 地址一般不能修改,但有些 MAC 地址允许用户通过软件进行配置。

本题的两块网卡必须修改为不同的 MAC 地址才能使用。为了避免所修改的新 MAC 地址与网络上其他网卡的 MAC 地址相同,最好设定为厂商出厂时的默认值。另外,每块网卡的 IRQ 和 I/O 设置属于计算机内部的设置,与其他计算机无关。

因此,本题答案是 D。

2. 以太网的帧结构

以太网是美国施乐(Xerox)公司于 1975 年研制成功的。那时,以太网是一种基带总线局域网,当时的数据率为 2.94Mb/s。以太网用无源电缆作为总线传送数据帧,并以曾经在历史上表示传播电磁波的以太(Ether)命名。1976 年 7 月,Metcalfe 和 Boggs 发表他们的以太网里程碑论文[METC761]。1980 年,DEC 公司、英特尔(Intel)公司和施乐公司联合提出了 10Mb/s 以太网标准的第一个版本 DIX V1(DIX 是这三家公司名称的缩写)。1982 年又修改为第二版标准(也是最后版本),即 DIX Ethernet V2,成为世界上第一个局域网产品的标准。

在此基础上,IEEE 802.3 局域网对以太网标准中的帧格式进行了很小的一点改动,但允许基于这两种标准的硬件实现在同一个局域网上互操作。以太网的两个标准 DIX Ethernet V2 与 IEEE 的 802.3 标准只有很小的差别。由于现在广泛使用的局域网只有以太网,所以,LLC 帧失去了原来的意义,市场上流行的都是以太网 V2 的 MAC 帧。

图 4-5 给出了以太网 V2 的 MAC 帧格式。其 MAC 帧由五个字段组成:前两个字段分别为 6B 长的目的地址和源地址字段。第三个字段是类型字段,用来标识上一层使用的协议,以便把 MAC 帧的数据上交给该协议。例如,当类型字段的值是 0x0800 时,就表示上层使用的是 TCP/IP。第四个数据字段的长度为 46~1500B。最后一个字段是 4B 的帧检验序列 FCS。

从图 4-5 中可以看出,在传输媒体上实际传送的帧要比 MAC 帧还多 8B,这是因为当一个站在刚开始接收 MAC 帧时,由于尚未与到达的比特流达成同步,因此 MAC 帧的最

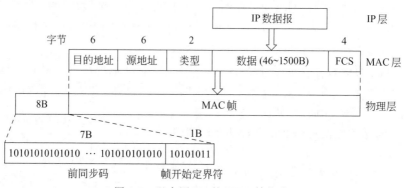

图 4-5   以太网 V2 的 MAC 帧格式

前面的若干个比特就无法接收,结果使整个的 MAC 成为无用的帧。为了达到比特同步,从 MAC 子层向下传到物理层时还要在帧的前面插入 8B(由硬件生成),它由两个字段构成。第一个字段共 7B,称为前同步码(1 和 0 交替的码),前同步的作用是使接收端在接收 MAC 帧时能够迅速实现比特同步;第二个字段是帧开始定界符,定义为 10101011,表示此后的信息就是 MAC 帧。在 MAC 子层的 FCS 的检测范围内不包括前同步码和帧开始定界符。顺便指出,在广域网中使用同步传输的 HDLC 规程时则不需要使用前同步码,因为在同步传输时收发双方的比特同步总是一直保持着的。

【例 4-4】 (2018 年计算机网络考研题)

路由器 R 通过以太网交换机 S1 和 S2 连接两个网络,R 的接口、主机 H1 和 H2 的 IP 地址与 MAC 地址如图 4-6 所示。

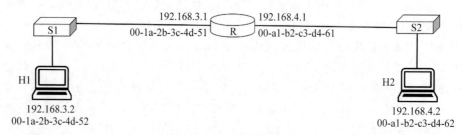

图 4-6   MAC 帧应用示例

若 H1 向 H2 发送一个 IP 分组 P,则 H1 发出的封装 P 的以太网帧的目的 MAC 地址、H2 收到的封装 P 的以太网帧的源 MAC 地址分别是(   )。

A. 00-a1-b2-c3-d4-62、00-1a-2b-3c-4d-52

B. 00-a1-b2-c3-d4-62、00-1a-2b-3c-4d-61

C. 00-1a-2b-3c-4d-51、00-1a-2b-3c-4d-52

D. 00-1a-2b-3c-4d-51、00-a1-b2-c3-d4-61

解析:以太网帧首部中有目的 MAC 地址和源 MAC 地址,封装在以太网帧中的是 IP 分组。

本题考查以太网帧在传输过程中有关其内部 MAC 地址和 IP 地址的变化情况:源

IP 地址和目的 IP 地址不会产生变化;源 MAC 地址和目的 MAC 地址逐网络(或逐链路)都发生变化。

H1 把封装有 IP 分组 P(IP 分组 P 首部中的源 IP 地址为 192.168.3.2,目的 IP 地址为 192.168.3.1)的以太网帧发送给路由器 R,帧首部中的目的 MAC 地址为 00-1a-2b-3c-4d-51,源 MAC 地址为 00-1a-2b-3c-4d-52;路由器 R 收到该帧后进行查表转发,其中 IP 首部中的 IP 地址不变,但帧首部中的 MAC 地址都要变化,目的 MAC 地址变化为 00-a1-b2-c3-d4-62,源 MAC 地址变化为 00-1a-2b-3c-4d-61。

因此,选项 D 正确。

IEEE 802.3 标准规定,凡出现下列情况之一的 MAC 帧即为无效的 MAC 帧。

(1) MAC 客户数据字段的长度与长度字段的值不一致。

(2) 帧的长度不是整数字节。

(3) 当收到的帧检验序列 FCS 查出有差错。

(4) 收到的帧的 MAC 客户数据字段的长度不在 46~1500B 内。

对于检查出的无效 MAC 帧就简单地丢弃,以太网不负责重传。

当 MAC 客户数据字段的长度小于 46B 时,则应加以填充(内容不限),这样,整个 MAC 帧(包含 14B 首部和 4B 尾部)的最小长度是 64B 或 512b。

MAC 子层的标准还规定了帧间最小间隙为 $9.6\mu s$,相当于 96b 的发送时间。这就是说,一个站在检测到总线空闲后,还要等待 $9.6\mu s$ 才能发送数据。

4.3 高速以太网

速率达到或超过 100Mb/s 的以太网称为高速以太网。下面简单介绍几种高速以太网技术。

4.3.1 100Base-T 以太网

100Base-T 是在双绞线上传送 100Mb/s 基带信号的星形拓扑以太网,仍使用 IEEE 802.3 的 CSMA/CD 协议,它又称为快速以太网(Fast Ethernet)。用户只更换一张网卡,再配上一个 100Mb/s 的集线器,就可很方便地由 10Base-T 以太网直接升级到 100Mb/s 以太网,而不必改变网络的拓扑结构。所有在 10Base-T 上的应用软件和网络软件都可保持不变。100Base-T 的网卡有很强的自适应性,能够自动识别 10Mb/s 和 100Mb/s。

1995 年 IEEE 已将 100Base-T 的快速以太网规定为正式的国际标准,其代号为 802.3u,是对现行的 802.3 标准的补充。快速以太网的标准得到了所有主流网络厂商的支持。

100Base-T 容易掌握,可以使用交换机提供良好的服务质量,可以在全双工方式下工作而无冲突发生。因此,CSMA/CD 协议对全双工方式工作的快速以太网是不起作用的。

802.3u 的标准未包括对同轴电缆的支持。这表示想从细缆以太网升级到快速以太网的用户必须重新布线。但现在大多数安装场地正在向 UTP 布线过渡，因此这一问题将会逐渐地淡化。

在 100Mb/s 的以太网中采用的方法是保持最短帧长不变，但将一个网段的最大电缆长度减小到 100m。帧间时间间隔从原来的 $9.6\mu s$ 改为现在的 $0.96\mu s$。新标准还规定了以下三种不同的物理层标准。

（1）100Base-TX。使用两对 UTP 5 类线或 STP，其中一对用于发送，另一对用于接收。信号的编码采用"多电平传输 3（MLT-3）"的编码方法，使信号的主要能量集中在 30MHz 以下，以便减少辐射的影响。MLT-3 用三元制进行编码，即用正、负和零三种电平传送信号。

（2）100Base-FX。使用两对光纤，其中一对用于发送，另一对用于接收。信号的编码采用 4B/5B-NRZI 编码，NRZI 即不归零编码。

在标准中将上述的 10Base-TX 和 100Base-FX 合在一起的都称为 100Base-X。

（3）100Base-T4。使用四对 UTP 3 类线或 5 类线，这是为已使用 UTP 3 类线的大量用户而设计的。信号的编码采用 8B6T-NRZ（不归零）的编码方法。它同时使用 3 对线传送数据（每一对线以 33Mb/s 的速率传送数据），用一对线作为冲突检测的接收信道。

4.3.2　千兆以太网

1996 年夏季，千兆以太网的产品问世，其标准 802.3z 于 1998 年成为了正式标准。由于千兆以太网仍使用 CSMA/CD 协议并与现有的以太网兼容，这使在局域网的 ATM 更加缺乏竞争力。

千兆以太网的标准 802.3z 考虑了以下几个要点。

（1）允许在 1Gb/s 下全双工和半双工两种方式工作。

（2）使用 IEEE 802.3 协议规定的帧格式。

（3）在半双工方式下使用 CSMA/CD 协议（全双工方式不需要使用 CSMA/CD 协议）。

（4）与 10Base-T 和 100Base-T 技术向后兼容。

千兆以太网可用作现有网络的主干网，也可在高带宽的应用（如医疗图像或 CAD 的图形等）中用来连接工作站和服务器。

千兆以太网的物理层使用两种成熟的技术：一种来自现有的以太网；另一种则是 ANSI 制定的光纤通道。采用成熟技术就能大大缩短千兆以太网标准的开发时间。

千兆以太网的物理层共有以下两个标准。

1. 1000Base-X（802.3 标准）

1000Base-X 标准是基于光纤通道的物理层，即 FC-0 和 FC-1，使用的媒体有三种。

（1）1000Base-SX，SX 表示短波长（使用 850nm 激光器）。使用纤芯直径为 $62.5\mu m$ 和 $50\mu m$ 的多模光纤时，传输距离分别为 275m 和 550m。

（2）1000Base-LX。LX 表示长波长（使用 1300nm 激光器）。使用纤芯直径为 $62.5\mu m$ 和 $50\mu m$ 的多模光纤时，传输距离为 550m；使用纤芯直径为 $10\mu m$ 的单模光纤时,传输距离为 5km。

（3）1000Base-CX。CX 表示铜线。使用两对短距离的屏蔽双绞线电缆,传输距离为 25m。

2. 1000Base-T(802.3ab 标准)

1000Base-T 使用四对 5 类线 UTP,传送距离为 100m。

千兆以太网工作在半双工方式时,就必须进行冲突检测。千兆以太网仍然保持一个网段的最大长度为 100m,但采用了“载波延伸”方法,使最短帧长仍为 64B(这样可以保持兼容性),同时将争用时间增大为 512B。凡发送的 MAC 帧长不足 512B 时,就用一些特殊字符填充到同帧的后面,使 MAC 帧的发送长度增大到 512B,这对有效载荷并无影响。接收端在收到以太网的 MAC 帧后,要将所填充的特殊字符删除后才向高层交付。原来仅 64B 长的短帧填充到 512B 时,所填充的 448B 就造成了很大的开销。

当千兆以太网工作在全双工方式时,不使用载波延伸和分组突发。

千兆以太网交换机可以直接与多个图形工作站相连,也可用作百兆以太网的主干网,与几个 100Mb/s(或 1Gb/s)以太网集线器相连,然后再和大型服务器连接在一起。

4.3.3　万兆以太网

就在千兆以太网标准 802.3z 通过后不久,万兆以太网的标准 802.3ae 于 2002 年发布。万兆以太网的帧格式与 10Mb/s、100Mb/s 和 1Gb/s 以太网的帧格式完全相同。万兆以太网还保留了 802.3 标准规定的以太网最小和最大帧长,这就使用户在将其已有的以太网进行升级时,仍能和较低速率的以太网很方便地通信。

由于数据率很高,万兆以太网不再使用铜线而只使用光纤作为传输媒体,它使用长距离(超过 40km)的光收发器与单模光纤接口,以便能够在广域网和城域网的范围工作。万兆以太网也可使用较便宜的多模光纤,但传输距离仅为 65~300m。

万兆以太网只工作在全双工方式,因此不存在争用问题,也不使用 CSMA/CD 协议,这就使万兆以太网的传输距离不再受冲突检测的限制而大大提高。

由于万兆以太网的出现,以太网的工作范围已经从局域网扩大到城域网和广域网,从而实现了端到端的以太网传输。这种工作方式的好处有以下几点。

（1）以太网是一种经过证明的成熟技术,无论是因特网服务提供者 ISP 还是端用户,都很愿意使用以太网。当然对 ISP 来说,使用以太网还需要在更大的范围进行试验。

（2）以太网的互操作性也很好,不同厂商生产的以太网都能可靠地进行互操作。

（3）在广域网中使用以太网时,其价格大约只有 SONET 的 1/5 和 ATM 的 1/10。

（4）以太网还能够适应多种传输媒体,如铜缆、双绞线以及各种光缆。这就使具有不同传输媒体的用户在进行通信时不必重新布线。

（5）端到端的以太网连接使帧的格式全部是以太网的格式,而不用进行帧的格式转换,简化了操作和管理。

4.4　虚拟局域网

在传统局域网中,通常一个逻辑工作组是在同一个网段上,多个逻辑工作组之间通过实现互联的网桥或路由器交换数据,当一个组节点要转移到另一个逻辑工作组时,就需要将节点计算机从一个网段撤出,连接到另一个网段上,甚至需要重新布线。因此逻辑工作组的组成受节点所在网段的物理位置限制。

另外,大多数局域网支持广播方式,许多高层协议也利用广播方式传输它们的消息。由于网桥和交换机会在全网内扩散广播帧,所以由网桥和交换机连接而成的网络也是一个广播域。当一个节点发送了一个广播帧后,大多数节点都会立即响应,而这些响应可能会引起更多的响应,导致网络中存在大量的广播帧,从而消耗大量的网络资源,造成网络性能急剧下降,形成广播风暴。虽然路由器能够隔离广播帧的传播,但路由器比较昂贵。对此,人们提出了虚拟局域网 VLAN(Virtual LAN)的解决方法。虚拟局域网是将局域网上的用户或节点划分成若干个"逻辑工作组",逻辑组的用户或节点可以根据功能、部门、应用策略等因素划分,不需考虑所处的物理位置。这种网络是建立在交换技术基础上、以软件方式实现逻辑工作组的划分与管理。

虚拟局域网技术允许网络管理者将一个物理局域网逻辑地划分成不同的广播域,即VLAN。每个 VLAN 都包含一组有着相同需求或特性的计算机,与物理上形成的局域网有相同的属性。它是逻辑的而不是物理划分的,所以同一 VLAN 内的各节点无须局限在同一物理空间下,一个 VLAN 内部的广播和组播都不会发到其他的 VLAN 中。

VLAN 以交换以太网为基础,它在以太网帧的基础上增加了 VLAN 头,用"VLAN ID"将用户划分为更小的工作组,每个工作组就是一个虚拟局域网。

目前,VLAN 有四种实现技术:基于端口的 VLAN、基于 MAC 地址的 VLAN、基于第三层协议的 VLAN 和基于用户使用策略的 VLAN。

4.4.1　基于端口的 VLAN

如图 4-7 所示,这是划分 VLAN 最简单、最常用的方法。网络管理员只需要管理和配置交换端口,而不管交换端口连接什么设备。属于同一 VLAN 的端口可以不连续,一个 VLAN 可以跨越多台以太网交换机。

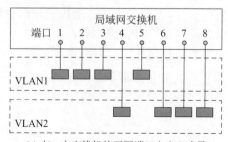

(a) 在一台交换机的不同端口上定义成员

图 4-7　用交换机端口号定义 VLAN 成员

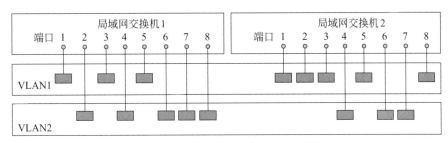

(b) 在多台交换机的不同端口上定义成员

图 4-7 （续）

4.4.2 基于 MAC 地址的 VLAN

这种方式是根据每台主机的 MAC 地址划分 VLAN。其最大优点是当用户物理位置移动或端口改变时,不用重新配置 VLAN。

4.4.3 基于第三层协议的 VLAN

采用路由器中常用的方法,即根据每台主机的网络层地址(如 IP 地址)或协议类型划分。尽管是根据网络地址,但它不是路由,与网络层的路由毫无关系。

4.4.4 基于用户使用策略的 VLAN

这是一种比较灵活有效的 VLAN 划分方法,其核心是采用什么样的策略。目前常用的策略有按 IP 地址、按网络应用等。

4.5 无线局域网

无线局域网络不是用来取代有线局域网络的,而是用来弥补有线局域网络的不足的,以达到网络延伸的目的。下列情形使用无线局域网络更具有优势。

(1) 无固定工作场所的使用者。

(2) 有线局域网络的架设受环境限制。

(3) 作为有线局域网络的备用系统。

与有线数据传输相比,无线传输最大的特点是传输信号容易受到干扰,这种干扰可能是随机出现的非数据信号,也可能是来自其他信号源的同频信号。具体来说,无线局域网必须实现以下技术要求。

(1) 可靠性。无线局域网的系统分组丢失率应该低于 10^{-5},误码率应该低于 10^{-8}。

(2) 兼容性。对于室内使用的无线局域网,应尽可能使其和现有的有线局域网在网络操作系统和网络软件上相互兼容。

(3) 数据速率。为了满足局域网业务量的需要,无线局域网的数据传输速率应该在

1Mb/s 以上。

（4）通信保密。由于数据通过无线介质在空气中传播，无线局域网必须在不同层次采取有效的措施以提高通信保密和数据安全性能。

（5）移动性。支持全移动网络或半移动网络。

（6）节能管理。当无数据收发时使站点机处于休眠状态，当有数据收发时再激活站点机，从而达到节省电力消耗的目的。

（7）小型化、低价格。这是无线局域网得以普及的关键。

（8）电磁环境。无线局域网应考虑电磁对人体和周边环境的影响问题。

根据物理层的不同，802.11 无线局域网可再细分为不同的类型。现在广泛流行的标准如表 4-3 所示。

表 4-3　常用的 802.11 无线局域网

标　准	频　段	数据速率	物理层	优　缺　点
802.11a	5GHz	最高为 54Mb/s	OFDM	最高数据率较高，支持更多用户同时上网，价格最高，信号传播距离较短，且易受阻碍
802.11b	2.4GHz	最高为 11Mb/s	HR-DSSS	最高数据率较低，价格最低，信号传播距离最远，且不易受阻碍
802.11g	2.4GHz	最高为 54Mb/s	OFDM	最高数据率较高，支持更多用户同时上网，信号传播距离最远，且不易受阻碍，价格比 802.11b 高

4.5.1　无线局域网的结构分类

按照基础设施的结构，无线局域网可分为两大类：一是有固定基础设施的；二是无固定基础设施的。"固定基础设施"是指预先建立起来的、能够覆盖一定地理范围的一批固定基站。人们使用的蜂窝移动电话就是利用移动公司预先建立的、覆盖全国的大量固定基站接通用户手机拨打的电话。

这两种结构构成的无线局域网络如图 4-8 所示。

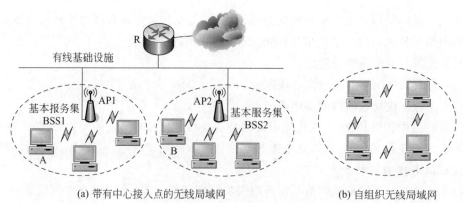

(a) 带有中心接入点的无线局域网　　　　　　　　　(b) 自组织无线局域网

图 4-8　两种类型的无线局域网络

802.11 标准规定，无线局域网的最小构件是基本服务集（BSS）。一个基本服务集包括一个基站和若干个移动站,所有的站在和本 BSS 以内的站都可以直接通信,但在和本 BSS 以外的站通信时就都必须通过本 BSS 的基站。一个 BSS 所覆盖的地理范围称为一个基本服务区 BSA,BSA 和无线移动通信的蜂窝小区相似。在无线局域网中,一个基本服务区 BSA 的范围可以有几十米的直径。

一个移动站若要加入一个基本服务集,就必须先选择一个接入点(AP),并与此接入点建立关联。此后,这个移动站就可以通过该接入点发送和接收数据。若移动站使用重建关联服务,就可将这种关联转移到另一个接入点。

另一类无线局域网是无固定基础设施的无线局域网,它又称为自组织网络(Ad Hoc Network)。这种自组织网络没有上述基本服务集中的接入点,而是由一些处于平等状态的移动站之间相互通信组成的临时网络,如图 4-8(b)所示。

移动自组织网络在军用和民用领域都有很好的应用前景。在军事领域中,由于战场上往往没有预先建好的固定接入点,但携带了移动站的战士就可以利用临时建立的移动自组织网络进行通信。这种组网方式也能够应用到作战的地面车辆群和坦克群,以及海上的舰艇群和空中的机群。由于每一个移动设备都具有路由器转发分组的功能,因此分布式的移动自组织网络的生存性非常好。在民用领域,当发生自然灾害时,在抢险救灾中利用移动自组织网络进行及时通信往往也是很有效的,因为这时原有的固定网络基础设施可能已被破坏。

4.5.2 无线局域网的工作原理

虽然 CSMA/CD 协议已成功应用于有线连接的局域网,但无线局域网不能简单地搬用 CSMA/CD 协议。其中原因主要有两个。

第一,CSMA/CD 协议要求一个站点在发送本站数据的同时还必须不间断地检测信道,以便发现是否有其他的站也在发送数据,这样才能实现"冲突检测"的功能。但在无线局域网的设备中要实现这种功能花费过大。

第二,更重要的是,即使能够实现冲突检测的功能,且在发送数据时检测到信道是空闲的,但是,由于无线电波能够向所有的方向传播,且其传播距离受限,在接收端仍然有可能发生冲突,从而产生隐藏站问题和暴露站问题,如图 4-9 所示。

(a) A 和 C 同时向 B 发送数据,发生冲突   (b) B 向 A 发送信号,影响 C 向 D 发送数据

图 4-9 无线局域网的隐藏站和暴露站问题

图 4-9 中画出了四个无线移动站,并假定无线电信号传播的范围是以发送站为圆心

的一个圆形面积。图 4-9(a)表示站 A 和 C 都想和 B 通信，但 A 和 C 相距较远，彼此都接收不到对方发送的信号。当 A 和 C 检测不到无线信号时，就都以为 B 是空闲的，因而都向 B 发送自己的数据。结果 B 同时收到 A 和 C 发来的数据，发生了冲突。这种未能检测出媒体上已存在的信号的问题称为隐蔽站问题。

图 4-9(b)给出了另一种情况。站 B 向 A 发送数据，而 C 又想和 D 通信，但 C 检测到媒体上有信号，于是就不敢向 D 发送数据。其实 B 向 A 发送数据并不影响 C 向 D 发送数据。这就是暴露站问题。在无线局域网中，在不发生干扰的情况下，可允许多个移动站同时进行通信。这与总线式局域网有很大的区别。

除了以上两个原因外，无线信道还由于传输条件特殊，造成信号强度的动态范围非常大，这就使发送站无法使用冲突检测的方法确定是否发生了冲突。

因此，无线局域网不能使用 CSMA/CD，而是以此为基础，制定出更适合无线网络共享信道的载波监听多路访问/冲突避免（Carrier Sense Multiple Access with Collision Avoidance，CSMA/CA）协议。CSMA/CA 利用 ACK 信号避免冲突的发生，也就是说，只有当客户端收到网络上返回的 ACK 信号后，才确认送出的数据已经正确到达目的地。

802.11 标准为数据帧定义了不同的信道使用优先级，使用三种不同的时间参数：短帧间隔 SIFS、长帧间隔 DIFS 和点协同间隔 PIFS。SIFS 最短，使用它作为等待时延的节点将用最高的信道使用优先级发送数据帧。网络中的控制帧以及对所接收数据的确认帧都采用 SIFS 作为发送之前的等待时延。DIFS 最长，所有的数据帧都采用 DIFS 作为等待时延。PIFS 具有中等级别的优先级，主要作为 AP 定期向服务区内发送管理帧或探测帧所用的等待时延。

CSMA/CA 协议的工作原理如图 4-10 所示。

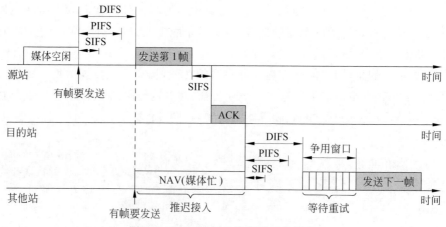

图 4-10　CSMA/CA 协议的工作原理

CSMA/CA 协议的主要工作流程如下。

（1）当主机需要发送一个数据帧时，首先检测信道，在持续检测到信道空闲达到一个 DIFS 之后，主机发送数据帧。接收主机正确接收到该数据帧，等待一个 SIFS 后马上发出对该数据帧的确认。若源站在规定时间内没有收到确认帧 ACK，就必须重传此帧，直到收到确认为止,或者经过若干次的重传失败后放弃发送。

(2) 当一个站检测到正在信道中传送的 MAC 帧首部的"持续时间"字段时,就调整自己的网络分配向量 NAV。NAV 指出了必须经过多少时间才能完成这次传输,才能使信道转入空闲状态。因此,信道处于忙态,或者是由于物理层的载波监听检测到信道忙,或者是由于 MAC 层的虚拟载波监听机制指出了信道忙。

可见,CSMA/CD 可以检测冲突,但无法避免冲突;而对于 CSMA/CA,发送包的同时不能检测到信道上有无冲突,只能尽量避免。CSMA/CD 和 CSMA/CA 的主要差别表现在以下方面。

(1) 两者的传输介质不同。CSMA/CD 用于总线式以太网,而 CSMA/CA 则用于无线局域网 802.11a/b/g/n 等。

(2) 检测方式不同。CSMA/CD 通过电缆中电压的变化检测,当数据发生冲突时,电缆中的电压就会随着发生变化;而 CSMA/CA 采用能量检测(ED)、载波检测(CS)和能量载波混合检测三种检测信道空闲的方式。

(3) 对于 WLAN 中的某个节点,其刚刚发出的信号强度要远高于来自其他节点的信号强度,也就是说它自己的信号会把其他的信号覆盖掉。

(4) 在 WLAN 中,本节点处有冲突并不意味着在接收节点处就有冲突。

4.5.3　无线局域网的帧结构

802.11 MAC 帧结构与以太网 MAC 帧的不同主要有以下两方面。

(1) 802.11 增加了对数据帧的确认机制,因而为每个数据帧设置相应的帧序号。

(2) 无线终端与基础网络设施之间的数据交换都通过 AP 实现,而自组织网络模式中无线终端之间的数据通信往往要借助于其他无线终端的转发和传递。因此,每个 802.11 帧需要提供额外的 MAC 地址(除了源节点和目的节点外)。

802.11 帧结构如图 4-11 所示。

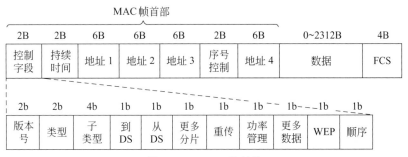

图 4-11　802.11 帧结构

802.11 的 MAC 帧共有三种类型:控制帧、数据帧和管理帧。MAC 帧的复杂性都在其首部。最特殊之处就是有 4 个 MAC 地址字段:发送地址、接收地址、源地址和目的地址,由控制字段中的 2 个控制位"到 DS"和"从 DS"的不同组合决定每个地址字段的含义,从而实现复杂的链路状态维护功能。下面以图 4-8 为例说明地址字段的用法,其示例内容如表 4-4 所示。

表 4-4   802.11 MAC 帧的地址字段使用示例

路 由 示 例	到 DS	从 DS	地址 1	地址 2	地址 3	地址 4
A 经 AP1 发送数据到 R	1	0	接收地址：AP1 地址	源地址：A 的地址	目的地址：R 的地址	—
R 经 AP1 发送数据到 A	0	1	目的地址：A 的地址	发送地址：AP1 地址	源地址：R 的地址	—
A 经 AP1、AP2 发送数据到 B	1	1	接收地址：AP2 地址	发送地址：AP1 地址	目的地址：B 的地址	源地址：A 的地址
自组织网络	0	0	目的地址	源地址	服务集标识 BSSID	—

（1）当 BSS1 中无线终端 A 发送数据到扩展服务区以外的计算机时，A 构建 802.11 数据帧，其中的"到 DS"和"从 DS"控制位是 10，使用了地址 1、2 和 3。AP1 接收到该 802.11 帧，将其转换成 802.3 以太网帧并发送到路由器 R，以 A 的地址为源地址、R 的地址为目的地址。

（2）从路由器发送到节点 A 的以太网数据帧，以 R 为源地址、A 的地址为目的地址，AP1 接收该数据帧，构建相应的 802.11 数据帧，如表 4-3 中的第 2 行所示。

（3）当无线终端 A 发送数据到另一个 BSS 中的无线终端 B 时，则数据帧传输过程将涉及 4 个地址。以 A 的地址为源地址（地址 4）、B 的地址为目的地址（地址 3），以 AP1 的地址为发送地址（地址 2），以 AP2 的地址为接收地址（地址 1）。

（4）控制位为 00 时，表示自组织工作模式中一个无线终端向另一个无线终端发送数据，此时不需要 AP 转发，但地址 3 字段为无线终端所在基本服务集的标识 BSSID。

4.6 局域网的扩展

在许多情况下，一个单位往往拥有多个局域网，因而要实现局域网之间的通信就需要使用一些中间设备将这些局域网连接起来。本节要讨论的是在物理层或数据链路层将局域网进行扩展，而在第 5 章将要讨论在网络层通过路由器进行互连的方法。

4.6.1 在物理层扩展局域网

在物理层扩展局域网是使用转发器和集线器，用几个集线器连接成更大范围的多级星形结构的局域网。例如，一个单位的三个部门各有一个 10Base-T 局域网，可通过一个主干集线器相连接起来，成为一个更大的扩展局域网，如图 4-12 所示。

这样做有以下两个好处。

（1）使不同部门的局域网上的计算机能够相互通信。

（2）扩大了局域网覆盖的地理范围。例如，在一个部门的 10Base-T 局域网中，主机与集线器的最大距离是 100m，因而两个主机之间的最大距离是 200m。但在通过主干集

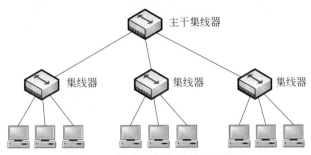

图 4-12 用多个集线器扩展局域网

线器相连接后,不同部门的主机之间的距离就可扩展了,因为集线器之间的距离可以是 100m(使用双绞线)甚至更远(如使用光纤)。

但这种多级结构的集线器局域网也带来了一些缺点。

(1) 扩大了冲突域,减小了最大吞吐量:在互连之前,每个集线器所在的 10Base-T 局域网是个独立的冲突域,其最大吞吐量是 10Mb/s,因此三个部门的总最大吞吐量共有 30Mb/s。而在采用集线器互连三个部门后,冲突域就扩展到了三个部门,而扩展后的最大吞吐量还是 10Mb/s。

(2) 如果不同的部门使用不同的以太网技术(如数据率不同),那么用集线器互连的效果不佳。如在图 4-12 中,一个部门使用 10Mb/s 的网卡,而另外两个部门使用 10/100Mb/s 的网卡,那么用集线器连接起来后,三个部门都只能在 10Mb/s 的速率下工作。

4.6.2 在数据链路层扩展局域网

在数据链路层扩展局域网的方法是使用网桥。网桥工作在数据链路层,它根据 MAC 帧的目的地址对收到的帧进行转发。网桥具有过滤帧的功能,当网桥收到一个帧时,并不是向所有的端口转发此帧,而是先检查此帧的目的 MAC 地址,然后再确定将该帧转发到哪一个端口。

1. 网桥的基本应用

如图 4-13 所示,网桥的任务是接收与之相连的网上传送的全部帧,筛选出需要转发的帧而转发到相应的端口。假如网桥 B1 从端口 1 收到一个目的地址是 A 的帧,则 B1 将

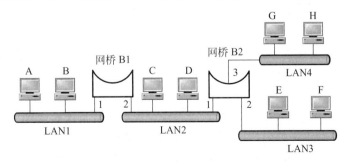

图 4-13 网桥的工作原理

此帧丢弃,并不转发;如果目的地址是 C,则将帧转发到网桥 B1 的端口 2。可见,网桥每收到一个帧,都要决定是丢弃还是转发;如需要转发,还要决定发往哪一个端口。决定的依据是网桥内部的转发表,表中记录了网桥已知的每一个目的地址以及可到达每个地址的端口。表 4-5 是网桥 B1 和 B2 维护的转发表。

表 4-5　网桥 B1 和 B2 中的转发表

网桥 B1 中的转发表		网桥 B2 中的转发表	
MAC 地址	端口	MAC 地址	端口
A	1	A	1
B	1	B	1
C	2	C	1
D	2	D	1
E	2	E	2
F	2	F	2
G	2	G	3
H	2	H	3

使用网桥可以带来以下好处。

（1）过滤通信量。网桥工作在链路层的 MAC 子层,可以使局域网各网段成为隔离开的冲突域,从而减轻了扩展的局域网上的负荷,同时也减小了在扩展的局域网上的帧平均时延。工作在物理层的转发器就没有这种过滤通信量的功能。

（2）扩大了物理范围,因而也增加了整个局域网上工作站的最大数目。

（3）提高了可靠性,当网络出现故障时,一般只影响个别网段。

（4）可互连不同物理层、不同 MAC 子层和不同速率(如 10Mb/s 和 100Mb/s 以太网)的局域网。

2. 透明网桥

目前使用最多的网桥是透明网桥。"透明"是指局域网上的站点并不知道所发送的帧将经过哪几个网桥,因为网桥对各站来说是看不见的。透明网桥是一种即插即用设备,其标准是 IEEE 802.1(D)或 ISO 8802.1d。具体内容在 4.7 节阐述。

3. 源路由选择网桥

透明网桥的最大优点是容易安装,但是网络资源的利用还不充分。因此,支持 802.5 令牌环网的分委员会就制定了另一个网桥标准,这就是由发送帧的源站负责路由选择,即源路由选择网桥。

源路由选择网桥假定了每一个站在发送帧时都已经清楚地知道发往各个目的站的路由,因而在发送帧时将详细的路由信息放在帧的首部中。

为了发现合适的路由,源站以广播方式向欲通信的目的站发送一个发现帧作为探测用。发现帧将在整个扩展的局域网中沿着所有可能的路由传送。在传送过程中,每个发现帧都记录所经过的路由。当这些发现帧到达目的站时,就沿着各自的路由返回源站。源站在得知这些路由后,从所有可能的路由中选择出一个最佳路由。以后凡从这个源站向该目的站发送的帧的首部,都必须携带源站所确定的这一路由信息。

发现帧还有另一个作用,就是帮助源站确定整个网络可以通过的帧的最大长度。

源路由选择网桥标准是在802.5令牌环网上制定的。但是,并非源路由选择只能用于令牌环网或令牌环网只能使用源路由选择网桥。实际上,源路由选择可以用于任何互联网络,而令牌环网也可以使用透明网桥。

源路由选择网桥对主机不是透明的,主机必须知道网桥的标识以及连接到哪一个网段上。使用源路由选择网桥可以利用最佳路由。若在两个局域网之间使用并联的源路由选择网桥,则可使通信量较平均地分配给每一个网桥。用透明网桥则只能使用支撑树,它一般并不是最佳路由,也不能在不同的链路中进行负载的均衡。

4. 以太网交换机

1990年问世的交换式集线器,可明显地提高局域网的性能。交换式集线器常称为以太网交换机或第二层交换机,表明这种交换机工作在数据链路层。

"交换机"并无准确的定义和明确的概念,而现在的很多交换机已综合了网桥和路由器的功能。从技术上讲,网桥的端口数很少,一般只有2~4个,而以太网交换机通常都有十几个端口。因此,以太网交换机实质上就是一个多端口的网桥。此外,以太网交换机的每个端口都直接与主机相连(注意:普通网桥的端口不是连接到主机而是连接到局域网),并且一般都工作在全双工方式。当主机需要通信时,交换机能同时连通许多对的端口,使每一对相互通信的主机都能像独占通信媒体那样,进行无冲突的传输数据,通信完成后就断开连接。由于使用了专用芯片,以太网交换机的交换速率较高。

对于普通10Mb/s的共享式以太网,若共有 N 个用户,则每个用户占有的平均带宽只有总带宽(10Mb/s)的 $1/N$。在使用以太网交换机时,虽然在每个端口到主机的数据率还是10Mb/s,但由于一个用户在通信时是独占而不是和其他网络用户共享传输媒体的带宽,因此拥有 N 对端口的交换机的总容量为 $N\times10$Mb/s,这正是交换机的最大优点。

从共享总线以太网或10Base-T以太网到交换式以太网时,所有接入设备的软件和硬件、网卡等都不需要做任何改动。也就是说,所有接入的设备继续使用CSMA/CD协议。此外,只要增加交换机容量,整个系统的容量就很容易扩大。

以太网交换机一般都具有多种速率的端口。例如,可以具有10Mb/s、100Mb/s和1Gb/s的端口的各种组合,这就大大地方便了不同用户。

图4-14给出了一个简单的例子,其中的以太网交换机有3个10Mb/s端口,分别和3个部门的10Base-T局域网相连,还有3个100Mb/s端口分别和文件服务器、Web服务器以及1个连接因特网的路由器相连。

【例4-5】 有一个连接10台计算机的网络,其中5台连接到一个以太网集线器上,另外5台连接到另一个以太网集线器上。两个集线器连接到一台交换机上,而该交换机又通过一台路由器连接到另一间配置相同的远程办公室。请问,该交换机将能够获知多少个MAC地址?

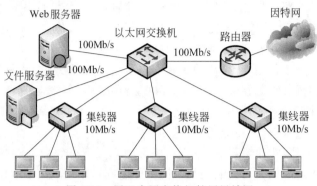

图 4-14   用以太网交换机扩展局域网

解析：该交换机共可以获知 11 个 MAC 地址，包括 10 台计算机的 MAC 地址和 1 台路由器的 MAC 地址。集线器不是第 2 层设备，因此没有 MAC 地址。另外，交换机仅仅能够用于本地局域网，因此不知道本地路由器以外的其他 MAC 地址。

4.7   透明网桥及其算法

4.7.1   透明网桥的体系结构

透明网桥的功能主要是将一种 LAN 上的 MAC 帧中继到另一个 LAN 上。如果两个 LAN 使用了不同 MAC 协议，那么网桥必须将输入帧的内容映射到符合输出 LAN 帧格式的输出帧中。透明网桥的体系结构如图 4-15 所示。

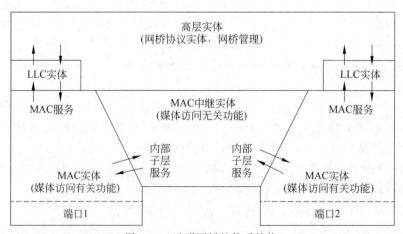

图 4-15   透明网桥的体系结构

4.7.2   帧转发规则

帧转发需要使用转发表，包括一组 MAC 地址、端口号、生存期等，其工作原理如

图 4-16 所示。

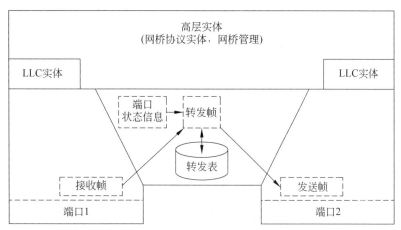

图 4-16 转发帧时的透明网桥工作原理

假设在端口 X 收到一个 MAC 帧,则转发规则如下。

(1) 搜索转发表,确定目的地址是否列在某个端口上。

(2) 如果没找到,则采用扩散法将该帧转发到所有端口(除 X 外)。

(3) 如果目的地址列在某个端口 Y(≠X)上,则检查端口 Y 处于阻塞状态还是转发状态。

(4) 如果端口 Y 不阻塞,则将帧转发到与端口 Y 相连的 LAN 上。

4.7.3 地址学习

当网桥刚接入时,转发表是空的,网桥通过逆向学习获取转发信息并逐步建立转发表。

逆向学习是指网桥通过检查达到帧的源地址及输入端口发现目的节点及其对应的输出端口。以图 4-13 为例,如果 B 从端口 2 上收到一个源地址为 E 的帧,从而 B 知道有个目的节点 E 存在,并且可以通过端口 2 达到 E,这样 B 就得到了 E 的转发信息。随着收到的帧不断增多,转发表就逐渐趋于完备。

一旦未知节点开始发送帧且发送的帧到达网桥,网桥就可以通过逆向学习法获取转发信息,填入转发表中。随后,就可以按转发表进行转发。

实际的网络拓扑是经常变动的,如计算机开机、关机或者移动位置,为使转发表及时反映这种变化,转发表的每个入口都有一个生存期。当生存期为 0 时,转发表中的对应表项被删除。于是,任何发往该地址的帧将被扩散,并被该节点接收到。

透明网桥的主要工作流程如图 4-17 所示,图 4-17 中包含了帧转发和自学习两个过程。

目前,转发表的查找和更新由专门的超大规模集成电路芯片完成,只需要几微秒就能完成一帧的转发和处理。

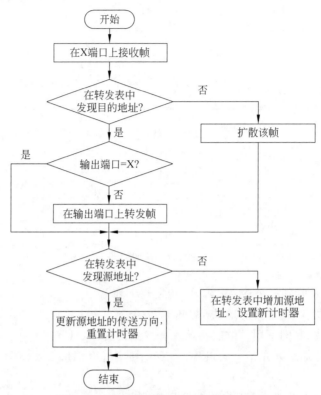

图 4-17 透明网桥的帧转发和自学习流程

4.7.4 生成树算法

以上自学习算法适用于因特网为树形拓扑结构的情况，即网络中没有环路，任意两个站之间只有唯一通路。当因特网络中出现环路时这种方法就失效了。

为了解决这个问题，透明网桥使用了一个生成树算法，即互连在一起的网桥在进行彼此通信后，就能找出原来的网络拓扑的一个子集，在这个子集中整个连通的网络中不存在回路，即在任何两个站之间只有一条路径。一旦支撑树确定了，网桥就会将某些接口断开，以确保从原来的拓扑得出一个支撑树。

【例 4-6】 如图 4-18 所示，6 个站点通过透明网桥 B1 和 B2 连接到一个扩展的局域网上。初始时网桥 B1 和 B2 的转发表都是空的。假设需要传输的帧序列如下。

H2 传输给 H1；H5 传输给 H4；H3 传输给 H5；H1 传输给 H2；H6 传输给 H5。

假设转发表表项的格式为（站点，端口），请基于这些帧序列，分析 2 个网桥的工作过程（转发、登记、丢弃），并填写网桥 B1 和 B2 的转发表。

解析：

1）H2→H1

在 LAN1 上的 H1 直接收到 H2 发送的帧。但此帧也被网桥 B1 收到，B1 收到此帧时转发表是空的，因此会在 B1 的转发表中登记信息：源站地址 H2 和到达的接口 1（H2,1）。

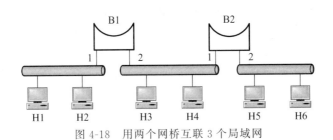

图 4-18　用两个网桥互联 3 个局域网

由于目的站在转发表中不存在,因此该帧从接口 2 转发出去,发送到 LAN2。

　　LAN2 上的 B2 收到此帧时,按同样步骤处理,在 B2 转发表中登记信息:源站地址 H2 和到达的接口 1(H2,1),再把该帧从接口 2 转发出去,发送到 LAN3。此帧到 LAN3 中,最后被丢弃。

　　2)H5→H4

　　首先是 B2 收到此帧。此时,转发表上没有 H5,因此将(H5,2)登记。再查 B2 的转发表,收到此帧的目的地址 H4 在转发表上没有这一项,因此将该帧从接口 1 转发到 LAN2。

　　于是,主机 H4 和 B1 能收到此帧。当 B1 收到此帧后,登记(H5,2),并从接口 1 将此帧转发到 LAN1,随后此帧被丢弃。

　　3)H3→H5

　　该帧在 B1 和 B2 同时收到。B1 收到此帧时,因转发表上没有 H3,因此登记(H3,2)。再查 B1 的转发表,此帧的目的地址 H5 在转发表上有信息(H5,2),但此帧是从接口 2 收到的,因此不能把此帧再转发到 LAN2,此帧在 LAN1 中最后被丢弃。

　　在 LAN2 上的 B2 从接口 1 收到 H3 发来的帧,登记信息(H3,1),并从接口 2 将此帧转发到 LAN3,此帧在 LAN3 中最后被丢弃。

　　4)H1→H2

　　在 LAN1 上的 H2 直接收到 H1 发送的帧。网桥 B1 收到此帧后,在转发表中登记信息:(H1,1),此帧的目的站在 B1 的转发表中存在,即接口 1。因此 B1 不再转发该帧,仅仅是丢弃它。因此,LAN2 和 LAN3 上都不会收到此帧。

　　5)H6→H5

　　B2 从接口 2 收到此帧时,转发表上没有 H6,因此登记信息(H6,2);再查 B2 的转发表,收到此帧的目的地址 H5 在转发表上有信息项(H5,2),但此帧是从相同的接口 2 接收到的,不能再从接口 2 转发到 LAN3。因此,B2 丢弃此帧,不转发。LAN2 和 LAN1 上都不会收到此帧。

　　在传输完成这些帧后,网桥 B1 和 B2 的转发表如表 4-6 所示。

　　采用 Wireshark 工具捕获局域网络数据后,其网络协议层次的统计情况如图 4-19 所示。从图 4-19 中可以看出,以太网一共收到 336 个数据包,生成树协议包的统计比例为 4.46%。

表 4-6　　网桥 B1 和 B2 中的转发表

发送的帧	B1 的转发表		B2 的转发表		B1 的处理	B2 的处理
	地址	接口	地址	接口		
H2→H1	H2	1	H2	1	扩散;登记	扩散;登记
H5→H4	H5	2	H5	2	扩散;登记	扩散;登记
H3→H5	H3	2	H3	1	登记;丢弃	转发;登记
H1→H2	H1	1			登记;丢弃	接收不到这个帧
H6→H5			H6	2	接收不到这个帧	登记;丢弃

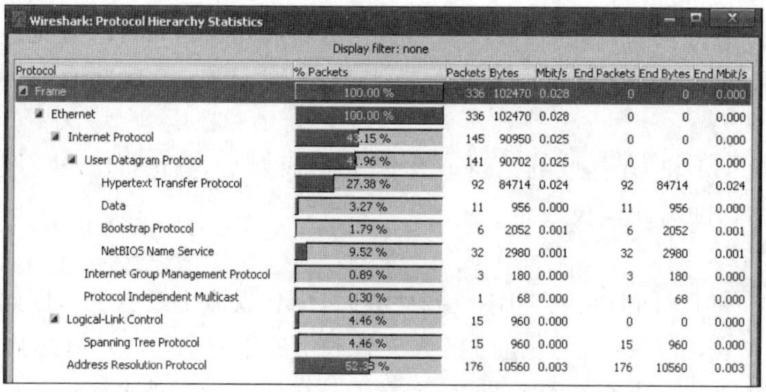

图 4-19　　分层协议的网络抓包统计示例

习　题　4

1. 局域网的主要特点是什么？为什么局域网采用广播通信方式而广域网不采用呢？

2. 常用的局域网网络拓扑有哪些种类？比较其优点和缺点。

3. 一栋 7 层楼，每层有 15 间办公室。每间办公室的楼上设有一个插座。所有的插座在一个垂直面上构成一个正方形栅格组成的网络节点。设任意两个插座之间都允许连上电缆(垂直、水平、斜线均可)。现用电缆将它们连成：

(1) 集线器在中央的星形网；(2)总线式以太网。

试计算每种情况下所需的电线长度。

4. 简述 CSMA/CD 协议的工作原理。

5. 以太网使用的 CSMA/CD 协议是以争用方式接入到共享信道的。这与传统的时分复用(TDM)相比优缺点如何？

6. 以太网中争用期有何物理意义？其大小由哪些因素决定？

7. 100 个站分布在 4km 长的总线上，协议采用 CSMA/CD,总线速率为 5Mb/s,帧平均长度为1000b,信号传播速率为2×10^8m/s。试估算每个站每秒钟发送的平均帧数的最大值。

8. 在以下条件下,分别重新计算第7题,并解释所得结果。

(1)总线长度减小到1km;(2)总线速率加倍;(3)帧长变为10000b。

9. 有10个站连接到以太网上,试计算以下三种情况下每一个站所能得到的带宽。

(1)10个站都连接到一个10Mb/s以太网集线器。

(2)10个站都连接到一个100Mb/s以太网集线器。

(3)10个站都连接到一个10Mb/s以太网交换机。

10. 网桥的工作原理及特点是什么? 网桥、转发器以及以太网交换机三者有何异同点?

11. 为什么需要虚拟局域网VLAN? 简述划分VLAN的方法。

12. 数据率为10Mb/s的以太网的码元传输速率是多少波特?

13. 10Mb/s以太网升级到100Mb/s和1Gb/s甚至10Gb/s时,需要解决哪些技术问题? 在帧的长度方面需要有什么改变? 传输媒体应当有什么改变?

14. 假定1km长的CSMA/CD网络的数据率为1Gb/s。设信号在网络上的传播速率为200 000km/s,求能够使用此协议的最短帧长。

15. 假定一个以太网上的通信量中的80%是在本局域网上进行的,而其余20%的通信量是在本局域网和因特网之间进行的。另一个以太网的情况则相反。这两个以太网一个使用以太网集线器,而另一个使用以太网交换机。你认为以太网交换机应当用在哪一个网络上?

16. 无线局域网都由哪几部分组成? 其MAC协议有哪些特点? 为什么在无线局域网中不能使用CSMA/CD协议而必须使用CSMA/CA协议?

17. 为什么无线局域网的站点在发送数据帧时,即使检测到信道空闲也仍然要等待一小段时间? 为什么在发送数据帧的过程中不像以太网那样继续对信道进行检测?

18. 为什么在无线局域网上发送数据帧后要求对方必须发回确认帧,而以太网就不需要对方发回确认帧?

19. 开展无线局域网的架设,基本要求如下。

(1)手机、PC和笔记本等终端能够通过WiFi登录无线局域网。

(2)假定WiFi广场面积为100×100m^2,请问需要部署多少个无线AP设备才能完全覆盖? 要进行测算,并画出部署图和网络拓扑图。

(3)用户终端登录后,直接显示一个安全警示网页,该网页显示的内容为网络安全访问知识。请给出具体设计。

(4)登录用户信息能够自动保存到服务器上,供后台管理使用。

20. 基于图4-17的网络结构,假设需要传输的帧序列如下。

H6传输给H3;H2传输给H1;H5传输给H2;H4传输给H6;H1传输给H5。
请分析2个网桥B1和B2的工作过程,并填写其转发表。

21. 选择题

(1)下列技术特性中不符合局域网的是(　　　)。

A. 覆盖局部范围   B. 低误码率

C. 高数据传输速率   D. 只能使用集线器互相连接

（2）以太网介质访问控制技术 CSMA/CD 的机制是（　　）。

    A. 争用   B. 预约

    C. 轮流使用   D. 按优先级分配

（3）决定局域网特性的主要技术要素有三点，下列选项中（　　）不是主要技术要素。

    A. 网络拓扑结构   B. 网络的布线方法

    C. 网络的传输介质   D. 网络的媒体访问控制方法

（4）10Base-T 标准规定连接节点与集线器的无屏蔽双绞线最长为（　　）m。

    A. 50   B. 185   C. 100   D. 500

（5）共享式以太网中联网节点数增加一倍时，每个节点平均分配到的带宽大约为原来的（　　）。

    A. 不变   B. 2 倍   C. 1/10   D. 1/2

（6）下列不属于快速以太网传输媒体的是（　　）。

    A. 5 类线   B. 3 类线   C. 光缆   D. 同轴电缆

（7）交换型以太网可以（　　）。

    A. 不受 CSMA/CD 的约束   B. 增加带宽

    C. 提高数据传输的安全性   D. 以上都是

（8）千兆以太网多用于（　　）。

    A. 网卡与集线器的互联   B. 集线器之间的互联

    C. LAN 系统的主干   D. 任意位置

（9）假如需要构建一个办公室网络，包含 22 台主机和 1 台服务器，并与公司的交换机相连接。下列设计中（　　）的性能最优。

    A. 使用一个 24 端口/10Mb/s 的集线器

    B. 使用一个 24 端口/10Mb/s 的集线器，其中两个端口为 10/100Mb/s

    C. 使用一个 24 端口/10Mb/s 的交换机

    D. 使用一个 24 端口/10Mb/s 的交换机，其中两个端口为 10/100Mb/s

第 5 章　网　络　层

互联网络是指将分布在不同地理位置的网络和设备连接起来,以构成更大规模的网络,最大限度地实现网络资源的共享。网络互联能够提高资源的利用率,改善系统性能,提高系统的可靠性和安全性,组网建网和网络管理更方便。

网络互联的类型主要如下。

(1) LAN-LAN 互联:属于较近距离的 LAN 互联,如校园网(各建筑物间)、各楼层间 LAN 的互联。

(2) 同构网的互联:指相同协议的局域网的互联。常用的设备有中继器、集线器、交换机、网桥等。

(3) 异构网的互联:指两种不同协议的局域网的互联。常用的设备有网桥、路由器等。

(4) LAN-WAN 互联:属于小区域范围内 LAN 与 WAN 互联,主要解决一个小区域范围内相邻的几个楼层或楼群之间以及在一个组织机构内部的网络互联,扩大了数据通信的连通范围,可使不同单位或机构的 LAN 连入范围更大的网络体系中。最常用的互联设备有网关和路由器。

(5) WAN-WAN 互联:属于不同地区网络的互联,主要使用路由器实现。

5.1　网络层概述

作为 OSI 模型的第 3 层,网络层是处理端到端数据传输的最低层,体现了网络应用环境中资源子网访问通信子网的方式。

网络层建立网络连接并为上层提供服务,具体地说,网络层具有以下主要功能:

(1) 为传输层提供服务。网络层提供的服务有两类,面向连接的虚电路服务和无连接的数据报服务。虚电路服务是网络层向传输层提供的一种使所有数据包按顺序到达目的节点的可靠的数据传送方式,进行数据交换的两个节点之间存在着一条为它们服务的虚电路;而数据报服务是不可靠的数据传送方式,源节点发送的每个数据包都要附加地址、序号等信息,目的节点收到的数据包不一定按序到达,还可能出现数据包的丢失现象。

(2) 组包和拆包。在网络层,数据传输的基本单位是数据包(也称为分组)。在发送方,传输层的报文到达网络层时被分为多个数据块,在这些数据块的头部和尾部加上一些相关控制信息后,即组成了数据包(组包)。数据包的头部包含源节点和目标节点的网络地址(逻辑地址)。在接收方,数据从低层到达网络层时,要将各数据包原来加上的包头信息去掉(拆包),然后组合成报文,送给传输层。

（3）路由选择。路由选择也称为路径选择,是根据一定的原则和路由选择算法在多节点的通信子网中选择一条最佳路径。确定路由选择的策略称为路由算法。在数据报方式中,网络节点要为每个数据包做出路由选择;而在虚电路方式中,只需在建立连接时确定路由。

（4）流量控制。流量控制的作用是控制拥塞,避免死锁。网络的吞吐量(数据包数量/秒)与通信子网负荷(即通信子网中正在传输的数据包数量)有着密切的关系。为防止出现拥塞和死锁,需进行流量控制,通常可采用滑动窗口、预约缓冲区、许可证和分组丢弃四种方法。

5.1.1　数据报网络服务

在数据报方式中,每个分组是一个独立的传输单位,携带有完整的目的地址信息,在每台路由器上被独立转发。分组在传输前不需要预先确定一条从源节点到目的节点的路径,所以这种转发方式称为无连接方式。

图 5-1 是数据报子网内的路由示意图。假设主机 H1 向主机 H2 发送消息,消息的长度是最大分组长度的 5 倍,则网络层必须将消息分割成 5 个分组,再将这些分组依次发送给路由器 A。

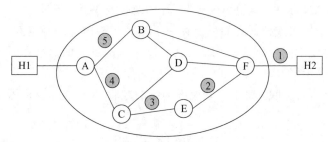

(a) 网络拓扑

目的地址	输出节点	目的地址	输出节点	目的地址	输出节点	目的地址	输出节点
A 的初始表		A 的新表		C 表		E 表	
A	—	A	—	A	A	A	C
B	B	B	B	B	A	B	F
C	C	C	C	C	—	C	C
D	B	D	B	D	D	D	C
E	C	E	C	E	E	E	—
F	C	F	B	F	E	F	F

(b) 节点 A、C、E 的转发表

图 5-1　数据报网络的路由

每台路由器都有一个转发表,指明了目的地址及其输出节点,如图 5-1(b)给出了节点 A、C、E 的转发表的信息。

当分组 1、2、3 和 4 到达 A 时,先被暂存以便计算校验和。接着,根据 A 的路由表,每一个分组被转发给 C。然后,分组 1 被先后转发给 E 和 F,之后传输给了主机 H2。同样,分组 2、3 和 4 也要经过 ACEF 这条路径。

然而,分组 5 与此不同,当它达到 A 之后,可能由于 ACEF 路径上发生了拥塞现象,A 决定采用另外的路径发送分组,于是更新了路由表,如图 5-1(b)中的 A 的新表。结果,分组 5 被发送给了路由器 B。

在数据报方式下,主机在发送一个分组前无法知道网络是否能传送该分组,也无法知道目的主机是否可以接收该分组。其次,由于每个分组被独立转发,数据报网络也无法保证分组传输的顺序。此外,如果有分组在中途丢失,网络层也很难检测。

5.1.2 虚电路网络服务

在虚电路方式中,在相互通信的两台主机之间必须先建立一条网络连接,从源节点到目的节点形成一条逻辑通路,称为虚电路。对于所有在该连接上通过的流量,都使用这条路径。当连接释放后,虚电路也随之终止。

图 5-2 给出了虚电路服务的示例,主机 H1 已经建立了与主机 H2 的连接 1,从主机 H1 发出的 5 个分组都将按序沿着这条连接发往主机 H2,如图 5-2(a)所示。

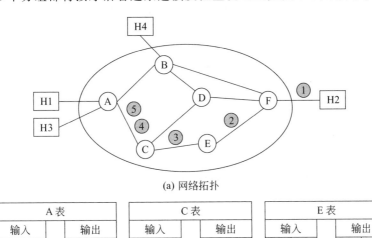

(a) 网络拓扑

A 表				C 表				E 表			
输入		输出		输入		输出		输入		输出	
H1	1	C	1	A	1	E	1	C	1	F	1
H3	1	C	2	A	2	E	2	C	2	F	2

(b) 虚电路表示例

图 5-2　虚电路网络的路由

在面向连接的服务中,每个分组都包含一个标识符,指明其所属虚电路,称为电路号。在每个路由表中,该连接都被记录在第 1 个表项中,且具有输入输出关系。如图 5-2(b)所示,A 的路由表中第 1 行表明:一个分组包含了电路号 1,输入是 H1,输出是路由器 C,且具有电路号 1。之后,如果主机 H3 也希望 H2 建立连接,由于是首次连接,则 H3 选择自己的电路号1。显然，A节点具有了2个相同的电路号。为了便于区分，A给第2个连接的输出流量分配出另一个电路号2，这样就避免了冲突。

5.1.3 数据报网络和虚电路网络的比较

数据报网络和虚电路网络的主要差异如表5-1所示。下面从几方面进行分析。

表 5-1 数据报网络和虚电路网络的比较

比 较 项 目	数据报网络	虚电路网络
电路建立	不需要	需要
延时	分组传输延时	电路建立，分组传输延时
地址	每个分组携带完整的源地址和目的地址	每个分组携带一个很短的虚电路号
状态信息	路由器不保留状态信息	每台路由器需要保存一张虚电路表
路由选择	每个分组单独选择路由	在建立虚电路时选择路由，此后所有分组使用该路由
路由器失效的影响	除了在路由器崩溃时正在传输的分组丢失之外，无其他影响	经过失效路由器的所有虚电路都将中断
服务质量	很难实现	如果能提前为每条虚电路分配足够的资源，则容易实现
拥塞控制	很难实现	如果能提前为每条虚电路分配足够的资源，则容易实现

1. 路由器内存空间和带宽之间的平衡

虚电路机制使分组不需要包含完整的目的地址，而只要包含电路号即可，但它需要建立路由器内部的表空间。

数据报需要目的地址，如果分组都很短，则其完整的目的地址可能需要消耗相当多的开销，从而会浪费带宽。

2. 建立虚电路所需时间和地址解析的时间的平衡

虚电路的连接建立阶段需要时间和资源，但数据分组传输时非常简单，路由器只要使用电路号作为索引，在内部表中找到该分组的目标去向即可。

在一个数据报子网中，路由器需要执行一个相对复杂的查找过程，以便定位到该目标的表项。

3. 路由器内存中所需表空间的数量

在数据报子网中，每一个可能的目的地址都要求有一个表项。

在虚电路子网中，只要为每一个虚电路提供一个表项。然而，建立连接的分组也需要被路由，也使用目的地址。

4. 服务质量

在服务质量保证方面，虚电路具有优势。当建立连接时，虚电路子网可以提前分配资源(如缓冲区空间、带宽和CPU周期)。当分组开始陆续到来后,所需的资源都已经准备好了。而对于数据报子网,则很难避免拥塞现象。

5. 路由器失效的影响

如果发生了路由器崩溃或其内存数据丢失现象,则所有经过该路由器的虚电路都将被中断。但对于数据报来说,只有还留在路由器队列中的分组会丢失,对整体使用效果影响不大。因此,一条通信线路的失效对使用该线路的虚电路来说是致命的,而如果使用数据报,路由器可以在中途改变传输路径,因而这种失效很容易得到解决。

5.2 标准分类的IP地址

在互联网络中,需要为每台主机和路由器等设备分配一个在全世界范围内唯一的标识符,即IP地址。IP地址的编址方法共经过了以下五个阶段(如图5-3所示)。

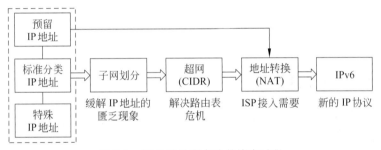

图 5-3　IP 地址处理方法的演变过程

(1)分类的IP地址。这是最基本的编址方法,于1981年按照IPv4协议将IP地址分为三类:标准IP地址、特殊IP地址和预留的专用地址,每一个地址都采用网络号-主机号的结构。

(2)划分子网。1991年改进了标准IP地址,增加了子网号,使IP地址具有网络号-子网号-主机号三级结构。

(3)构成超网。1993年提出了无类域间路由CIDR技术,目的是将现有的IP地址合并为较大的、具有更多主机地址的路由域。

(4)网络地址转换。1996年提出,主要应用于内部网络和虚拟专用网络以及ISP为拨号用户访问Internet提供的服务上。

(5)IPv6。1999年正式分配地址,IPv6协议成为标准草案。

将IP地址划分为A、B、C、D和E共5类,每类都是由网络号和主机号两部分构成,如图5-4所示。

其中,A、B、C三类IP地址都是单播地址,是最常用的。D类地址用于组播,而E类地址保留未用。

IP地址的长度是32位,为了便于阅读和记忆,一般采用点分十进制格式,将32位的二进制代码按每8位分隔,且分别转换为4个十进制数,再由点组合成一个字符串。

图 5-4　标准分类的 IP 地址

比如：

A 类第 1 个 IP 地址：00000001 00000000 00000000 00000000，表示为 1.0.0.0；

C 类第 1 个 IP 地址：11000000 00000000 00000000 00000000，表示为 192.0.0.0；

C 类最后的 IP 地址：11011111 11111111 11111111 11111111，表示为 223.255.255.255。

5.2.1　特殊 IP 地址

在网络号和主机号的二进制数分别取为全 0、全 1 时的地址作为特殊 IP 地址，只在特定的场合下使用，如表 5-2 所示。

表 5-2　特殊 IP 地址

网络号	主机号	源地址	目的地址	含　　义
0	0	可用	不可用	即 0.0.0.0，指在本网络上的本主机
0	host-id	可用	不可用	在本网络上的某台主机 host-id，如 A 类地址 0.2.3.4、B 类地址 0.0.16.84，C 类地址 0.0.0.21
全 1	全 1	不可用	可用	即 255.255.255.255，受限广播。只在本网络上进行广播，各路由器都不转发
net-id	全 1	不可用	可用	直接广播：对网络号 net-id 上的所有主机进行广播，如 A 类地址 110.255.255.255、B 类地址 180.31.255.255、C 类地址 210.31.32.255
127	任意数	可用	可用	回送测试：用于网络软件测试和本地进程间通信，如 127.0.0.1

5.2.2　专用地址

专用地址也称为预留地址，用于专用的内部网络，或者希望采用网络地址转换技术、由 ISP 为拨号用户连接到因特网所用，而不能用于因特网。当一个分组使用专用 IP 地址时，该网络如果有路由器连接到因特网，则路由器不会将该分组转发到因特网上。详细内容及其应用将在第 5.8 节介绍。

5.2.3　标准分类 IP 地址

除了以上两种地址外,其他地址都可以使用,如表 5-3 所示。

表 5-3　IP 地址的使用范围

网络类别	第一个可用的网络号	最后一个可用的网络号	最大可用网络数	每个网络中的最大主机数
A	1	126	$126(2^7-2)$	16 777 214
B	128.1	191.255	$16\ 383(2^{14}-1)$	65 534
C	192.0.1	223.255.255	$2\ 097\ 151(2^{21}-1)$	254

【例 5-1】　判断以下 IP 地址的写法是否正确,将有错误的改正过来,然后指出哪些可以作为主机地址。

(1) 111.56.045.78

(2) 221.34.7.8.20

(3) 75.45.301.14

(4) 11100010.23.14.67

(5) 221.45.71.255

(6) 141.14.0.0

(7) 0.0.0.64

(8) 210.31.32.0

(9) 110.0.0.0

(10) 234.2.3.4

解析:

(1) 错误,应为 111.56.45.78。可以作为主机地址。

(2) 错误,超过了 4 字节。任意取 4 字节组合,如 221.34.7.8。可以作为主机地址。

(3) 错误,301 超过了最大数 255。可以修改为 0~255 的任意数,如 75.45.126.14。可以作为主机地址。

(4) 错误,将比特序列与点分表示混合在一起了,应该将 11100010 改为十进制数,即 226。该地址属于 D 类地址,不可以作为主机地址。

(5) 没有错误。这是一个广播地址,由路由器发出,不能作为主机地址。

(6) 没有错误。这是一个 B 类的网络地址,不能作为主机地址。

(7) 没有错误。这是指本地主机号为 64 的主机,由路由器或主机发出,但不能作为主机地址。

(8) 没有错误。这是一个 C 类的网络地址,不能作为主机地址。

(9) 没有错误。这是一个 A 类的网络地址,不能作为主机地址。

(10) 没有错误。这是一个 D 类地址,不能作为主机地址。

下面给出一个互联网中分类 IP 地址的典型示例,如图 5-5 所示,包含了 6 个网络。

(1) 具有 C 类网络地址 220.3.6.0 的令牌环 LAN。

(2) 具有 B 类网络地址 132.18.0.0 的以太网 LAN。

(3) 具有 A 类网络地址 119.0.0.0 的以太网 LAN。

(4) 点对点的 WAN,该网络只包含了 2 台路由器,没有主机,可以不分配网络地址。

(5) 具有 C 类网络地址 210.31.32.0 的以太网 LAN,通过网桥将 2 个网段互连。

(6) 具有 C 类网络地址 200.78.6.0 的交换 WAN,连接了 4 台路由器,其中 R1 连接到令牌环网络 220.3.6.0,R2 连接到了其他网络,R3 连接到了以太网 210.31.32.0,R4 连接到了以太网 132.18.0.0。

图 5-5 中的小圆点表示需要有一个 IP 地址,对应了所有的主机和路由器。由于网桥工作于数据链路层,用网桥互连的网段仍然是一个局域网,只能有一个网络号,如 210.31.32.0。而路由器工作于网络层,它的每一个接口都有一个不同网络号的 IP 地址。所以,路由器总是具有 2 个或 2 个以上的 IP 地址。在同一个局域网上的节点(主机或路由器),其 IP 地址中的网络号必须是一样的。

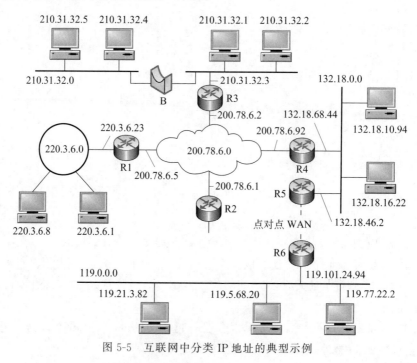

图 5-5 互联网中分类 IP 地址的典型示例

5.3 子网与超网编址方法

分类 IP 编址方法存在着以下三个明显的问题。

(1) IP 地址的有效利用率问题:如 A 类地址的主机号长度为 24 位,即使对于超级机构,一个网络中也不可能有 1600 万个节点。而 C 类地址的主机号长度仅有 8 位,每个网络可用的主机数最多是 254。一旦超过,就需要申请一个 B 类 IP 地址。

(2) 路由器的工作效率问题:分配的 IP 地址越多,则路由表越大,路由器的查询速度越慢。

(3) 两级 IP 地址不够灵活:新增网络时,无法直接利用原有网络中多余的地址空间。

为了解决这个问题,可以采用子网和超网编址方法。子网划分的思想已经融入当前的无分类编址方案中。

5.3.1　IP 子网划分

从 1985 年起,在 IP 地址中增加了一个"子网号字段",使两级 IP 地址变成了三级 IP 地址。子网划分方法是从网络的主机号中借用若干位作为子网号,则主机号的长度就减少了。因此,两级 IP 地址在本单位内部就变成三级 IP 地址,即网络号—子网号—主机号。

1. 子网划分思路

下面给出一个示例说明子网划分的概念,如图 5-6 所示,为某单位拥有一个 B 类地址 141.23.0.0。凡是目的地址为 141.23.x.x 的数据报都被送到该网络上的路由器 R。

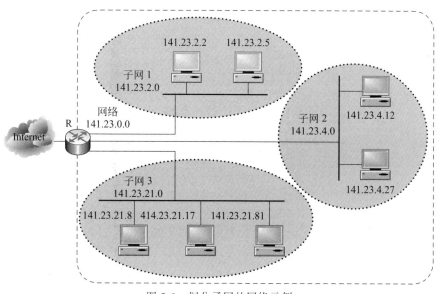

图 5-6　划分子网的网络示例

图 5-6 中划分了 3 个子网,它们的网络地址分别是:141.23.2.0、141.23.4.0、141.23.21.0。网络 141.23.0.0 上的路由器 R 收到数据报后,再根据数据报的目的地址将其转发到相应的子网。

未划分子网时,路由表中普通路由的表项为

(目的网络地址,下一跳地址)

而在划分子网的情况下,转发算法和路由表的信息都发生了变化,路由表中增加了子网掩码项,因此路由表包含了 3 项内容:

（目的网络地址、子网掩码和下一跳地址）

在选择路由时，使用表项中的子网掩码和目的 IP 地址进行与操作，其结果与表项中的目的网络地址相比较。若相等，表明匹配，则把数据报转发到该表项的下一跳地址；否则，执行默认路由等操作。

子网掩码是一个网络或一个子网的重要属性，其功能在于：只要将子网掩码和 IP 地址进行逐位与运算，就能立即得出网络地址。这有助于路由器的路由，方便查找路由表。现在因特网的标准规定：所有的网络都必须有一个子网掩码，同时在路由器的路由表中也必须有子网掩码项。如果一个网络不划分子网，则该网络的子网掩码使用默认子网掩码。A、B、C 类的默认子网掩码如下。

A 类地址的默认子网掩码：255.0.0.0。

B 类地址的默认子网掩码：255.255.0.0。

C 类地址的默认子网掩码：255.255.255.0。

下面给出了子网掩码的示例，如图 5-7 所示，其中，子网号占用了原有主机号的 8 位。子网掩码对应于三级 IP 地址中的网络号和子网号部分全部是比特 1，其余为 0。将 IP 地址和子网掩码进行与运算，得到图 5-7(d) 的子网地址。

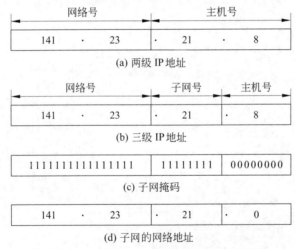

图 5-7   子网掩码和子网的网络地址示例

2. 子网规划设计

根据已成为因特网标准协议的 RFC950 文档（1985 年），子网号不能为全 1 或全 0。不过，随着无分类域间路由选择 CIDR 的广泛使用，现在全 1 和全 0 的子网号也可以使用了。在 1995 年提出的 RFC1978 标准也这样要求。但是，早期的路由器并不支持这两种子网号，所以一定要谨慎使用，要分析路由器所用的路由选择软件功能，看其是否支持全 0 或全 1 的子网号。

【例 5-2】   一家小公司内部有 3 个部门 A、B、C，其中 A 部门有 10 台主机，B 部门有 25 台主机，C 部门有 29 台主机，该公司被分配的主机 IP 地址为 192.168.2.0，公司决定在内部划分子网，为给每个部门划分单独的网段。要求：

(1) 划分子网,并写出子网掩码。

(2) 求解每个部门所在子网的网络地址、主机 IP 地址范围、子网广播地址。

解析:公司网络 IP 地址是 192.168.2.0,是一个 C 类地址,所以主机地址为后 8 位。

现有 3 个部门,所以要将该网络至少分为 3 个子网。同时,C 部门的主机数最多,为 29 台,所以要求每个子网的主机数必须大于 29。

(1) 子网掩码计算。

假设主机地址 8 位中的高 n 位为子网地址,则其低$(8-n)$位为主机地址。

先计算子网数:考虑到子网号为全 1 或全 0 不予使用,有:

$$子网数 = 2^n - 2 \geqslant 3$$

再计算每个子网的主机数:考虑到主机地址不能为全 1 和全 0,则有:

$$主机数 = 2^{8-n} - 2 \geqslant 29$$

由以上两式可得:$n = 3$,即主机地址中的高 3 位为子网地址。

因此,计算子网掩码为

11111111 11111111 11111111 11100000,即 255.255.255.224

(2) 求解所有子网的地址信息,如表 5-4 所示。可见,共有 6 个子网号可供选用,每个子网的主机数为 30 台。

表 5-4 子网规划设计结果

子网号	子 网 地 址	子 网 掩 码	最小主机地址	最大主机地址	子网广播地址
001	192.168.2.32	255.255.255.224	192.168.2.33	192.168.2.62	192.168.2.63
010	192.168.2.64	255.255.255.224	192.168.2.65	192.168.2.94	192.168.2.95
011	192.168.2.96	255.255.255.224	192.168.2.97	192.168.2.126	192.168.2.127
100	192.168.2.128	255.255.255.224	192.168.2.129	192.168.2.158	192.168.2.159
101	192.168.2.160	255.255.255.224	192.168.2.161	192.168.2.190	192.168.2.191
110	192.168.2.192	255.255.255.224	192.168.2.193	192.168.2.222	192.168.2.223

下面,从 6 个子网中任意分配 3 个给 3 个部门,如果是前 3 个子网,则有:

A 部门:子网地址是 192.168.2.32,主机地址范围是 192.168.2.33~192.168.2.62,广播地址是 192.168.2.63,则 A 部门的 10 台主机地址可以是 192.168.2.33~192.168.2.42;

B 部门:子网地址是 192.168.2.64,主机地址范围是 192.168.2.65~192.168.2.94,广播地址是 192.168.2.95,则 B 部门的 25 台主机地址可以是 192.168.2.65~192.168.2.89;

C 部门:子网地址是 192.168.2.96,主机地址范围是 192.168.2.97~192.168.2.126,广播地址是 192.168.2.127,则 C 部门的 29 台主机地址可以是 192.168.2.97~192.168.2.125。

5.3.2 CIDR

无分类编址方法,即无分类域间路由(Classless Inter-Domain Routing,CIDR)选择于

1993 年提出,已经成为因特网的建议标准。CIDR 的研究思路是将剩余的 IP 地址不按标准的地址分类规则分配,而是以可变大小地址块的方法进行分配。

1. CIDR 的表示

与传统分类 IP 编址方法和子网划分不同,CIDR 的编址及其特点主要如下。

(1) CIDR 的结构。CIDR 将 32 位的 IP 地址划分为前缀和后缀两部分,分别表示网络和主机部分,两者的长度是灵活可变的。

(2) CIDR 的表示方法。采用斜线标记法,即在 IP 地址后面加上斜线,再写上前缀所占的位数。例如,IP 地址 210.31.40.78/20,表示前缀占 20 位,主机号占 12 位,其构成如图 5-8 所示。

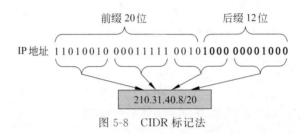

图 5-8   CIDR 标记法

(3) CIDR 地址块。CIDR 将前缀都相同的连续 IP 地址组成一个地址块,由块起始地址与块地址数表示,块起始地址是这个块的最小地址,地址数指的是可分配的主机数。例如,IP 地址 210.31.40.8/20 的地址块表示为

最小地址: 210.31.32.0   11010010 00011111 00100000 00000000
最大地址: 210.31.47.255   11010010 00011111 00101111 11111111
地址数: $2^{12}=4096$
可用地址: 210.31.32.1～210.31.47.254

注意,以上最小地址是网络地址,最大地址是广播地址,这两个地址一般不使用。通常只使用它们之间的地址作为可用地址。在不需要指出最小地址时,也可将该地址块简称为"/20 地址块"。

(4) CIDR 的地址掩码。其作用也是为了导出网络地址,其中 1 的个数就是 IP 地址前缀的位数。例如,/20 地址块的地址掩码是 11111111 11111111 11110000 00000000,一般记为 255.255.240.0,其使用方法如图 5-9 所示。

由于目前仍有一些网络还使用子网划分方法,因此,CIDR 使用的地址掩码有时也称为子网掩码。

2. CIDR 的应用

在使用 CIDR 地址时,ISP 可根据每个客户的具体情况进行比较合理的分配。下面结合一个示例说明 CIDR 的应用方法。

【例 5-3】   某大学已拥有地址块 210.31.32.0/20,需要为信息学院分配 950 个地址。信息学院有 4 个系:计算机系、通信工程系、自动化系和电气工程系,分别需要分配 400、240、120、100 个 IP 地址。请给出合理的分配方案,并用图表进行说明。

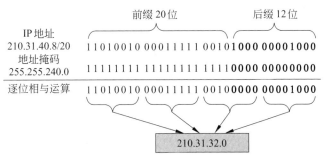

图 5-9 利用地址掩码求网络地址

解析：用 CIDR 分配的地址块中的 IP 地址数一定是 2 的整数次幂，因此，要为信息学院分配 950 个 IP 地址，就需要占用 2^{10} 个地址数。同理，可以继续分配 4 个系的地址块。具体情况如表 5-5 所示，其中，大学能够为学院分配 4 种地址方案（00、01、10、11），表中为信息学院选择了 01 方案，则另外 3 种方案可以给其他学院选择。进一步，信息学院可以为各系第 23 位分配 2 种方案（1 和 0），表中为计算机系选择了 0，则其他系只能选择 1。于是，通信工程系的第 23 和 24 位取值可以有 10 和 11 方案，表中选择了 10 方案。以此类推，可见，表中的网络地址分配还有多种其他方案。

表 5-5 CIDR 地址块划分

单 位	地 址 块	二进制表示	地 址 数
大学	210.31.32.0/20	11010010.00011111.0010 *	$2^{12}=4096$
信息学院	210.31.36.0/22	11010010.00011111.001001 *	$2^{10}=1024$
计算机系	210.31.36.0/23	11010010.00011111.0010010 *	$2^9=512$
通信工程系	210.31.38.0/24	11010010.00011111.00100110.*	$2^8=256$
自动化系	210.31.39.0/25	11010010.00011111.00100111.0 *	$2^7=128$
电气工程系	210.31.39.128/25	11010010.00011111.00100111.1 *	$2^7=128$

因此，可以得到大学为信息学院分配 CIDR 地址块后的连接方式，如图 5-10 所示。路由器 R1、R2 分别对应大学和信息学院，路由器 R3、R4、R5、R6 分配对应于计算机系、通信工程系、自动化系和电气工程系。图 5-10 中，还举例分配了 4 个单位的若干主机地址，如计算机系的 IP 地址 210.31.36.8/23 和 210.31.36.10/23。

由于一个 CIDR 地址块中包含了很多地址，所以在路由表中就利用 CIDR 地址块查找目的网络，这种地址的聚合称为路由聚合，路由表的一个项目可以表示为传统分类地址的很多个路由。路由聚合有利于减少路由器之间的路由选择信息的交换。

图 5-10 也表示了地址聚合的思想：大学分得的地址块 210.31.32.0/20 包含 16 个 C 类网络。如果不采用 CIDR 技术，则在与该大学的路由器 R1 交换路由信息的每台路由器的路由表中，就需要有 16 个表项。但采用地址聚合后，只需要一个表项 210.31.32.0/20。只要 IP 数据报中的目的 IP 地址属于任何一个系，该 IP 地址的前 20 位一定是 11010010

00011111 0010,这就和 210.31.32.0/20 匹配。

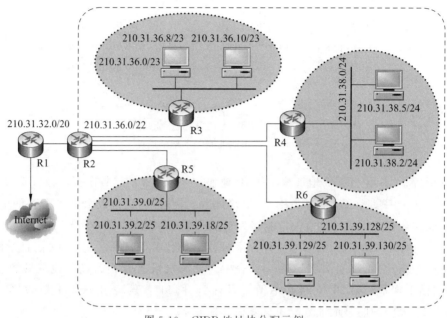

图 5-10　CIDR 地址块分配示例

5.4　IP 和 ICMP 协议

　　IP 协议是 TCP/IP 体系中两个最重要的协议之一（另一个是 TCP），也是最重要的因特网标准协议之一。与 IP 协议配套使用的还有 4 个协议，如图 5-11 所示。

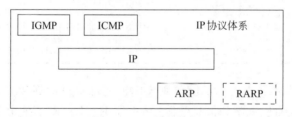

图 5-11　IP 层的协议

　　其中，ARP 和 RARP 将在 5.5 节介绍，且 RARP 已不再使用，现在的 DHCP 协议（见第 7 章）已经包含了 RARP 协议的功能。IP 协议经常要使用 ARP 协议，而网际控制报文协议 ICMP 和网际组管理协议 IGMP 要使用 IP 协议，所以图 5-11 中描述了这些协议的上下关系。ICMP 和 IGMP 在使用中，都将作为 IP 协议的数据部分以 IP 数据报的方式才能工作。

　　IP 协议提供的是无连接的数据报传送服务，是一种"尽力而为"的服务，它不提供差错校验和跟踪，其错误处理方法是直接丢弃数据报，然后根据 ICMP 发送消息报文给源主机。可靠保证机制需要通过传输层的 TCP 协议实现。

5.4.1 IP协议

IP数据报的结构如图5-12所示,它包括首部和数据两部分,首部包括20B长的固定部分和可变的选项部分。

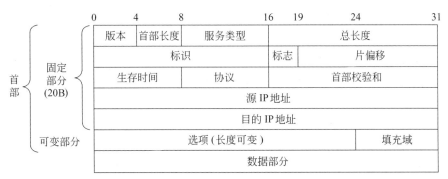

图5-12　IPv4数据报的结构

下面介绍各字段的含义。

(1) 版本。占4位,指IP协议的版本,目前的版本号为4,即IPv4,以后将使用IPv6。

(2) 首部长度和填充域。首部长度占4位,其单位是32位字,即4B。其最大值为15个4B,即60B。因此,首部长度的范围是20～60B。同时,协议规定首部长度必须是4B的整数倍,如果不是,则由填充域填0补齐。

(3) 总长度。指以B为单位的数据报的总长度,包含了首部长度。由于占16位,则其最大值为$2^{16}-1=65\ 535$B。

(4) 服务类型。占8位,用以获得更好的服务。一般情况下不使用该字段。

(5) 标识、标志和片偏移。这三个字段为数据报分片使用,其含义如下。

- 标识占16位,每批数据分配一个标识值,最多可以分配65 535个。同一个数据报的不同分片将使用相同标识,目的节点根据该标识重装数据报。

- 标志占3位,分配是0、DF和MF。DF的意思是"不能分片",只有当DF=0时才允许分片;MF=1表示后面"还有分片"的数据报,MF=0表示这是数据报片的最后一个。

- 片偏移占13位,以8个B为偏移单位,表示数据报分片后,某片在原分组中的相对位置。可见,每个分片的长度必定是8B的整数倍。

(6) 生存时间(TTL)。占8位,表示数据报在网络中的寿命,实际是跳数限制,防止IP数据报在因特网中"兜圈子"。TTL的单位是跳数,指明数据报在因特网中最多可经过多少台路由器,最大值是255。

(7) 协议。占8位,指出数据报携带的数据所使用的协议。常用的一些协议和相应的协议字段值如表5-6所示。

(8) 首部校验和。占16位,只检验数据报的首部,不检验数据部分,可减少计算的工作量。为了进一步减少计算工作量,IP首部的校验和不采用复杂的CRC检验码而采用

表 5-6   常用的网际协议

协议字段值	1	2	3	4	6	8	17	88	89
协议名	ICMP	IGMP	GGP	IP	TCP	EGP	UDP	IGRP	OSPF

较简单的计算方法。若检测出差错，则数据报立即被丢弃。数据报从源站发出后，沿途路由器及目的节点都要检查首部校验和。

（9）源 IP 地址和目的 IP 地址。各占 32 位。数据报经过路由器转发时，这两个字段的值始终保持不变。路由器总是提取目的 IP 地址与路由表中的表项进行匹配，以决定把数据报转发到何处。

（10）选项部分。该字段用于排错、测量和安全等措施，长度为 1～40B 不等。IP 选项不常用，因此 IPv4 数据报首部长度一般都是 20B。IPv6 的首部长度是固定的。

采用 Wireshark 网络协议分析工具，捕获 FTP 网络服务的数据包，分析其中的 IP 层数据，图 5-13 是一个数据包的示例，可以观察到 IP 首部的全部信息，如标志字段值为 0x02，表示不能分片；协议字段值为 0x06，属于 TCP 协议。

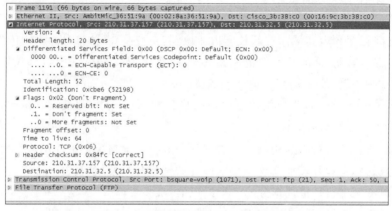

图 5-13   网络协议捕获 IP 数据包的示例

综合以上字段含义，下面重点说明数据报分片的处理过程。

在 IP 层下面的每一种数据链路层都有其自己的帧格式，其中包括帧格式中数据字段的最大长度，称为最大传送单元（Maximum Transfer Unit，MTU）。每一个 IP 数据报的总长度一定不能超过下面的数据链路层的 MTU 值。

由于以太网的广泛使用，实际的数据报长度一般不超过 1500B。不过，为了不降低传输效率，规定所有的主机和路由器必须能够处理的 IP 数据报长度不可小于 576B。

当数据报长度超过规定的 MTU 时，就必须对数据报进行分片处理，才能在网络上传送。数据报分片的原理如图 5-14 所示。每个数据报片都封装在单个物理帧中发送，并且作为独立的数据报进行传输。而且，数据报片在到达目的节点之前，有可能被再次分片。TCP/IP 规定，所有的数据报片都在目的节点上进行重装。

【例 5-4】   某数据报的数据部分为 3800B（使用固定首部），需要分片为长度不超过

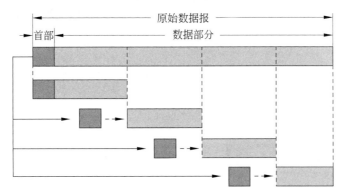

图 5-14 IP 数据报的分片原理

1420B 的数据报片。

（1）问如何分片？计算 IP 数据报首部中与分片有关的字段中的数值。

（2）假定数据报片 2 经过某网络时，其最大传送单元 MTU 只有 900B。问该数据报片 2 应该如何分片？

解析：

（1）已知最大传送单元 MTU＝1420。因固定首部长度为 20B，因此每个数据报片的数据部分长度不能超过 1400B。因此，原始数据报需要分为 3 片，具体分片结果如表 5-7 所示，表中假设标识为 721。

表 5-7 数据报分片结果

数 据 报	数据长度	总长度	标识	MF	DF	片偏移
原始数据报	3800	3820	721	0	0	0
数据报片 1	1400	1420	721	1	0	0
数据报片 2	1400	1420	721	1	0	175
数据报片 3	1000	1020	721	0	0	350

（2）MTU＝900，数据报片 2 还要再进行分片。按规定，每个分片的数据长度一定是 8B 的整数倍，则可以划分为数据报片 2-1（携带数据 800B）和数据报片 2-2（携带数据 600B）总长度分别是 820 和 620。

5.4.2 ICMP 协议

为了更有效地转发 IP 数据报，需要采用网际控制报文协议（Internet Control Message Protocol，ICMP）。ICMP 报文作为 IP 层数据报的数据，加上数据报的首部后，组成 IP 数据报发送出去。ICMP 允许主机或路由器报告差错情况和提供有关异常情况的报告，其报文类型有两类：差错报告报文和查询报文，具体分类如图 5-15 所示。

1. ICMP 差错报告报文

ICMP 差错报告报文共有 5 种，具体内容如下。

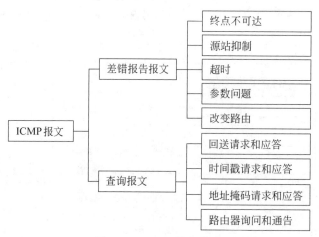

图 5-15　ICMP 报文类型

（1）终点不可达。当路由器或主机不能交付数据报时，就丢弃该数据报，然后向源点发送终点不可达报文。由于与网络、主机、协议和端口等相关，这种报文可以分为以下类型。

- 网络不可达，指找不到目的网络。
- 主机不可达，如果找到了目的网络，也知道该主机存在，但主机不工作或没有连接在网络上，则数据报无法送到目的主机。
- 协议不可达，如果找到了目的网络和目的主机，但 IP 数据报携带的数据协议格式与目的节点使用的不同，表明源站和目的站的协议不相同。
- 端口不可达，指虽然目的网络、目的主机和协议类型都正确，但是端口号不对。
- 源路由失败，由源主机路由选择选项中指定的一台或多台路由器无法通过时，路由器发出该报文。

一般协议不可达和端口不可达报文由主机发出，其他报文由路由器发出。

（2）源站抑制。当路由器或主机由于拥塞而丢弃数据报时，就向源站发送该报文，使源站知道应该降低发送速率。

（3）超时。当路由器收到生存时间 TTL 为零的数据报时，除丢弃该数据报外，还要向源站发送超时报文。或者当终点在预先规定的时间内不能收到一个数据报的全部数据报片时，就把已收到的数据报片全部丢弃，并向源站发送超时报文。

（4）参数问题。当路由器或目的主机收到的数据报的首部中，有的字段的值不正确时，就丢弃该数据报，并向源站发送参数问题报文。

（5）改变路由。路由器将改变路由报文发送给主机，让主机知道下次应将数据报发送给另外的路由器。

2. ICMP 查询报文

常用的 ICMP 查询报文有以下两种。

（1）回送请求和应答，回送请求报文由主机或路由器向一个特定的目的主机发出，收到此报文的主机必须给源站发送 ICMP 应答报文。这种报文用来测试目的站是否可达等信息。

（2）时间戳请求和应答，指请求某主机或路由器回答当前的日期和时间，可用来进行时钟同步和测量时间。

ICMP 的一个重要应用就是分组网间探测（Packet Internet Groper，PING），用来测试两台主机之间的连通性。PING 是应用层直接使用网络层协议 ICMP 的例子，它使用了 ICMP 回送请求和应答报文。

ping 命令的应用示例如图 5-16 所示，这是某主机测试到百度搜索平台 www.baidu.com 的连通情况。ping 命令自动发送 4 个 ICMP 请求后，该平台回送了 4 个应答报文。图 5-16 中显示，往返时间是 52ms 左右，丢报率为 0，说明主机到百度网是完全连通的。

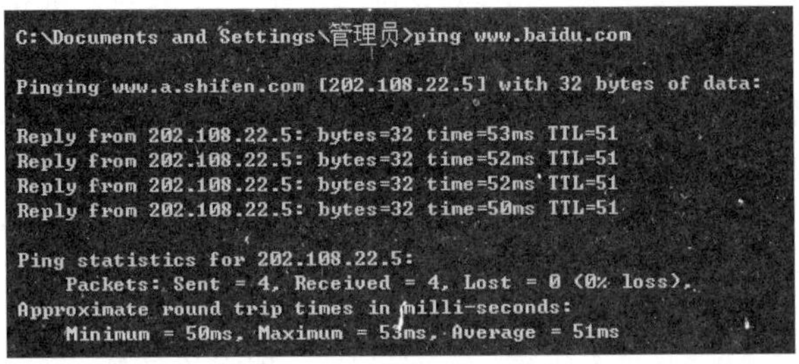

```
C:\Documents and Settings\管理员>ping www.baidu.com

Pinging www.a.shifen.com [202.108.22.5] with 32 bytes of data:

Reply from 202.108.22.5: bytes=32 time=53ms TTL=51
Reply from 202.108.22.5: bytes=32 time=52ms TTL=51
Reply from 202.108.22.5: bytes=32 time=52ms TTL=51
Reply from 202.108.22.5: bytes=32 time=50ms TTL=51

Ping statistics for 202.108.22.5:
    Packets: Sent = 4, Received = 4, Lost = 0 (0% loss),
Approximate round trip times in milli-seconds:
    Minimum = 50ms, Maximum = 53ms, Average = 51ms
```

图 5-16　ping 命令的应用示例

5.5　ARP 协 议

要把网络层中传送的数据报交给目的主机，先要传到数据链路层打包成 MAC 帧，然后才能发送到实际的网络上。可见，IP 地址并不能直接用来通信，而必须使用硬件地址。在局域网中，由于硬件地址已固化在网卡的 ROM 中，所以也将硬件地址称为物理地址。同时，局域网 MAC 帧中的源地址和目的地址都是硬件地址，所以硬件地址又称为 MAC 地址。

5.5.1　IP 地址与 MAC 地址的映射方法

由于 IP 地址放在 IP 数据报的首部，而硬件地址放在 MAC 帧的首部，在数据链路层的 MAC 帧数据是整个 IP 数据报，因此，在数据链路层看不见数据报的 IP 地址。这就引出一个问题：为了发送网络数据，如何将网络层的 IP 地址映射成数据链路层的硬件地址？具体而言，已知待发送数据的目的 IP 地址，为了能够在数据链路层传输，则在该层 MAC 帧的首部需要填入什么硬件地址？

有静态映射和动态映射两种方法：静态映射方法，指预先将本网段内所有主机和路由器的地址信息构成一张"IP 地址-MAC 地址对照表"，这样，一旦需要知道目的主机的 MAC 地址，只需要根据已知的 IP 地址就可以获取对应的 MAC 地址。这种方法对于一个小型的网络系统是比较容易实现的，但在大型网络中几乎不可能完成，其局限性表现在如下方面。

（1）新增一个主机或路由器到网络时，其他节点的对照表中还没有该主机或路由器的信息。

（2）如果某主机更换网卡，则其 IP 地址不变而 MAC 地址有变；或者，某主机更换了网络地址，则其 MAC 地址不变而 IP 地址有变。

（3）不同网络的网络地址结构、长度与设置方法都可能不同，使 IP 地址与 MAC 地址之间在静态配置时不一定有确定的对照关系，只能在运行中形成。

可见，要在每个节点中建立并维护这种对照表是非常困难的，必须设计一种动态的方法来解决 IP 地址与 MAC 地址的映射问题。这种映射称为地址解析，相应的协议是地址解析协议（Address Resolution Protocol，ARP）。

在实际应用中，一般将静态映射和动态映射方法结合起来，可以提高 ARP 的工作效率。实现的关键是在本地主机建立一个 ARP 高速缓存（ARP cache），里面包含所在局域网上的部分主机和路由器的 IP 地址到物理地址的映射表，这些都是该主机目前知道的一些地址。随着时间的推移，该表的信息将动态地更新。

5.5.2 ARP 的工作原理

图 5-17 给出了 ARP 的工作原理，包含了请求和应答两个重要阶段，描述了主机 A 获取主机 B 的 MAC 地址的基本过程。

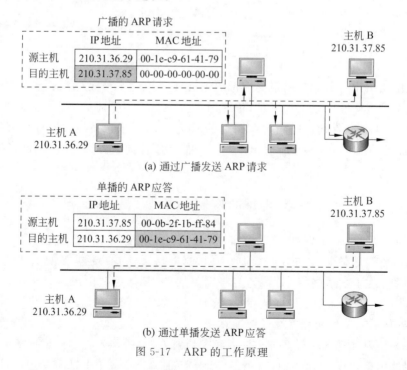

图 5-17 ARP 的工作原理

那么，ARP 高速缓存中的物理地址是如何获取的？当主机 A 向主机 B 发送 IP 数据报时，先在其 ARP 高速缓存中查看有无主机 B 的 IP 地址。如有，就可查出其对应的物理地址，再将此物理地址写入 MAC 帧，然后通过局域网把该 MAC 帧发往此硬件地址；

如果查不到(此时主机 B 可能才入网,或主机 A 刚刚加电),主机 A 就自动运行 ARP,接以下步骤查找。

(1)ARP 进程在本局域网上广播发送一个 ARP 请求分组,如图 5-6(a)所示,请求内容表明,主机 A 的 IP 地址为 210.31.36.29,物理地址为 00-1e-c9-61-41-79,需要查找 IP 地址为 210.31.37.85 的主机的物理地址。在请求分组的目的 MAC 地址字段,填入了全 0。

(2)将 ARP 分组发送到本地的数据链路层。组帧后,以源 MAC 地址为源地址、以广播地址为目的地址发送出去。

(3)由于采用了广播地址,因此本局域网上的所有节点都能收到该帧。经过拆包分析后,也就能够接收到 ARP 请求分组。显然,只有主机 B 识别发来的 IP 地址,其他主机将丢弃该分组。

(4)主机 B 向主机 A 发送 ARP 响应分组,并写入自己的物理地址 00-0b-2f-1d-ff-84。如图 5-6(b)所示,这是单播方式。

(5)主机 A 收到主机 B 的响应后,就在其 ARP 高速缓存中写入主机 B 的 IP 地址到硬件地址的映射。

为了减少网络上的通信量,当主机 B 收到主机 A 的 ARP 请求分组时,也会将主机 A 的地址映射信息写入自己的 ARP 高速缓存中,这样,今后主机 B 向主机 A 发送数据报时,就只需要查表,而不必广播 ARP 请求。

由于主机更换网卡、网络移动使用等原因,ARP 表的信息需要动态更新。因此,对 ARP 表的每个映射项都设置生存时间,凡是超过生存时间的表项就从高速缓存中删除,以保证 ARP 表的有效性。

【例 5-5】 在 Windows 系统中,请查找本地主机 ARP 表的地址映射信息。

解析:进入到命令行环境,执行以下命令:ARP-A,就可以获得当前主机上 ARP 表中的地址映射信息。在某时刻查找的本地主机的 ARP 表信息如图 5-18 所示。

```
Internet Address      Physical Address      Type
210.31.36.1           00-16-9c-3b-38-c0     dynamic
210.31.36.29          00-1e-c9-61-41-79     dynamic
210.31.36.177         00-05-5d-e2-df-ff     dynamic
210.31.37.30          00-e0-4c-3f-0f-6e     dynamic
210.31.37.85          00-0b-2f-1d-ff-84     dynamic
210.31.37.167         00-e0-4c-4a-17-44     dynamic
210.31.37.237         00-23-5a-bc-8b-44     dynamic
```

图 5-18 本地主机 ARP 表的地址映射信息

与 ARP 相对应,在进行地址转换时,有时还要用到逆地址解析协议 RARP,用于完成主机 MAC 地址到 IP 地址的映射。这种主机往往是无盘工作站,在启动时只有 MAC 地址信息,通过运行 ROM 中的 RARP 获得其 IP 地址。

5.6 路由选择协议和路由器

路由选择是网络层的主要功能,用来选择通过通信子网的合理传输路径,它是许多路由器共同协作的过程。这些路由器按照已知的分布式路由选择算法,构造出路由表,再从路由表导出转发表。因此,路由是指分组从源节点达到目的节点的传输路径,可能跨越了多台路由器。而转发是单台路由器的动作，转发过程是在分组达到的单台路由器中查找转发表。

路由表和转发表没有本质的区别，但其数据结构有些不同。路由表的结构便于路由表的更新，一般包括掩码、目的网络地址、下一跳地址、标志、参考计数、使用情况以及接口等。而转发表比较简单，一般包括目的网络地址、下一跳地址或接口，目的是使查找过程更加方便。但在讨论路由选择原理时，经常不区分转发表和路由表。

路由选择算法可以分为静态和动态两类：静态路由选择算法简单、开销较小，不能及时适应网络状态的变化。动态路由选择算法也称为自适应路由选择算法，能较好地适应网络状态的变化，但实现较复杂，开销较大。

路由表也分为静态和动态两类：静态路由表由人工方式建立，其更新也必须由管理员手工修改，一般只用于小型的局域网系统或试验网络中。而大型互联网采用动态路由表，通过运行动态路由协议而生成。当结构发生变化时，会自动更新所有路由器中的路由表。

因特网采用了自适应的分布式路由选择协议。同时，由于因特网的规模巨大，已经由几百万台路由器互连。如果让所有的路由器都需要知道所有的网络信息，则路由表将非常大，处理时间长，甚至导致网络瘫痪。另外，许多单位自成体系，也不希望他人了解其路由细节。因此，因特网采用了分层次的路由选择协议，将整个互联网划分为许多较小的自治系统（Autonomous System，AS），如图 5-19 所示。

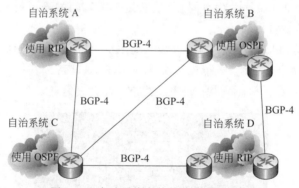

图 5-19   自治系统内外的路由选择协议

图 5-19 中，每个自治系统都有一台或多台路由器，除运行本系统的内部路由选择协议外，还要运行外部路由选择协议。

由此，路由选择协议分为两类。

（1）内部路由选择协议或内部网关协议，在自治系统内使用。如 RIP 和 OSPF 协议。

（2）外部路由选择协议或外部网关协议，在自治系统之间使用，如 BGP-4 协议。

下面先阐述 IP 分组转发的方法和基本应用。

5.6.1　IP 分组转发

分组转发可以分为直接交付和间接交付两类。当分组的源主机和目的主机是在同一个网络时,或者交付是在最后一台路由器与目的主机之间时,分组将直接交付。

如果目的主机和源主机不在同一个网络上,分组就要进行间接交付。路由器从路由表中找出下一台路由器的 IP 地址,然后把 IP 分组传送给下一台路由器。

直接交付和间接交付的工作原理如图 5-20 所示,直接交付用实线表示,如源主机 1 到目的主机 1、路由器 R1 到目的主机 1 和路由器 R2 到目的主机 2;间接交付用虚线表示,如源主机 2 到目的主机 2 要经过路由器 R2,源主机 2 到目的主机 2 之间属于间接交付。

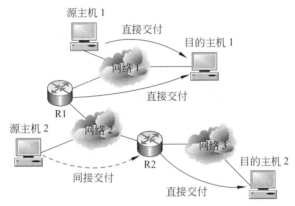

图 5-20　直接交付和间接交付的工作原理

1. 几种路由技术

每个网络都可能有成千上万台主机,若按目的主机建立路由信息,由于每一行对应于一台主机,则所得路由表会过于庞大。因此,需要采用一些技术减少路由信息,使路由表处于可控状态。有以下四种路由技术。

(1) 下一跳路由。该技术使路由表只保留下一跳的地址,而不需要完整的路由信息。

(2) 特定网络路由。特定网络路由技术可以减少路由表信息并简化查询过程,例如,虽然某网络拥有 1000 台主机,但路由表中只需要记录 1 条该网络地址的信息。

(3) 特定主机路由。采用特定主机路由可使网络管理人员更方便地控制网络和测试网络,也可在需要考虑某种安全问题时采用这种技术。在对网络的连接或路由表进行排错时,指明到某一台主机的特殊路由就十分有用。

(4) 默认路由。默认路由可以减少路由表信息和查询时间,这在一个网络只有很少的对外连接时很有用。

当路由器接收到一个 IP 分组时,路由查询的顺序依次是直接交付、特定主机交付、特定网络交付和默认交付。分组转发的基本步骤如下。

(1) 从 IP 数据报的首部提取目的主机的 IP 地址 D,得出目的网络地址 N。

(2) 若 N 是路由表项中的某个网络地址,则进行直接交付;否则,就是间接交付,转步骤(3)。

(3) 若路由表项中有目的地址为 D 的特定主机,则进行特定主机交付,将数据报传送给路由表项所对应的下一跳路由器;否则,转步骤(4)。

（4）若路由表项中有到达网络 N 的路由，则执行特定网络交付，将数据报传送给路由表项所对应的下一跳路由器；否则，转步骤（5）。

（5）若路由表中有一个默认路由，则执行默认交付；否则，转步骤（6）。

（6）报告转发出错。

2. 路由表应用示例

下面通过一个示例说明路由表的建立和分组转发过程。

【例 5-6】 已知路由拓扑结构，如图 5-21 所示。要求如下。

（1）针对路由器 R1 的路由表，请写出掩码、目的地址、下一跳和接口信息。

（2）假设路由器 R1 收到了 500 个分组，将发往目的主机 163.8.32.63。请求出 R1 转发这种分组的接口和下一跳地址。

（3）假设路由器 R1 收到了 1000 个分组，将发往目的主机 210.31.40.250。请求出 R1 转发这种分组的接口和下一跳地址。

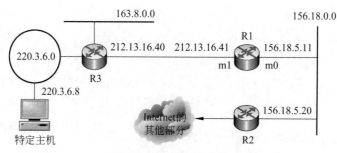

图 5-21　路由拓扑结构

解析：图 5-21 中有 3 个特定的目的网络：2 个 B 类和 1 个 C 类，且没有划分子网。所以，采用默认子网掩码。同时，有 1 个访问因特网的其他部分，属于默认路由。另外，还有 1 个主机地址 220.3.6.8，属于特定主机。因此，本路由表中应该有 5 个表项。

（1）路由表，如表 5-8 所示。

表 5-8　路由表

掩　　码	目 的 地 址	下 　一　 跳	接　　口
255.255.0.0	156.18.0.0	—	m0
255.255.255.255	220.3.6.8	212.13.16.40	m1
255.255.0.0	163.8.0.0	212.13.16.40	m1
255.255.255.0	220.3.6.0	212.13.16.40	m1
0.0.0.0	0.0.0.0	156.18.5.20	m0

（2）按照分组转发过程，将逐行分析目的 IP 地址 163.8.32.63 所在的网络地址，直到匹配为止。

• 直接交付

由 163.8.32.63 & 255.255.0.0，得到地址 163.8.0.0，与目的地址 156.18.0.0 不匹配。

- 特定主机

由 163.8.32.63 & 255.255.255.255,得到地址 163.8.32.63,与目的地址 220.3.6.8 不匹配。

- 特定网络

由 163.8.32.63 & 255.255.0.0,得到地址 163.8.0.0,与目的地址 163.8.0.0 匹配。因此,求得其下一跳地址为 212.13.16.40,R1 的接口为 m1。

(3) 按照分组转发过程,将逐行分析目的 IP 地址 210.31.40.250 所在的网络地址,直到匹配为止。

- 直接交付

由 210.31.40.250 & 255.255.0.0,得到地址 210.31.0.0,与目的地址 156.18.0.0 不匹配。

- 特定主机

由 210.31.40.250 & 255.255.255.255,得到地址 210.31.40.250,与目的地址 220.3.6.8 不匹配。

- 特定网络

由 210.31.40.250 & 255.255.0.0,得到地址 210.31.0.0,与目的地址 163.8.0.0 不匹配。

由 210.31.40.250 & 255.255.255.0,得到地址 210.31.40.0,与目的地址 220.3.6.0 不匹配。

- 默认路由

由 210.31.40.250 & 0.0.0.0,得到地址 0.0.0.0,与目的地址 0.0.0.0 匹配。因此,求得其下一跳的地址为 156.18.5.20,R1 的接口为 m0。

5.6.2 内部网关协议(RIP)

路由信息协议(Routing Information Protocol,RIP)是内部网关协议中最先得到广泛使用的协议,它使用距离向量算法(Distance Vector Algorithms)更新路由表。

1. RIP 协议概述

RIP 协议使用传输层的 UDP 协议进行传送(端口号是 520),如图 5-22 所示。因此,RIP 的位置应该在应用层,但转发 IP 数据报的过程是在网络层完成的。

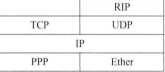

图 5-22 路由器协议结构

需要注意,路由器转发在主机之间传送的数据报时,它的协议只有三层。但路由器之间在交换路由信息时(如 RIP),两台路由器又相当于两台主机在通信,此时的路由器可以有传输层和应用层。因此,不能笼统地认为路由器一定没有传输层和应用层。

RIP 共有三个版本:RIPv1、RIPv2 和 RIPng。前两者用于 IPv4 网络,RIPng 用于 IPv6 网络,现今的 IPv4 网络中使用的大多是 RIPv2。RIP2 还提供了对子网的支持和提供认证报文形式。另外,当报文中的路由项地址域值为 0xFFFF 时,默认该路由项的剩余部分为认证。RIP2 对拨号网的支持则是参考需求 RIP 和触发 RIP 的形式经修改而加入的新功能。这时,只是要求在拨号网拨通之后对路由进行 30s/次的广播。

RIP 协议的特点如下。

（1）RIP 路由器仅和本自治系统内的相邻路由器交换信息。

（2）RIP 支持两种信息交换方式：一种是定期的路由更新，另一种是触发的路由更新。

（3）路由器交换的信息是到目前为止路由器所知道的全部信息，即自己现在的路由表。

RIP 规定距离 16 表示无路由或不可达，还规定路由超时时间为 180s。

RIP 协议让互联网中的所有路由器都和自己的相邻路由器不断交换路由信息，并不断更新其路由表，使从每一台路由器到每一个目的网络的路由都是最短的（即跳数最少）。

RIP 协议的最大优点是实现简单，开销较小。但 RIP 协议的缺点也较多，主要如下。

（1）RIP 限制了网络的规模，它能使用的最大距离为 15。

（2）路由器之间交换的路由信息是路由器中的完整路由表，因而随着网络规模的扩大，开销将增加。

（3）当路由迅速发生变化（如链路出现故障）时，算法可能无法稳定，将出现路由表的不一致问题和慢收敛问题。

（4）RIP 不支持负载均衡，不能在两个网络之间同时使用多条路由。RIP 即使选择一条具有最少路由器的路由（即最短路由），也不会选择另一条高速但路由器更多的路由。

2. RIP 协议的报文格式

图 5-23 是 RIP2 的报文格式，包括一个固定的首部和一个可选的路由表。

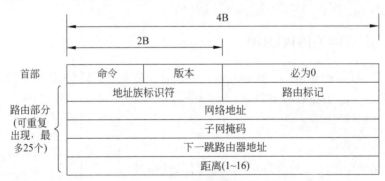

图 5-23　RIP2 协议的报文格式

其中：

（1）RIP 数据报一共有五类，由命令域确定数据报的类型，主要取值有两个：1（路径信息请求）、2（路径信息响应）。

（2）地址族标识符：指示路由项中的地址种类，这里应为 2。

（3）路由标记：表示路由是保留还是重播的属性。它提供一种从外部路由中分离内部路由的方法，用于传播从外部路由器协议（EGP）获得的路由信息。

（4）子网掩码，应用于 IP 地址产生非主机部分地址，为 0 时表示不包括子网掩码部分，使 RIP 能够适应更多的环境。

认证是每一个报文的功能,因为在报文头中只提供 2B 的地址族空间,而任一合理的认证表均要求多于 2B 的空间,故 RIP2 认证表使用一个完整的 RIP 路由项。如果在报文中最初路由项的"地址族标识符"域的值是 0xFFFF,则路由项的剩余部分就是认证。包含认证 RIP 报文路由项采用如下格式,如图 5-24 所示。

命令	版本	必为0	
0xFFFF		认证类型	
认证(16B)			

图 5-24　RIP2 的认证报文格式

3. 距离向量算法描述

距离向量算法又称为 Bellman-Ford 算法,要求每台路由器在路由表中列出到所有已知目的网络的最佳路由,并且定期把自己的路由表副本发送给与其直接相连的其他路由器。为了确定最佳路由,使用距离度量路由优劣。RIP 协议使用跳数作为距离,因此,RIP 的最佳路由就是能够以最少跳数达到某目的网络的路由。

RIP 对距离的定义是:从一个路由起达到下一跳路由器的距离为 1,而主机直接连接到路由器的距离为 0。RIP 允许一条路径最多只能包含 15 台路由器(距离为 16 表示不可达)。因此,RIP 只适用于小型的互联网。

在收到相邻路由器(其地址为 X)的一个 RIP 报文时,该算法的步骤如下。

(1) 先修改此 RIP 报文中的所有项目:将"下一跳"字段中的地址都改为 X,并将所有的"距离"字段的值加 1。

(2) 对修改后的 RIP 报文中的每一个项目,重复以下步骤。

若项目中的目的网络不在路由表中,则将该项目加到路由表中。

否则,若下一跳字段给出的路由器地址是相同的,则用收到的项目替换原路由表中的项目。

否则,若收到项目中的距离小于路由表中的距离,则进行更新。

否则,什么也不做。

(3) 若 3min 还没有收到相邻路由器的更新路由表,则将此相邻路由器记为不可达的路由器,即将距离置为 16。

(4) 返回。

路由表为系统中所有可能的信宿包含一个路由项,并为每个信宿保留如下信息。

* 目的地址:在算法的 IP 实现中,指主机或网络的 IP 地址。
* 下一跳地址:到信宿的路由中的第一台路由器。
* 接口:用于到下一跳物理网络。
* 度量值:一个数,指明本路由器到信宿的开销,这里指距离。
* 定时器:路由项最后一次被修改的时间。
* 路由标记:区分路由为内部路由协议的路由还是外部路由协议的路由的标记。

4. RIP 的应用

下面举例说明 RIP 更新路由表信息的过程。

【例5-7】 假设路由器J更新前的路由表如图5-25(a)所示。当其相邻路由器C的路由信息报文[如图5-25(b)所示]到达路由器J后，请问路由器J的路由表将如何更新？

目的网络	距离
网络2	4
网络3	8
网络6	4
网络8	3
网络9	5

(b) 相邻路由器C的RIP信息

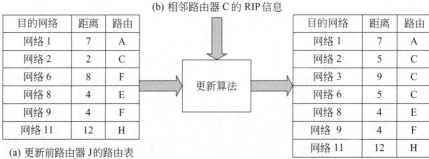

目的网络	距离	路由
网络1	7	A
网络2	2	C
网络6	8	F
网络8	4	E
网络9	4	F
网络11	12	H

(a) 更新前路由器J的路由表

更新算法

目的网络	距离	路由
网络1	7	A
网络2	5	C
网络3	9	C
网络6	5	C
网络8	4	E
网络9	4	F
网络11	12	H

(c) 更新后路由器J的路由表

图 5-25 RIP 路由更新示例1

解析：路由器J检查报文中的列表，如果有以下几种情况之一。

(1) 如果C知道去某目的网络更短的路由。

(2) 如果C列出了J中不曾有的目的网络。

(3) 如果J目前到某目的网络的路由经过C，而C到达该网络的距离有所改变。

则J将会替换自己的路由表中的相应表项。

更新后J的路由表如图5-25(c)所示。下面说明几个主要表项的更新过程。

原来从J经路由器C到网络2的距离为2，但最新信息表明由C到网络2的距离已经变为4，则J经C到网络2的距离变为$4+1=5$(从J到C的距离加上C到网络2的距离)。

图5-25(b)中，C声称从它到达网络3为8，而原来的J路由表中并无此项，因此新增一个到网络3的表项，距离为$8+1=9$。

原来从J经路由器E到网络8的距离为4，最新信息表明由C到网络8的距离为3，说明从J经C到网络8的距离也是4，所以不需要更新。

【例5-8】 假设路由更新过程如图5-26所示：图5-26(a)表示一个子网，图5-26(b)的前4列表示路由器J从相邻路由器收到的时间延迟向量。假定J测得它到相邻节点A、I、H、K的延迟分别是8ms、10ms、12ms和6ms，要求更新节点J的路由表。

解析：先以J到路由器G的新路由计算为例：经A、I、H、K到G转发分组，分别需要$26(18+8)$、$41(31+10)$、$18(6+12)$、$37(31+6)$，这些值中最小的是18，所以，在节点J的路由表中填上到G的延迟为18ms，所用的路由经过节点H。按照这个方法对其他目的地进行计算，得到的路由表如图5-26(c)所示。

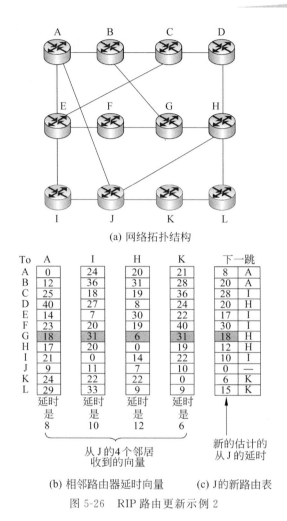

(a) 网络拓扑结构

To	A	I	H	K	下一跳	
A	0	24	20	21	8	A
B	12	36	31	28	20	A
C	25	18	19	36	28	I
D	40	27	8	24	20	H
E	14	7	30	30	17	I
F	23	20	19	40	30	I
G	18	31	6	31	18	H
H	17	20	0	19	12	H
I	21	0	14	22	10	I
J	9	11	7	10	0	—
K	24	22	22	0	6	K
L	29	33	9	9	15	K

延时	延时	延时	延时
是	是	是	是
8	10	12	6

从J的4个邻居
收到的向量

新的估计的
从J的延时

(b) 相邻路由器延时向量　　(c) J的新路由表

图 5-26　RIP 路由更新示例 2

5.6.3　开放最短路径优先(OSPF)协议

随着 Internet 规模的不断扩大,RIP 的缺点表现得更加突出。为此,1989 年提出了开放最短路径优先(Open Shortest Path First,OSPF)协议,已成为目前 Internet 广域网和 Intranet 企业网采用最多、应用最广泛的路由协议之一。OSPF 协议是由 IETF (Internet Engineering Task Force)IGP 工作小组提出的,是一种基于 SPF 算法的路由协议,目前使用的 OSPF 协议是其第二版,定义于 RFC1247 和 RFC1583。

1. OSPF 协议概述

OSPF 路由协议是一种典型的链路状态(Link-state)的路由协议,一般用于同一个路由域内。路由域是指一个自治系统(Autonomous System),即 AS,它是指一组通过统一的路由政策或路由协议互相交换路由信息的网络。在这个 AS 中,所有的 OSPF 路由器都维护一个相同的描述该 AS 结构的数据库,该数据库中存放的是路由域中相应链路的状态信息,OSPF 路由器正是通过该数据库计算出其 OSPF 路由表的。

作为一种链路状态的路由协议，OSPF 将链路状态广播数据包（Link State Advertisement，LSA）传送给在某一区域内的所有路由器，这一点与距离矢量路由协议不同。和 RIP 协议相比，OSPF 协议具有以下主要特点。

（1）OSPF 协议使用分布式链路状态协议，而 RIP 使用的是距离向量协议。

（2）OSPF 协议要求路由器发送的信息是与本路由器相邻的所有路由器的链路状态。链路状态是指本路由器和哪些路由器相邻，以及该链路的度量。这些度量指费用、距离、时延和带宽等，由网络管理人员决定。

（3）OSPF 协议只有当链路状态发生变化时，才用洪泛法（flooding）向所有相邻的路由器发送信息，而每一台相邻路由器又将此信息发往其所有的相邻路由器，最终整个区域中所有的路由器都得到了该信息的一个副本。而 RIP 仅向自己相邻的几台路由器交换路由信息，且不管网络拓扑有无发生变化，路由器之间都要定期交换路由表的信息。

（4）OSPF 协议对不同的链路可设置成不同的代价。例如，高带宽的卫星链路对于非实时的业务可设置为较低的代价，但对于时延敏感的业务就可设置为非常高的代价。链路的代价可以是 1～65535 中的任何一个数，商用的 OSPF 协议实现通常是根据链路带宽计算链路的代价。这种灵活性是 RIP 所没有的。

（5）如果到同一个目的网络有多条相同代价的路径，则 OSPF 协议可将通信量分配给这些路径，实现负载平衡。而 RIP 只能找出到某个网络的一条路径。

在 OSPF 协议中，一共维护着三个数据表：邻居表、拓扑表和路由表。OSPF 协议是通过链路状态表中整个区域的链路状态计算出路由表的。每台运行 OSPF 协议的路由器都会维持一个链路状态数据库 LSDB，其中包含来自其他所有路由器的 LSA。一旦路由器收到所有 LSA 并建立其本地链路状态数据库，OSPF 协议使用 Dijkstra 的最短路径优先（SPF）算法创建一个 SPF 树。根据 SPF 树，将通向每个网络的最佳路径填充到路由表。OSPF 协议计算路径过程如图 5-27 所示。

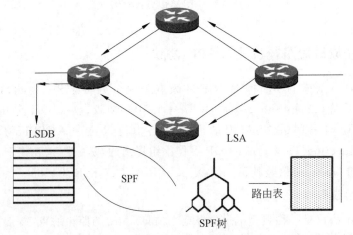

图 5-27　OSPF 协议路由计算过程示意

2. OSPF 的洪泛机制

作为一种典型的链路状态的路由协议,OSPF 使用分布式链路状态算法,可以概括为以下四个步骤。

(1) 当路由器初始化或网络结构发生变化(如增减路由器或链路状态发生变化等)时,路由器会产生链路状态广播数据包(Link-State Advertisement,LSA),该数据包包含路由器上所有相连链路,即所有端口的状态信息。

(2) 所有路由器会通过一种被称为洪泛(flooding)的算法交换链路状态数据。洪泛是指路由器将其 LSA 数据包传送给所有与其相邻的 OSPF 路由器,相邻路由器根据其接收到的链路状态信息更新自己的数据库,并将该链路状态信息转送给与其相邻的路由器直至稳定的一个过程。

(3) 当网络重新稳定,即 OSPF 路由协议收敛时,所有的路由器会根据其各自的链路状态信息数据库计算出各自的路由表。该路由表中包含路由器到每一个可到达目的地的代价以及到达该目的地所要转发的下一台路由器。

(4) 这一步实际是指 OSPF 路由协议的一个特性。当网络状态比较稳定时,网络中传递的链路状态信息是比较少的,或者可以说,当网络稳定时,网络中是比较安静的。这也正是链路状态路由协议区别于距离矢量路由协议的一大特点。

LSA 的洪泛过程主要如下。

(1) 与自己的链路状态表对比,查看是否在其中。

(2) 如果没有,把它加到自己的链路状态数据库中,同时发出一个确认包。

(3) 如果有,则比较顺序号,如果顺序号相同,则忽略;如果小于自己的,则给源发送一个 LSU。

(4) 洪泛传输自己的 LSA 给其他路由器。

(5) 运行 SPF 算法,重新计算路由表。

通常,OSPF 报文是不转发的。LSA 传输时,每次只传递一跳,即在 IP 报文头中的 TTL 值被设为 1(虚连接除外)。

OSPF 协议的洪泛机制如图 5-28 所示。

链路状态分组以发送方的标识符开始,之后是顺序号、存活时间和一个关于邻居的列表。对于每个邻居,都给出到达该邻居的延迟,如图 5-29 所示。

3. SPF 算法

SPF 算法是 OSPF 路由协议的基础,有时也被称为 Dijkstra 算法。该算法的主要过程如下。

(1) 每台路由器上都会有一个链路状态数据库。

(2) 每台路由器都会先将自己作为一个根,然后建立起一个 SPF 树。

(3) 最优路径的计算是到达目的地的所有路径开销的总和。

(4) 最优路径将被放到路由表中。

SPF 算法将每一台路由器作为根计算其到每一个目的地路由器的距离,每一台路由器根据一个统一的数据库会计算出路由域的拓扑结构图,该结构图类似于一棵树,在 SPF

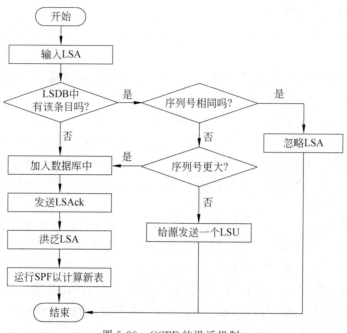

图 5-28   OSPF 的洪泛机制

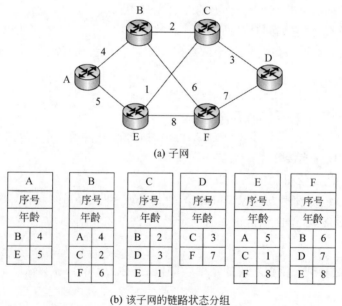

(a) 子网

A		B		C		D		E		F	
序号		序号		序号		序号		序号		序号	
年龄		年龄		年龄		年龄		年龄		年龄	
B	4	A	4	B	2	C	3	A	5	B	6
E	5	C	2	D	3	F	7	C	1	D	7
		F	6	E	1			F	8	E	8

(b) 该子网的链路状态分组

图 5-29   链路状态路由算法示例

算法中，被称为最短路径树。在 OSPF 路由协议中，最短路径树的树干长度，即 OSPF 路由器至每一个目的地路由器的距离，称为 OSPF 的 Cost，其算法为 $Cost = 100 \times 10^6 /$链路带宽。这里，链路带宽以 b/s 表示。也就是说，OSPF 的 Cost 与链路的带宽呈反比，带宽越高，Cost 越小，表示 OSPF 到目的地的距离越近。

4. OSPF 报文格式

OSPF 不用 UDP 而是直接用 IP 数据报传送,可见 OSPF 的位置在网络层。

OSPF 构成的数据报很短。这样做可减少路由信息的通信量。数据报很短的另一好处是可以不必传送长的数据报分片。分片传送的数据报只要丢失一个,就无法组装成原来的数据报,整个数据报就必须重传。

OSPF 报文的格式如图 5-30 所示。

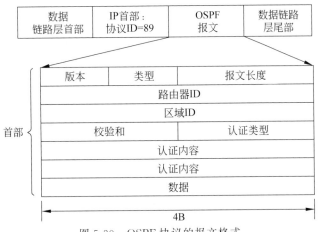

图 5-30　OSPF 协议的报文格式

在 OSPF 路由协议的数据包中,其数据包头长为 24B,包含了 8 个字段。其中需要说明的内容如下。

(1) 版本。对于 OSPFv2 来说,其值为 2。

(2) 数据包类型。数值从 1 到 5,分别对应 Hello 报文、DD 报文、LSR 报文、LSU 报文和 LSAck 报文。

- Hello,用于建立和维护相邻的两台 OSPF 路由器的关系,该数据包是周期性地发送的。
- DD(数据库描述),用于描述整个数据库,该数据包仅在 OSPF 初始化时发送。
- LSR(链路状态请求),用于向相邻的 OSPF 路由器请求部分或全部的数据,这种数据包是在当路由器发现其数据已经过期时才发送的。
- LSU(链路状态更新),对 LSR 数据包的响应,即通常所说的 LSA 数据包。
- LSAck(链路状态确认),对 LSA 数据包的响应。

(3) 报文长度。OSPF 报文的总长度,包括报文头在内,单位为字节。

(4) 路由器 ID。始发该 LSA 的路由器的 ID,用于描述数据包的源地址,以 IP 地址表示。

(5) 区域 ID。始发 LSA 的路由器所在的区域 ID。所有的 OSPF 数据包都属于一个特定的 OSPF 区域。

(6) 校验和。对整个报文的校验和。

(7) 认证类型。验证类型,可分为不验证、简单(明文)口令验证和 MD5 验证,其值分别为 0、1、2。

（8）认证。其数值根据验证类型而定。当验证类型为 0 时未做定义，类型为 1 时此字段为密码信息，类型为 2 时此字段包括 Key ID、MD5 验证数据长度和序列号的信息。MD5 验证数据添加在 OSPF 报文后面，不包含在认证字段中。

下面以 Hello 报文为例进行说明。

Hello 协议用来建立和保持 OSPF 邻居关系，采用多播地址 224.0.0.5。其报文格式如图 5-31 所示。

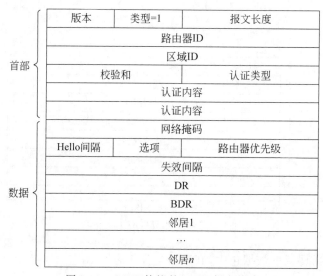

图 5-31　OSPF 协议的 Hello 报文格式

报文主要字段的解析如下。

（1）网络掩码，发送 Hello 报文的接口所在网络的掩码。如果相邻两台路由器的网络掩码不同，则不能建立邻居关系。

（2）Hello 间隔，发送 Hello 报文的时间间隔，默认在一个多路访问网络中间隔为 10s。如果相邻两台路由器的 Hello 间隔时间不同，则不能建立邻居关系。

（3）路由器优先级。如果设置为 0，则该路由器接口不能成为 DR/BDR。

（4）失效间隔。如果在此时间间隔内未收到邻居发来的 Hello 报文，则认为邻居失效。dead 间隔 4 倍于 hello 包间隔。邻居路由器之间的这些计时器必须设置相同，否则不会建立邻接关系。

（5）DR，指定路由器接口的 IP 地址。

（6）BDR，备份指定路由器接口的 IP 地址。

（7）邻居，多台邻居路由器的 Router ID。

5. OSPF 的应用

当一个网络很大，而且使用单区域的 OSPF 时，一个小的网络变化便会发出一个 LSA，并且传遍整个网络。每台路由器会收到很多 LSA。当使用单区域时，由于路由器很多，所以，链路状态数据库会很大，邻居表和路由表也会相应地变大，消耗了很多内存。

每次的网络变化在通告 LSA 之后,每台路由器就会重新计算路由。

当网络很大时,使更新过程收敛得更快,OSPF 将一个自治系统再划分为若干个区域,即主干区域和非主干区域。每一个区域有一个 32 位的区域标识符,一个区域内的路由器数量不能超过 200 个,但是必须设置为层次性的结构。所有的非主干区域要和主干区域连接在一起。每个区域内的路由器只需要知道自己区域内部的链路状态即可,相应的邻居表和路由表也变小了。

OSPF 区域划分的原理如图 5-32 所示。

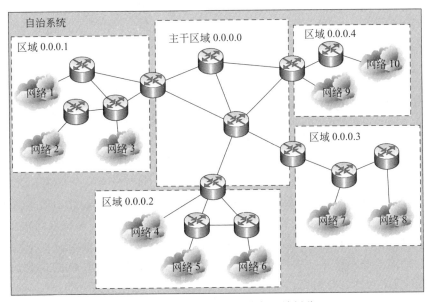

图 5-32　OSPF 的自治系统与区域划分

OSPF 中路由器的类型如下。

(1) 主干路由器:在区域 0 中的路由器都是主干路由器。

(2) 区域边界路由器:在区域的边界连接两个区域的路由器。

(3) 自治域系统边界路由器:在自治域系统边界上连接两个自治域系统的路由器。

(4) 内部路由器:除了边界路由器以外的路由器。

LSA 的类型如下。

(1) 类型 1:路由的链路通告。

(2) 类型 2:网络的链路通告。

(3) 类型 3 或者类型 4:汇总的链路通告。

(4) 类型 5:自治域系统外的链路通告。

(5) 类型 6:多播的 OSPF 的 LSA。

(6) 类型 7:定义使用在 SSA 区域中。

(7) 类型 8:扩展属性的 LSA 或者用于 BGP。

通常在路由器上配置的就是 1、2、3、4、5、7 这六种。

划分区域的好处是将利用洪泛法交换链路状态信息的范围局限在每一个区域内,而不是整个自治系统,这就减少了整个网络上的通信量。在一个区域内的路由器只知道本区域的完整网络拓扑,而不知道其他区域的网络拓扑情况。为了使每一个区域能够和本区域外的区域进行通信,OSPF 使用层次结构的区域划分,区域之间的信息交换由区域边界路由器完成。

采用分层次划分区域的方法虽然使交换信息的种类增多,也使 OSPF 协议更加复杂,但却使每一个区域内交换路由信息的通信量大大减少,因此 OSPF 协议能够用于规模很大的自治系统中。

此外,OSPF 直接采用 IP 数据报传送,构成的数据报很短,不但可减少通信量,而且不需要分片传送。

目前,大多数路由器厂商都支持 OSPF 协议,并开始在一些网络中取代 RIP 协议,成为最主要的内部网关协议。

5.6.4　边界网关协议(BGP)

边界网关协议(Border Gateway Protocol,BGP)也称外部网关协议,是在不同自治系统的路由器之间交换路由信息的协议,于 1989 年发布。BGP-4 是在 1995 年发布的,已成为 Internet 草案标准协议,其最新版本是 2006 年的 RFC4271。

BGP 的基本原理是:每一个自治系统的管理员要选择至少一台路由器作为该自治系统的 BGP 发言人。一个发言人要与其他自治系统中的 BGP 发言人交换路由信息,就要先建立 TCP 连接(端口号为 179),然后在此连接上交换 BGP 报文以建立 BGP 会话,再利用 BGP 会话交换路由信息。在所有的发言人都互相交换网络可达性的信息后,各 BGP 发言人就可找出到达各自治系统中较好的路由。

BGP 采用路径向量路由选择协议,与距离向量协议和链路状态协议都有很大的区别。BGP 只能是力求寻找一条能够到达目的网络且比较好的路由,而并非要寻找一条最佳路由,其原因是:

(1) 因特网的规模太大,使自治系统之间的路由选择非常困难。

(2) 对于自治系统之间的路由选择,要寻找最佳路由是很不现实的。

(3) 自治系统之间的路由选择必须考虑有关策略,包括政治、经济和安全等因素。

例如,国内的站点在互相传送数据报时,就不应该经过国外“兜圈子”,更不能经过某些对我国安全有威胁的国家。

BGP 协议的特点主要表现在:

(1) BGP 协议交换路由信息的节点数量级是自治系统数的量级,比自治系统中的网络数少得多。

(2) 每一个自治系统中的 BGP 发言人数量很少,因此自治系统之间的路由选择不会太复杂。

(3) BGP 支持 CIDR,因此 BGP 的路由表也就应当包括目的网络前缀、下一跳路由器,以及到达该目的网络所要经过的各个自治系统序列。

(4) 在 BGP 刚刚运行时,BGP 的邻站交换整个 BGP 路由表。此后,只需要在发生变化时更新有变化的部分,这有助于节省网络带宽和减少路由器的处理开销。

5.6.5 路由器

路由器是一种具有多个输入端口和输出端口的专用计算机,其主要任务是转发分组,即每当一个分组进入路由器时,路由器检查该分组的目的网络,选择某个合适的输出端口转发给下一跳路由器。同时,路由器之间需要互相通信以建立和更新它们的路由表,从而适应网络拓扑和状态的动态变化。

下面给出一种典型的路由器结构,如图 5-33 所示,整个路由器在结构上包含以下两大部分。

(1) 路由选择部分,即控制部分,核心是路由选择处理机,其任务是根据所选定的路由选择协议构造路由表,同时从相邻路由器交换路由信息,更新和维护路由表。路由表根据路由选择算法得出,总是用软件实现。

(2) 分组转发部分,由交换结构、一组输入端口和输出端口组成。交换结构的作用就是根据转发表对分组进行处理,将由某个输入端口 X 进入的分组从一个合适的输出端口 Y 转发出去。转发表从路由表中得出,必须包含完成转发功能的信息。转发表可以用软件或特殊的硬件实现。

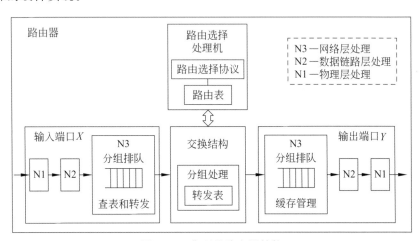

图 5-33 典型的路由器结构

在输入输出端口部分,都各有三个模块,对应于物理层、数据链路层和网络层的处理模块。物理层进行比特的接收,数据链路层则按照链路层协议接收传送帧,而网络层则处理分组信息。

如果接收到的分组是路由器之间交换路由信息的分组(如 RIP 或 OSPF 分组),则将该分组送交给路由选择处理机;如果接收到的是数据分组,则按照分组头中的目的地址查找转发表,决定合适的输出端口。

分组在路由器的输入端口和输出端口都可能会在队列中排队等候处理,因而产生了一定的时延,严重时会因为队列长度不够而溢出,从而造成分组丢失。因此,高速路由器体系结构以及高效的路由器关键算法(如包分类、路由查找等)是目前十分重要的研究课题。

路由器工作于网络层，建立了分离的广播域，使互联的每一个局域网都是独立的网络。如果将硬件交换技术与路由器相结合，则产生了第三层交换机。它工作在网络层，本质是用硬件实现的一种高速路由器，其设计的重点是如何提供接收、处理和转发分组的速度。第三层交换机比路由器简单，提供的功能少，不如路由器灵活、容易控制和安全。但是，对于需要高速分组转发的场合，如内部网络主干部分，由于网络系统内部的分组交换量占 80%，则使用第三层交换机是最佳选择，而另外 20% 的外部通信量可以由路由器完成。这样，合理的网络设备配置能够提高系统整体的效率。

5.7 IP 多 播

IP 多播(IP Multicasting)是对硬件多播的互联网抽象，允许跨越互联网上任意的物理网络，在网络电话、网络视频会议、远程教学、网络新闻等实时传播领域具有广泛的应用需求。IP 多播的概念最早是在 1988 年由 Steve Deering 在其博士学位论文中提出的，1992 年由 IETF 在因特网范围内首次试验 IETF 会议声音的多播，当时有 20 个网点可同时听到会议的声音。现在，IP 多播已成为因特网的一个热门课题。

5.7.1 IP 多播概述

与单播相比，在一对多的通信中，多播可以大大节约网络资源。如图 5-34(a)所示，采用单播方式从源主机 S1 向 5 台主机传送同样的分组，需要发送 5 个单播。而采用多播技术，只需要发送一份，路由器在转发分组时，能够自动复制，并分别发往属于 G1 组的不同主机。当分组到达目的局域网时，由于局域网具有硬件多播功能，因此不需要复制分组，在局域网上的多播成员都能收到这个分组，其原理如图 5-34(b)所示。

当多播组的主机数很大时，采用多播方式能够明显地减轻网络资源的消耗。在互联网中的多播要靠路由器实现，可以是一台单独的多播路由器，也可以是运行多播软件的普通路由器。

1. 多播地址及其分配

IP 多播是将 D 类地址(224.0.0.0～239.255.255.255)作为目的地址，其前 4 位是 1110，其余 28 位标识特定的多播组。

IP 多播地址可以划分为两类。

(1) 永久组地址，也称为熟知组地址，由 IANA 指派用于互联网上的主要服务以及基础结构维护。永久组始终存在，不管组中是否有成员。部分永久组地址如表 5-9 所示。在 224.0.0.0 和 224.0.0.255 之间的地址保留用，用于路由选择协议和其他低级别的拓扑发现或维护协议。多播路由器不应该转发目的地址处于该范围内的任何多播数据报。

(2) 暂时性组地址，供临时使用，需要时创建使用暂时性组地址的暂态多播组，没有组成员时，则撤销该多播组。

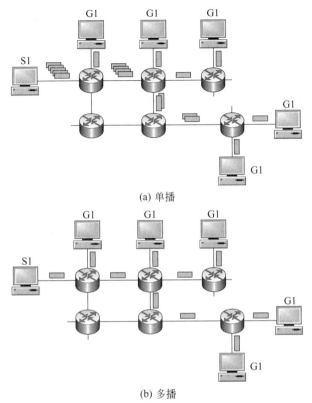

(a) 单播

(b) 多播

图 5-34 单播和多播的比较

表 5-9 永久组地址示例

永久组地址	含　义	永久组地址	含　义
224.0.0.0	基地址（保留）	224.0.0.10	IGRP 路由器
224.0.0.1	本子网上的所有系统	224.0.0.11	移动代理
224.0.0.2	本子网上的所有路由器	224.0.0.12	DHCP 服务器/中继代理
224.0.0.4	DVMRP 路由器	224.0.0.13	所有 PIM 路由器
224.0.0.5	OSPFIGP 所有路由器	224.0.0.14	RSVP 封装
224.0.0.6	OSPFIGP 指定路由器	224.0.0.15	所有 CBT 路由器
224.0.0.7	ST 路由器	224.0.0.16	指定的 SBM
224.0.0.8	ST 主机	224.0.0.17	所有的 SBMS
224.0.0.9	RIP2 路由器	224.0.0.22	IGMP

　　IP 多播地址只可作为目的地址，不会出现在数据报的源地址字段，也不会出现在源路由或记录路由选项中。此外，不会为多播数据报产生 ICMP 差错报告。因此，若在PING 命令后面输入多播地址，将永远不会收到响应。

2. 多播地址映射为物理地址

当多播分组传送到最后的局域网上的路由器时，必须把 32 位的 IP 多播地址转换为局域网的 48 位多播地址，这样才能在局域网上进行多播。

IP 协议特别规定了 IP 多播地址到以太网地址的映射：将 IP 多播地址中的低 23 位放入以太网多播地址（01.00.5E.00.00.00）$_{16}$ 的低 23 位上，如 224.0.0.1 映射为（01.00.5E.00.00.01）$_{16}$。其映射原理如图 5-35 所示。

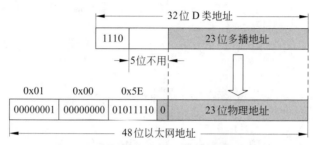

图 5-35　多播地址映射为以太网物理地址

5.7.2　IP 多播协议与路由选择

多播数据报和一般的 IP 数据报的区别是：它使用 D 类 IP 地址作为目的地址，且首部中的协议字段的值为 2（见表 5-6），表明使用 IGMP 协议。

IP 多播需要两种不同的协议，即网际组管理协议（Internet Group Management Protocol，IGMP）和多播路由选择协议。

1. IGMP 协议

IGMP 已经有了三个版本，1989 年公布的 IGMPv1（RFC1112）早已成为因特网的标准协议。1997 年公布的建议标准 IGMPv2（RFC2236），但 2002 年公布的建议标准 IGMPv3（RFC3376）宣布 IGMPv2 是陈旧的。

IGMP 定义了两种报文：成员关系询问报文和成员关系报告报文。主机要加入或退出多播组，都要发送成员关系报告报文，连接在局域网上的所有多播路由器都能收到这样的报告报文。多播路由器周期性地发送成员关系询问报文以维持当前有效的、活跃的组地址，愿意继续参加多播组的主机必须响应以报告报文。

IGMP 的工作过程可分为两个阶段。

（1）当主机加入一个新的多播组时，使用该组的 IP 多播地址作为目的地址，向该组发送一个 IGMP 报文，以声明其成员关系。本地多播路由器接收这个报文后，一方面记录该成员信息，另一方面通告互联网上其他的多播路由器，以建立必要的路由。

（2）为适应组成员的动态变化，本地多播路由器周期性询问本地主机，以确定是否有各多播组成员的存在。只要有一个主机做出响应，路由器就认为该组是活跃的。

IGMP 并非在整个因特网范围内对所有多播组成员进行管理。IGMP 不知道 IP 多播组包含的成员数，也不知道这些成员都分布在哪些网络上。IGMP 协议是让连接在本地局域网上的多播路由器知道,在本局域网上是否有主机参加或退出了某个多播组。

2. 多播路由技术

在因特网上使用的首个多播路由选择协议是距离向量多播路由选择协议(Distance Vector Multicast Routing Protocol,DVMRP),目前还在使用。还有其他多播路由选择协议,如开放最短通路优先的多播扩展 MOSPF 和核心基干树 CBT 等,但都还没有成为正式标准。

大多数的广域网不支持多播地址,要通过这样的网络发送多播分组时,就要采用隧道技术,其原理如图 5-36 所示。需要将多播分组封装成单播分组并发送到网络,然后在网络的另一端再转换成多播分组。这种使用隧道传送 IP 分组的技术又称为 IP 中的 IP。

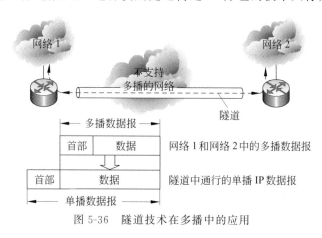

图 5-36 隧道技术在多播中的应用

5.8 VPN 和 NAT

在 IP 地址分类中,专用地址是企业内部使用的地址,其使用不需要申请,在企业网分散管理、电子政务的内网、局域网络实验测试等场合使用普遍。

专用地址有三类,如表 5-10 所示。

表 5-10 专用地址

IP 地址类	前　　缀	专用地址范围	地 址 总 数
A	10/8	10.0.0.0～10.255.255.255	2^{24}
B	172.16/12	172.16.0.0～172.31.255.255	2^{20}
C	192.168/16	192.168.0.0～192.168.255.255	2^{16}

下面叙述专用地址在 VPN 和 NAT 中的应用。

5.8.1 VPN

专用互联网内主机之间的通信相对于外界是不可见的,具有私密性。如果一个组织由分散的多个网点构成，为了保证私密性，最直接的方法是租用数字线路或帧中继永久虚电路连接各个网点，不过成本较高。

虚拟专用网络（Virtual Private Network，VPN）是虚拟出来的企业内部专线，利用公共网络建立虚拟私有网，提供了一种低成本的替代方法。

VPN 与专用网络的比较如图 5-37 所示，企业内部网络 A 和网络 B 之间要建立通信，一种方法是通过租用线路将路由器 R1、R2 连接，构成专用网络；另一种方法是通过因特网将路由器 R3、R4 连接，构成 VPN。

VPN 是对企业内部网的扩展，它可以帮助远程用户、公司分支机构、商业伙伴及供应商同公司的内部网建立可信的安全连接，并保证数据的安全传输。虚拟专用网可用于不断增长的移动用户的全球因特网接入，以实现安全连接；可用于实现企业网站之间安全通信的虚拟专用线路，用于经济有效地连接到商业伙伴和用户的安全外联网虚拟专用网。

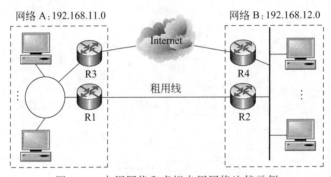

图 5-37   专用网络和虚拟专用网络比较示例

VPN 主要采用四项安全保证技术：隧道技术、加/解密技术、密钥管理技术和使用者与设备身份认证技术。常用的虚拟私人网络协议如下。

（1）IPSec（IP Security），是保护 IP 协议安全通信的标准，主要对 IP 协议分组进行加密和认证。VPN 可以使用其 AH 或 ESP 进行认证并保证其消息完整性。有关 IPSec 的相关内容将在第 8 章阐述。

（2）PPTP（Point to Point Tunneling Protocol），即点到点隧道协议是在因特网上建立 IP 虚拟专用网隧道的协议。

（3）L2F（Layer 2 Forwarding），即第二层转发协议。

（4）L2TP（Layer 2 Tunneling Protocol），即第二层隧道协议。

（5）GRE，即 VPN 的第三层隧道协议。

下面主要叙述隧道技术在 VPN 中的应用方法。

假设某个机构有两个相距较远的部门，分别建立了专用网络 192.168.11.0 和 192.168.12.0。现在它们需要通过因特网进行通信，可以采用 VPN 方式的隧道技术实现，如图 5-38 所示。

首先，在每个内部网 A 和 B 中需要一台路由器具有合法的全球 IP 地址，如图 5-38 中的 R1 和 R2，其全球 IP 地址各是 210.31.4.2 和 197.38.2.9。

设网络 A 的主机 X 要向网络 B 的主机 Y 发送数据报，源地址是 192.168.11.2，目的

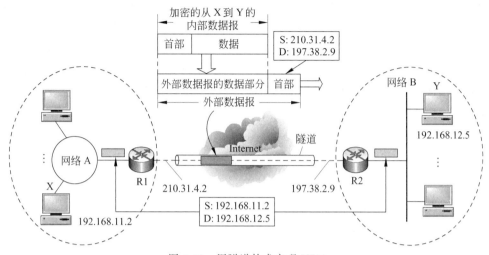

图 5-38　用隧道技术实现 VPN

地址是 192.168.12.5。路由器 R1 在收到该数据报后,先整个进行加密,然后重新添加数据报的首部,封装成能够在因特网上发送的外部数据报,如图 5-36 的上部分,外部数据报的首部发送了变化,源地址是路由器 R1 的全球地址 210.31.4.2,目的地址是路由器 R2 的全球地址 197.38.2.9。路由器 R2 收到数据报后,将其数据部分取出进行解密,恢复出原来的内部数据报,并转发给主机 Y。

　　VPN 技术原是路由器具有的重要技术之一,交换机、防火墙设备或 Windows 2000 等软件也都支持 VPN 功能。

5.8.2　NAT

　　网络地址转换(Network Address Translation,NAT)是一种将私有(保留)地址转化为合法 IP 地址的转换技术,它被广泛应用于各种类型 Internet 接入方式和各种类型的网络中。NAT 的作用示意如图 5-39 所示。

图 5-39　NAT 的作用

1. NAT 介绍

　　目前,一般用户几乎申请不到整段的 C 类 IP 地址。对于 ISP,即使是拥有几百台计算机的大型局域网用户,当他们申请 IP 地址时,所分配的地址也不过只有几个或十几个 IP 地址。显然,这样少的 IP 地址根本无法满足网络用户的需求,也就产生了 NAT 技术。

　　NAT 不仅完美地解决了 IP 地址不足的问题,还能够有效地避免来自网络外部的攻击,隐藏并保护网络内部的计算机。因此,NAT 适用于电子政务内部网络、移动无线接入地址分配、ADSL 用户拨号接入地址分配等领域。虽然 NAT 可以借助于某些代理服务器实现,但考虑到运算成本和网络性能,很多时候是在路由器上实现。

　　使用 NAT 技术,可以为 ISP 节省 IP 地址,如图 5-40 所示。假设 ISP 拥有 1000 个地址，但是需要为 100 000 个用户提供服务。则 ISP 可以将用户划分为 1000 个组，每组包含 100 个用户。这样，每个组成为一个内部网络，由 ISP 分配 1 个全球 IP 地址，如图 5-40 中的 172.18.3.0 私有网络，其中包含了 172.18.3.1～172.18.3.100 共连续 100 个用户地址。这样，每个内部网络的 100 个用户可以分时共享一个公用 IP 地址，登录到 Internet 访问所需资源。之后，返回的信息将通过 NAT 的转换功能送到已连接的内部网络用户中。

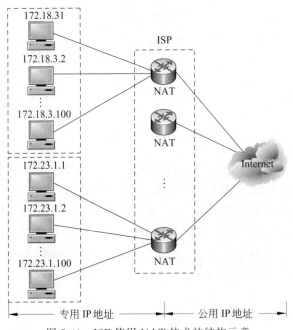

图 5-40　ISP 使用 NAT 技术的结构示意

2. NAT 的工作原理

NAT 的工作原理如图 5-41 所示。

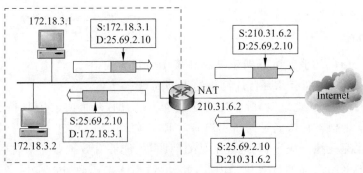

图 5-41　NAT 的工作原理

假设内部网络中主机地址为 172.18.3.1 的用户想访问 Internet 上地址为 25.69.2.10 的服务器，则产生的分组首部中，源地址和目的地址分别是 172.18.3.1 和 25.69.2.10，表示为

S:172.18.3.1，D:25.69.2.10。该分组经过 NAT 路由器后，源地址转换为210.31.6.2，而目的地址不变。此后，返回的分组首部中，源地址和目的地址分别成为 25.69.2.10 和 210.31.6.2。该返回分组经过 NAT 路由器后，其首部的目的地址发生了变化，成为内部地址 172.18.3.1。

3. NAT 的类型

NAT 有以下三种类型。

（1）静态 NAT(Static NAT)：设置简单，最容易实现，内部网络中的每台主机都被永久映射成外部网络中的某个合法的地址。

（2）动态地址 NAT(Pooled NAT)：是在外部网络中定义了一系列的合法地址，采用动态分配的方法映射到内部网络，如图 5-40 中的示例就属于这一类，它为每一个内部的 IP 地址分配一个临时的外部 IP 地址，主要应用于拨号，对于频繁的远程连接也可以采用动态 NAT。当远程用户连接后，动态地址 NAT 就会分配给它一个 IP 地址；当用户断开时，这个 IP 地址就会被释放而留待以后使用。

（3）网络地址端口转换（Network Address Port Translation，NAPT）也称为端口级 NAT(Port-Level NAT)：把内部地址映射到外部网络的一个 IP 地址的不同端口上。这种类型比较常用，普遍应用于接入设备中。

NAPT 通过转换 TCP 或 UDP 的端口号以及地址允许并发访问。NAPT 需要扩展 NAT 转换表，除了一对 IP 地址外，还需要 3 个端口号。表 5-11 给出了 NAPT 转换表示例，有 6 台主机需要与外部进行通信。

表 5-11　NAPT 的转换表示例

内部地址	内部端口	NAPT 端口	外部地址	外部端口	所用协议
172.18.3.10	968	21103	210.31.40.78	80	TCP
172.18.4.5	631	21106	210.31.40.78	80	TCP
172.18.6.32	968	21115	210.31.40.78	80	TCP
172.18.19.211	41093	21138	25.69.2.10	21	TCP
172.18.23.25	937	21143	202.18.2.54	23456	UDP
172.18.28.32	962	21167	210.37.2.250	56056	UDP

注意表中前三台主机正在访问同一台外部主机的同一个外部 TCP 端口。TCP 采用五元组标识每个连接，这三个连接在网点内部和外部的五元组标识如表 5-12 所示。在表 5-12 中，G 表示 NAT 路由器的公用地址。

可见，NAPT 的优点是能够仅用一个公用地址就获得通用性、透明性和并发性，其差别只是端口号。不过，NAPT 技术一般限于 TCP 协议和 UDP 协议。

另外，有些应用程序会受到 NAT 的影响，需要对数据做必要的修改。目前常用的针

表 5-12　NAPT 转换前后的五元组标识

网点内部的标识	经过 NAPT 转换后的标识
(172.18.3.10，968，　210.31.40.78，80，TCP)	(G，21103，210.31.40.78，80，TCP)
(172.18.4.5，631，210.31.40.78，80，TCP)	(G，21106，210.31.40.78，80，TCP)
(172.18.6.32，968，210.31.40.78，80，TCP)	(G，21115，210.31.40.78，80，TCP)

对 UDP 协议的 NAT 穿透方法主要有 STUN、TURN、ICE 和 uPnP 等，其中，ICE 方式由于其结合了 STUN 和 TURN 的特点，所以使用最为广泛。而针对 TCP 协议的 NAT 穿透技术目前仍为难点，实用技术仍然不多。

5.9　IPv6 协 议

为了解决 IP 地址耗尽的问题，已经采用了多种措施，如划分子网、网络地址转换 NAT 方法、无类别编址 CIDR 等，但仍然解决不了根本问题。同时，Internet 骨干路由器维护大路由表的能力与服务质量的矛盾非常突出。另外，人们在 IP 级的安全性、实时数据传送服务质量等方面提出了很高的需求。这些问题都通过 IPv6 得到了解决。

IPv6 与 IPv4 不兼容，其主要特点是：新的协议格式、巨大的地址空间、有效的分级寻址和路由结构、地址自动配置、内置的安全机制、更好地支持 QoS 服务。

5.9.1　IPv6 编址

一个 IPv6 数据报的目的地址可以是单播、多播和任播三种基本类型地址之一。IPv6 没有采用广播的术语，而是将广播看作多播的一个特例。任播（anycast）是 IPv6 增加的一种类型，其终点是一组计算机，但数据报只交付给其中的一台，通常是距离最近的一台。例如，用户向公司请求服务，公司的这组计算机中的任何一台都可以进行回答。

在 IPv6 中，每个地址占 128 位，地址空间超过 $3.4×10^{38}$ 个地址，是 IPv4 的 2^{96} 倍。今后，所有的移动电话、汽车、智能仪器、个人数字助理 PDA 等设备都可以获得 IP 地址，接入 Internet 的设备数量将不再受限。

1. IPv6 地址的表示方法

为了便于阅读和操作，IPv6 使用冒号十六进制记法，将每个 16 位的值用十六进制值表示，各值之间用冒号分隔，比如

　　　　FDEC：0000：0000：0000：0000：00A2：2E02：0000

还有以下几种简写方法。

（1）前导零压缩法。将某个位段中的前导 0 进行压缩，如 00A2 可以简写为 A2，0000 可以简写为 0。因此上面的 IPv6 地址可以进一步表示为

　　　　FDEC：0：0：0：0：A2：2E02：0

（2）零压缩法或双冒号表示法。将一连串连续的零用一对冒号代替，如上述地址进

一步表示为

$$FDEC::A2:2E02:0$$

注意,在任一地址中只能使用一次零压缩。该技术对已建议的分配策略特别有用,因为会有许多地址包含较长连续的零串。

(3)冒号十六进制记法与点分十进制记法相结合。这在 IPv4 向 IPv6 的转换阶段非常有用。例如

$$0:0:0:0:0:0:128.10.2.1$$

可以看出,排在前面的是冒号十六进制数,冒号所分隔的每个值是两个字节的量;而作为后缀的点分十进制部分的值,指明一个字节的值。再使用零压缩即可得到

$$0::128.10.2.1$$

(4)IPv6 前缀长度表示法。IPv6 不支持子网掩码,只支持前缀长度表示法。前缀是 IPv6 地址的一部分,用作 IPv6 路由或子网标识。前缀的表示与 IPv4 的 CIDR 表示方法相似,可以用地址/前缀长度表示,比如

$$FD0C::A7:0:FFFF/60$$

2. 地址空间的分配

IPv6 的地址指派情况如表 5-13 所示,指派的地址只占总地址的很少一部分。

表 5-13　IPv6 的地址分配方案

最前面的几位二进制数	地址的类型	占地址空间的份额
00000000	IETF 保留	1/256
00000001	IETF 保留	1/256
0000001	IETF 保留	1/128
000001	IETF 保留	1/64
00001	IETF 保留	1/32
0001	IETF 保留	1/16
001	全球单播地址	1/8
010	IETF 保留	1/8
011	IETF 保留	1/8
100	IETF 保留	1/8
101	IETF 保留	1/8
110	IETF 保留	1/8
1110	IETF 保留	1/16
11110	IETF 保留	1/32
111110	IETF 保留	1/64
1111110	唯一本地单播地址	1/128

续表

最前面的几位二进制数	地址的类型	占地址空间的份额
111111100	IETF 保留	1/512
1111111010	本地链路单播地址	1/1024
1111111011	IETF 保留	1/1024
11111111	多播地址	1/256

还有以下几种特殊地址。

（1）未指明地址，指全 0 地址，不能用作目的地址，只能为某台主机当作源地址使用，且该主机还没有配置到一个标准的 IP 地址。

（2）回送地址，0:0:0:0:0:0:0:1（即::1），作用和 IPv4 的环回地址一样。

（3）基于 IPv4 的地址，考虑到在较长的时期内 IPv4 和 IPv6 将会同时存在，而有的节点不支持 IPv6，因此数据报在这两类节点之间转发时，就必须进行地址转换。将 IPv4 地址嵌入 IPv6 地址的方法如图 5-42 所示，这种地址称为 IPv4 映射的 IPv6 地址，它只是将 IPv4 地址转换为 IPv6 地址的形式，但 IPv6 设备并不能识别这种设备。

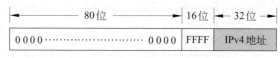

图 5-42　IPv4 映射的 IPv6 地址

（4）本地链路单播地址，指仅在本地链路上通信的地址，不能与因特网上的其他主机通信，这是为有些组织因安全问题等因素而设置的。

【例 5-9】　将下列地址记法进行零压缩。

单播地址：2300:DB27:0:0:6:403:200E:2345

多播地址：FF01:0:0:0:0:0:0:101

回送地址：0:0:0:0:0:0:0:1

未指定地址：0:0:0:0:0:0:0:0

解析：上述地址按零压缩记法，分别写成：

单播地址：2300:DB27::6:403:200E:2345

多播地址：FF01::101

回送地址：::1

未指定地址：::

5.9.2　IPv6 的基本首部格式

IPv6 的数据报由基本首部和有效载荷两部分组成，基本首部固定为 40B，其后的有效载荷包括作为选项的扩展首部和数据。

IPv6 的报头结构最早在 RFC1883（IPv6 技术规范）中给出了全面的介绍，该规范目前已经被 RFC2460 取代。在新的 RFC 中对 IPv6 技术规范做了改动，其格式如图 5-43 所示。

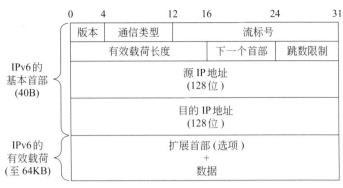

图 5-43 IPv6 的数据报结构

具体字段含义如下。

（1）版本，占 4 位，对 IPv6 来说，字段值是 6。

（2）通信类型，占 8 位，用于区分不同的 IPv6 数据报的类别或优先级。在以前的 RFC1883 中定义为优先级（占 4 位）。

（3）流标号，占 20 位（在以前的 RFC1883 中占 24 位），所有属于同一个流的数据报都具有同样的流标号。流标号对实时音频/视频数据的传送特别有用。而对于传统的 E-mail 或非实时数据则没有用，可以直接置为 0。

（4）有效载荷长度，占 16 位，指除基本首部外的字节数，最大值是 64KB。

（5）下一个首部，占 8 位，分两种情况：当 IPv6 没有扩展首部时，该字段相当于 IPv4 的协议字段，指出了数据应交付给 IP 之上的哪一个高层协议（如 6 和 17 分别表示应交付给 TCP 或 UDP 协议）；当出现扩展首部时，该字段值表示后面第一个扩展首部的类型。

（6）跳数限制，占 8 位，用来防止数据报在网络中无休止的存在。源点在每个数据报发出时即设定某个跳数限制，最大为 255。每台路由器在转发数据报时，要先把跳数限制字段中的值减 1。当该字段值为 0 时，就要丢弃该数据报。

（7）源 IP 地址，占 128 位，指发送端的 IP 地址。

（8）目的 IP 地址，占 128 位，指接收端的 IP 地址。

与图 5-12 的 IPv4 数据报结构相比，IPv6 对首部中的某些字段做了很多简化，字段数量从 IPv4 中的 12 个减少到 IPv6 中的 8 个。这些变化主要表现在如下方面。

（1）IPv6 首部取消了首部长度字段，因为它的首部长度是固定的 40B。

（2）取消了服务类型字段，因为优先级和流标号字段合并实现了服务类型字段的功能。

（3）取消了总长度字段，改用有效载荷长度字段。

（4）取消了标识、标志和片偏移字段，因为这些功能已包含在分片扩展首部中。

（5）将 TTL 字段改称为跳数限制，使名称和作用更加一致。

（6）取消了协议字段，改用下一个首部字段。

（7）取消了检验和字段，加快了路由器处理数据报的速度。检错功能分别在数据链路层和传输层体现：在数据链路层，对检测出有差错的帧就丢弃；在传输层，当使用 UDP

协议时,若检测出有差错的用户数据报就丢弃;当使用 TCP 协议时,对检测出有差错的报文段就重传,直到正确传送到目的进程为止。因此,在网络层的差错检测可以省略。

（8）取消了选项字段,而用扩展首部实现选项功能。

习　题　5

1. 试辨认以下 IP 地址的网络类别。

（1）138.56.23.13
（2）27.12.240.35
（3）198.191.88.12
（4）191.62.77.32
（5）89.3.0.1
（6）200.3.8.6

2. 某单位分配到一个 B 类地址,其网络号为 129.250.0.0。该单位有 4000 台主机,平均分布在 16 个不同的地点。如选用子网掩码为 255.255.255.0,试给每一个地点分配一个子网号码,并计算出每个地点主机号码的最小值和最大值。

3. 假设互联网由两个局域网通过路由器连接起来。第一个局域网上某主机有一个400B 长的 TCP 报文传到 IP 层,加上 20B 的首部后成为 IP 数据报,要发向第二个局域网。但第二个局域网所能传送的最长数据帧中的数据部分只有 150B,因此数据报在路由器处必须进行分片。试问第二个局域网要向其上层传送多少字节的数据?

4. IP 数据报中的首部检验和并不检验数据报中的数据,这样做的最大好处是什么? 有何坏处?

5. 关于 MTU 的应用实践:如何在 Windows 系统下查看网卡的 MTU 值? 如何修改本机的 MTU 值?

6. 参照图 5-21 的例题,要求:

（1）写出路由器 R3 的路由表信息;

（2）如果在 R3 收到的分组中,IP 分别是 129.8.23.46、156.18.5.32 和 210.31.37.4,请分别求其下一跳地址和接口信息。

7. 已知路由器 R1 的路由表信息如表 5-14 所示,要求:

（1）画出该路由拓扑结构;

（2）写出 IP 地址为 183.25.3.6 的路由器的路由表。

表 5-14　路由器 R1 的路由表

掩　　码	目 的 地 址	下 一 跳	接　　口
255.255.0.0	120.68.0.0	—	m0
255.255.0.0	183.25.0.0	—	m2
255.255.0.0	190.43.0.0	—	m1
255.255.0.0	137.15.0.0	190.43.6.5	m1
255.255.0.0	142.6.0.0	183.25.3.6	m2
0.0.0.0	0.0.0.0	120.68.4.57	m0

8. 设某路由器建立的路由表如表 5-15 所示。

表 5-15　某路由器的路由表

目 的 网 络	子 网 掩 码	下 一 跳
128.96.39.0	255.255.255.128	接口 0
128.96.39.128	255.255.255.128	接口 1
128.96.40.0	255.255.255.128	R2
192.4.153.0	255.255.255.192	R3
*（默认）	—	R4

此路由器可直接从接口 0 和接口 1 转发分组，也可以通过相邻的路由器 R2、R3 和 R4 进行转发。现共收到 5 个分组，其目的站 IP 地址分别为

(1) 128.96.39.10　　　　　　　　(2) 128.96.40.12

(3) 128.96.40.151　　　　　　　 (4) 192.4.153.17

(5) 192.4.153.90

试分别计算其下一跳。

9. 主机 A 发送 IP 数据报给主机 B，途中经过了 5 台路由器。试问在 IP 数据报的发送过程中总共使用了几次 ARP？

10. 有如下的 4 个/24 地址块，试进行最大可能的聚合。

212.56.132.0/24，212.56.133.0/24，212.56.134.0/24，212.56.135.0/24

11. 有两个 CIDR 地址块 208.128/11 和 208.130.28/22。是否有哪一个地址块包含了另一个地址？ 如果有，请指出，并说明理由。

12. 以下地址中的哪一个和 86.32/12 匹配？ 请说明理由。

(1) 86.33.224.123　　　　　　　　(2) 86.79.65.216

(3) 86.58.119.74　　　　　　　　 (4) 86.68.206.154

13. 以下的地址前缀中的哪一个和地址 2.52.90.140 匹配？ 请说明理由。

(1) 0/4　　　　　 (2) 32/4　　　　　 (3) 4/6　　　　　 (4) 80/4

14. 下面的前缀中的哪一个和地址 152.7.77.159 和 152.31.47.252 都匹配？ 请说明理由。

(1) 152.40/13　　　 (2) 153.40/9　　　 (3) 152.64/12　　　 (4) 152.0/11

15. 已知地址块中的一个地址是 140.120.84.24/20。试求该地址中的最小地址和最大地址。地址掩码是什么？ 地址块中共有多少个地址？ 相当于多少个 C 类地址？

16. 设 ISP（互联网服务提供者）拥有 CIDR 地址块 202.192.0.0/16。先后有四所大学（A、B、C、D）向该 ISP 分别申请大小为 4000、2000、4000、8000 个 IP 地址的地址块，试为 ISP 给这四所大学分配地址块。

17. 某单位分配到一个地址块 136.23.12.64/26。现在需要进一步划分为 4 个一样大的子网。试问：

(1) 每个子网的前缀有多长？

(2) 每个子网中有多少个地址？

（3）每个子网的地址块是什么？

（4）每个子网可分配给主机使用的最小地址和最大地址是什么？

18．简述 RIP、OSPF 和 BGP 路由选择协议的主要特点。

19．分析 RIP 协议的距离向量算法，并应用于 7 个以上路由节点的路由表更新，举例说明。

20．分析 OSPF 协议的 LSA 算法和 SPF 算法。

21．集线器、网桥、路由器和网关有何区别？

22．简述 VPN 的主要作用及其技术特点。

23．IPv6 没有首部检验和，这样做的优缺点是什么？

24．当使用 IPv6 时，ARP 协议是否需要改变？如果需要改变，应该进行概念性的改变还是技术性的改变？

25．试把以下的 IPv6 地址用零压缩方法写成简洁形式。

（1）0000:0000:0F53:6382:AB00:67DB:BB27:7332

（2）0000:0000:0000:0000:0000:0000:004D:ABCD

（3）0000:0000:0000:AF36:7328:0000:87AA:0398

（4）2819:00AF:0000:0000:0000:0035:0CB2:B271

26．试把以下的零压缩的 IPv6 地址还原成原来的形式。

　　（1）0::0　　　　　（2）0:AA::0　　　　（3）0:1234::3　　　　（4）123::1:2

27．以下的每一个地址属于哪一种类型？

　　（1）FE80::12　　　（2）FEC0::24A2　　（3）FF02::0　　　　（4）0::01

第6章 传 输 层

传输层是 TCP/IP 模型的重要层次,具有网络进程之间的通信功能。该层包括两个重要的协议: TCP 和 UDP 协议,分别为应用层提供可靠性服务和实时性服务。

本章首先介绍传输层的基本功能,然后阐述 UDP 协议和 TCP 协议,说明 UDP 协议的校验和计算过程和 TCP 协议的可靠服务实现原理,对 TCP 协议的可靠性保障机制,如连接管理、流量控制和拥塞控制等进行详细描述。

6.1 传输层协议概述

从通信和信息处理的角度看,传输层向上层提供通信服务属于面向通信部分的最高层,同时也是用户功能中的最低层。传输层为高层用户建立端到端的可靠逻辑连接,如图 6-1 所示。

图 6-1 传输层的功能层次

6.1.1 进程之间的通信

网络通信实质上是两个网络进程之间的通信。在网络层,实现的是主机之间的通信,能够将分组送达到目的主机。但是,它无法交付给主机中的具体进程。这样,真正的通信并没有完成。

在一个活动主机中,往往同时有多个进程在运行,有些是本地进程,有些是网络进程,需要与远程主机的某一个或多个进程进行通信。网络进程需要在传输层描述,其通信原理如图 6-2 所示。可见,传输层为应用进程提供了逻辑通信。

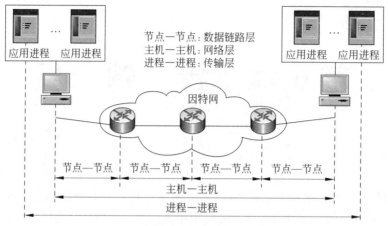

图 6-2 传输层和网络层协议的作用范围

6.1.2 端口及其作用

在发送方，多个进程都需要使用同一个传输层协议向对方传送数据，这称为传输层的复用功能；在接收方，其传输层在拆解报文的首部后，能够将这些数据正确交付到其对应的应用进程。这个功能称为传输层分用。复用和分用的原理如图 6-3 所示。

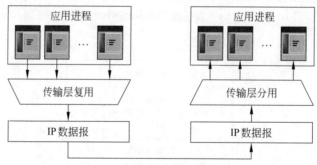

图 6-3 传输层的复用和分用

显然，如果每个应用进程没有自己的标识，则网络通信无法找到正确的目标。那么，应该如何为网络进程设置标识呢？

在单机状态下，进程采用进程标识符标志。但是，在网络环境下，不同的操作系统会使用不同格式的进程标识符，所以这种方式并不可行，必须采用一种统一方法，使之与操作系统无关。解决方法是使用端口，通过使用端口号标识每个具体的本地进程。

端口号占用 16 位，其范围是 0～65535，划分为以下三类。

（1）熟知端口号或系统端口号（0～1023）。这是 IANA 组织统一规定的，专门指定为 TCP/IP 协议最重要的一些应用程序，在服务器上使用并公布于众，作为保留端口号。这些端口号在网址 www.iana.com 上可以查到。一些常用端口号如表 6-1 所示。

（2）注册端口（1024～49151），主要是一些公司申请注册后，为用户提供专门服务的。

表 6-1 常见的熟知端口及其应用协议

传输层协议	端口号	服务进程	协议描述
UDP	42	NAME 服务器	主机名字服务器
UDP	53	域名	域名服务器
UDP	67	BOOTP 客户机	客户端引导协议服务
UDP	68	BOOTP 服务器	服务器端引导协议服务
UDP	69	TFTP	简单文件传输协议
UDP	111	RPC	远程过程调用
UDP	161	SNMP	简单网络管理协议
TCP	20	FTP 数据	文件传输服务器(数据连接)
TCP	21	FTP 控制	文件传输服务器(控制连接)
TCP	23	Telnet	远程终端服务器
TCP	25	SMTP	简单邮件传输协议
TCP	80	HTTP	超文本传输协议
TCP	110	POP	邮局协议

（3）动态端口（49152～65535），是用户根据需要动态申请和使用的。通信结束后，刚使用的端口号就不再存在。

由于端口号标识本地进程，因此，不同主机的端口号可以相同，互不相关。有了端口号，在传输层上传输数据时就很明确地定位到通信的进程。例如，某服务器同时提供了电子邮件、Web 和 FTP 三类服务，对应端口号分别是 25、80 和 21。现有一台客户机，端口号分别是 55000、65000 和 56000，其中端口号为 65000 的进程与服务器的 80 端口进行通信，则两者的网络传输原理如图 6-4 所示。由源端口 65000、目的端口 80 和数据构成的报文，从客户机传输到服务器；相反，由源端口 80、目的端口 65000 和数据构成的报文，从服务器传输到客户机。

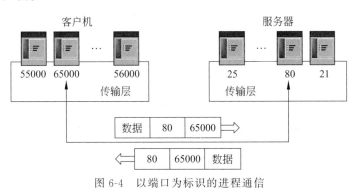

图 6-4 以端口为标识的进程通信

实际上，网络进程需要采用三级寻址，即特定网络、主机地址和端口号，这类似于打国际长途电话，如电话号码为 86-10-812921XX，表示的是中国—北京—某单位部门的电话寻址过程。由于通信双方的协议应用相同，因此需要建立本地和远程之间的相关性：

半相关：（协议，本地地址，本地端口号），准确地标识了本地通信进程。

全相关：（协议，本地地址，本地端口号，远地地址，远地端口号），准确地标识了网间通信进程。

考虑半相关的情况：协议是 TCP/IP、本地地址为 210.31.44.250、本地端口号为 80，则从网络层到传输层后，数据传输到进程的过程示意如图 6-5 所示。

如果接收方并没有运行指定端口的进程，如 80 端口进程并未启动，则到来的数据报会因无法交付而被 UDP 协议丢弃，同时，UDP 协议将要求 ICMP 协议发回一个端口无法达到的报文给对方。

除了进程通信之外，传输层还提供了网络层所没有的一些功能，例如，为了保证将应用数据正确交付给应用层，传输层协议的校验和既要校验首部，也要校验数据部分，并且只在发送端进行一次校验和计算，在接收端进行一次检测，中间经过的路由器对 TCP 和 UDP 协议而言是透明的，不会重复计算校验和。

同时，由于用户不能对通信子网进行控制，无法解决网络层的服务欠佳问题，更不可能通过改进数据链路层的纠错能力改善低层传输环境。解决方法就是通过传输层的 TCP 和 UDP 协议提供相应的服务要求。如果需要保证应用的可靠性，则采用 TCP 协议；如果需要强调实时性，则选择 UDP 协议。

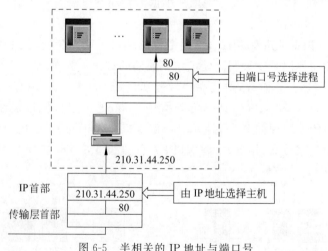

图 6-5 半相关的 IP 地址与端口号

此外，由于不同的网络会产生很大的网络服务差异，而在传输层，能够采用一个标准的原语集提供传输服务，所以用传输服务原语编写的应用程序就可以通用于各种网络。

下面通过 UDP 协议、TCP 协议以及可靠传输内容，阐述这些功能的具体体现。

6.2 UDP 协议

UDP 采取无连接的方式提供高层协议间的事务处理服务,允许它们互相发送数据报。即 UDP 是在计算机上规定用户以数据报方式进行通信的协议,可供应用进程直接使用。UDP 协议是基于 IP 协议的,只在 IP 数据报的服务之上增加了端口复用与分用、差错检测的功能。

6.2.1 UDP 协议的特点

(1) UDP 是无连接的。发送数据之前不需要建立连接,数据可能出现重复、丢失、顺序错误等现象。另外,UDP 的主机不需要维持复杂的连接状态表,只有 8B 的首部开销。因此,UDP 协议具有实时性,许多应用层协议是基于 UDP 的,如 DNS、RIP、TFTP、SNMP 等。

(2) UDP 是面向报文的。UDP 保留上层应用程序产生的报文的边界,即它不会对报文进行合并或分段处理,这样使接收方收到的报文与发送时的报文大小完全一致。

(3) 除了点对点通信方式外,UDP 协议还支持广播通信和多播通信,这是其独有之处。

6.2.2 UDP 报文格式

UDP 报文由首部和数据组成,而首部由四个字段组成,分别是源端口号、目的端口号、长度和校验和,各占用 2B,如图 6-6 所示。

图 6-6 UDP 报文的首部

各字段的含义如下。

(1) 源端口:指运行于源主机上的进程的端口号,在需要对方回信时使用,不需要时可以为 0。如果该主机是客户机,则该端口号通常是动态端;若主机是服务器,则该端口往往是熟知端口。

(2) 目的端口:指运行于目的主机上的进程的端口号,必须使用。

(3) 长度:指 UDP 数据报的总长度,单位是 B。

(4) 校验和:用于检测整个用户数据报在传输中是否有错。如果有错,则该报文就会被丢弃,不再上传到应用层。

【例 6-1】 UDP 数据报首部中的长度字段,其数值范围是多少?

解析：

（1）该字段的单位是 B，其长度占用 16 位，16 位的数据范围是 0～65535。

（2）该长度包括首部和数据部分，当只有首部而无数据时，其最小值为首部大小，为 8B。

（3）由 IP 首部的组成可知，IP 长度占用 16 位，包括了 IP 首部（20B）和传输层总长。因此，UDP 报文总长度应该是 65535－20＝65515（B）。由此可得，UDP 数据报的数据部分的取值范围是 0～65507B。

（4）分析 IP 长度和 UDP 长度两个字段，似乎 UDP 长度的字段没有必要。但是，这对于目的主机计算数据长度是非常有用的。这是因为，一旦数据由网络层交付到传输层，IP 首部已经被剥离，则 IP 首部的 IP 长度字段已经不可能使用，就必须依靠传输层报文头部的长度字段计算数据长度。

6.2.3　UDP 的校验和计算

校验和在前文的 IP 和 ICMP 报文中已经提到过，但是，UDP 的校验和与它们不同，包括了三部分：伪首部、UDP 首部和用户数据，即在 UDP 数据报前面增加了一个伪首部，它是 IP 包的首部，如图 6-7 所示。

源 IP 地址		
目的 IP 地址		
0	协议	长度

图 6-7　UDP 校验和计算的伪首部

源 IP 地址和目的 IP 地址都是 32 位长度。在协议字段中，对于 UDP 协议，其值填入 17。在长度字段，就是指 UDP 数据报的总长度。

为什么此时的校验和计算需要 IP 包的首部呢？回顾半相关的内容，需要将数据交付给目的主机中相互通信的端口。如果校验和不考虑 IP 包的首部，则一旦 IP 首部出错时，UDP 数据的校验也可能正确，其结果是将向错误的主机交付 UDP 数据。因此，设计伪首部是必要的。

进一步地，将伪首部中的源 IP 地址、目的 IP 地址、协议和 UDP 首部中的源端口、目的端口组合在一起，就构成了通信双方的五元组信息，达到了全相关。校验和完整地校验了全相关内容，其特点是简单快速，便于高速数据传输。

将伪首部和 UDP 数据报组合在一起，按 16b 为单位划分这些数据后，进行二进制反码求和运算，该值的反码就是校验和。注意，在划分前，校验和字段数填 0。而且，如果 UDP 数据部分的长度是奇数，则需要在其后增补一个全 0 字节，以便使所有数据都能构成 16b 数据。

在接收方，也参照以上过程进行计算，如果求和结果是全 1，则接收该 UDP 数据报并上传到应用层；否则，认为该数据报是错误的，做丢弃处理。

如果计算校验和的结果是 0，则必须设置其补码（即全 1）。因为校验和字段中填 0 时，表示不进行校验。

注意，反码求和算法是校验和的一种变通算法，也称为 1 的补码和，是指带循环进位的加法,将最高位溢出加到最低位。所以,最高位如果有进位,则应循环进到最低位。

在发送端,校验和的计算还可以如下实现:首先将所有的 16 位整数进行二进制取反运算,然后逐一累加这些 16 位整数的反码。当累加结果中出现进位时,将之与累加结果进行累加。直到将所有的 16 位整数累加完毕,就形成了 16 位校验和。实际上,这与上述的校验和计算原理是相同的。下面给出校验和的 C 语言实现函数:

```c
unsigned short checksum(unsigned short * buf, int nword)
{
    unsigned long sum;
    for(sum=0; nword>0; nword--)
        sum+= * buf++;                  //求和
    sum=(sum>>16)+(sum&0xffff);        //把 sum 的高 16 位加到低 16 位
    sum+=(sum>>16);                    //把 sum 的进位加到低 16 位
    return~sum;                        //求反码后返回,实际只有低 16 位有用
}
```

【例 6-2】 假设 UDP 数据只有 7B,内容为 TESTING。伪首部信息如图 6-8 左上所示,源端口和目的端口分别为 1087 和 13。请计算 UDP 校验和。

解析:

(1) 计算 UDP 长度为 $8+7=15B$,填入伪首部和 UDP 首部中。

(2) 在 UDP 数据报首部的校验和字段中,预先填入 0。

(3) 由于 UDP 数据为奇数,需要在数据后填充 1 个全 0 字节。

(4) 按二进制反码进行求和运算,得到结果为 1001011011101011。

(5) 对结果求反码,得到校验和 0110100100010100。

(6) 将该校验和替换初始填入 UDP 首部校验和字段中的 0,构成新的 UDP 数据报,可以发送到网络层。

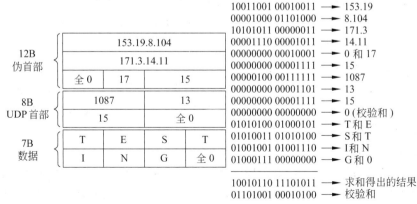

图 6-8 UDP 校验和计算实例

6.3　TCP 协议概述

在 TCP/IP 协议族中，TCP 协议既重要又复杂。本节先介绍 TCP 的基本特点和数据格式，随后三节将分别阐述 TCP 的连接管理和可靠传输、TCP 的流量控制和 TCP 的拥塞控制。

6.3.1　TCP 协议的基本特点

UDP 协议类似于邮件收发过程，相比之下，TCP 协议类似于打电话的过程。TCP 协议的重要特点表现如下。

（1）面向连接，指在通信之前双方必须建立连接，通信完成后必须释放连接。这与打电话非常相似，通话前要先拨号接通对方，通话结束后要挂机。而 UDP 协议是无连接的，直接按地址和端口信息发送数据报，正如我们按通信地址和联系人信息发送信件一样，不需要也不可能约定双方收发的细节。

（2）提供可靠服务。TCP 协议能够保证传输数据的顺序正确，且无差错、无重复和不丢失。而 UDP 协议的服务是不可靠的。

（3）由于每条 TCP 连接只能有两个端点，所以只支持点对点的通信。在线路连接中，接打电话的也只有两个。而采用 UDP 协议，可以实现一对多和多对多的通信，现在网络电话就能够按组实现多人通话。

（4）全双工通信。TCP 双方在任何时候都能够同时收发数据，两端都有发送缓冲区和接收缓冲区，用来临时存放通信的数据。

（5）面向字节流，指 TCP 将由应用层下来的数据看成是一连串的字节流，TCP 并不知道该字节流的含义。接收方收到相同的字节流后，能够还原成有意义的应用层数据。而在传输过程中，这些字节流将构成若干报文段，每个报文段可能包含不同长度的字节。如图 6-9 所示，为了简便，仅表示了一个方向的少量字节的收发原理。

在图 6-9 中，数据以三种方式构成，首先是在应用层传送到 TCP 缓存的数据块方式，大小不一。这些数据块再以字节流方式进入 TCP 发送缓存。最后，TCP 根据对方给出的窗口值和当前网络拥塞程度决定一个报文段应包含多少个字节。如果发来的字节非常少（如 1 个），TCP 也可以等待积累到足够多的字节时，再构成报文段发送出去。

图 6-9 中的 TCP 连接是虚连接，并非实际连接。实际上，TCP 报文段要先传送到 IP 层，作为该层的数据部分，加上 IP 首部后再传送到数据链路层，再加上数据链路层的首部和尾部，构成一个帧，才离开主机发送到物理链路。

在整个传送过程中，每个报文段以其第 1 字节的编号为该段的序号，而字节编号是在 TCP 发送缓存中进行的。字节编号的起始值并不一定是 0，而是在 $0 \sim (2^{32}-1)$ 范围内随机产生。例如，随机数如果生成为 74，共需要发送 25 字节数据，则这些数据编号为 $74 \sim 98$。

在接收方收到一个报文段后，会返回一个包含确认号的报文。该确认号指出了希望

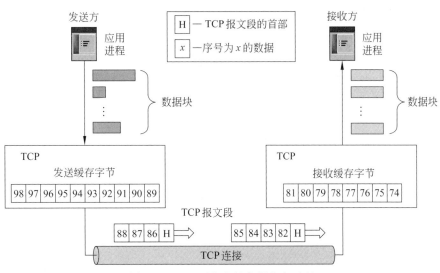

图 6-9　TCP 面向流的数据收发过程

接收的下一个段的序号。如图 6-9 中示意的两个报文段的序号分别是 82 和 86，则接收方发回的确认号分别是 86 和 89。

【例 6-3】　假设某 TCP 连接正在传送有 8000 字节的文件，第 1 字节随机生成的编号是 10020。如果数据以 6 个报文段发送出去，且前 5 个段都分别包含 1200 字节，请问每段的序号和确认号分别是多少？

解析：

报文段 1 的序号 10020，范围是 10020～11219，对应的确认号是 11220。

报文段 2 的序号 11220，范围是 11220～12419，对应的确认号是 12420。

报文段 3 的序号 12420，范围是 12420～13619，对应的确认号是 13620。

报文段 4 的序号 13620，范围是 13620～14819，对应的确认号是 14820。

报文段 5 的序号 14820，范围是 14820～16019，对应的确认号是 16020。

报文段 6 的序号 16020，范围是 16020～18019，对应的确认号是 18020。

6.3.2　TCP 报文段的首部格式

TCP 传送的数据单元是报文段，报文段包含首部和数据两部分，而首部中各字段的作用体现了 TCP 协议的全部功能。只有明确了这些字段的含义和作用，才能掌握 TCP 的工作原理。

TCP 报文段的首部格式如图 6-10 所示。

TCP 报文段首部的前 20B 是固定的，后面有 4N 字节可根据需要而增加的选项（N 为整数），因此，TCP 首部的最小长度是 20B。

（1）源端口和目的端口：分别对应源端口号和目的端口号，其作用与图 6-6 相似。

（2）序号：指每个报文段的序号，前文已有说明。在连接建立阶段，即随机产生初始序号，其范围是 $[0,2^{32}-1]$，每个传输方向上的初始序号通常不同。例如，如果初始序号

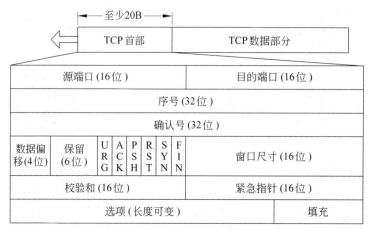

图 6-10　TCP 报文段的首部格式

为 2367，且第 1 个报文段携带 1000B 的数据，则该段的序号是 2368；第 2 个报文段携带 500B 的数据，其序号为 3368。

（3）确认号：指期望收到对方下一个报文段的序号，也表明已经正确收到了该序号之前的所有数据。

（4）数据偏移：指出 TCP 报文段的首部长度，单位是 32 位的字。由于选项长度不能超过 40B，因此 TCP 首部的最大长度为 60B，最小为 20B。数据偏移字段占用 4 位，则其最小值是 20/4＝5，即 0101；最大值为 60/4＝15，即 0111。

（5）保留：为今后使用，目前应置为 0。该字段有时用于隐蔽通信。

（6）6 个标志位：用于区分不同类型的 TCP 报文，其含义如表 6-2 所示。

表 6-2　TCP 首部标志位的含义

标　志　位	含义与应用
URG（Urgent）	表明此报文段中包含紧急数据，应尽快传送。紧急数据（如键盘中断命令 Control＋C）将插入到本报文段数据的最前面，实现优先发送
ACK（Acknowlegment）	表明确认号字段有效。在连接建立后所有传送的报文段都必须把 ACK 置 1
PSH（Push）	表明应尽快将此报文段交付给对方，而不需要等待缓存为满时才交付。适于交互式通信这类推送操作，但很少使用
RST（Reset）	表明 TCP 连接必须重新建立。用于连接出现严重差错（如主机崩溃），还可用来拒绝一个非法的报文段，或拒绝打开一个连接
SYN（Synchronization）	在连接建立时用来同步序号
FIN（Finish）	表明数据已发送完毕，要求释放连接

（7）窗口尺寸：表明允许对方发送的数据量，以字节为单位。窗口尺寸是让对方作为设置其发送窗口的依据，经常动态变化，TCP 使用窗口机制进行流量控制。

（8）校验和：校验范围包括伪首部、TCP 首部和数据三部分。与 UDP 校验和的计算方法相同，只是伪首部中的协议字段值为 6。

（9）紧急指针：指出了紧急数据的末尾在报文段中的位置，仅在 URG＝1 时才有意义。注意，即使窗口为 0 时也可发送紧急数据。

（10）选项：长度在 0～40B 可变，必须填充为 4B 的整数倍。最常用的选项字段是最大报文段长度（Maximum Segment Size，MSS）。MSS 是 TCP 报文段中数据字段的最大长度，即 MSS＝TCP 报文段长度—TCP 首部长度。MSS 的选用既要提高网络利用率，又在 IP 层传输时尽量不再分片，因此最佳的 MSS 很难确定。MSS 默认为 536B，则所有主机都能接收的报文段长度为 536B＋20B＝556B。

使用 Wireshark 网络抓包工具，捕获 FTP 数据。对于传输层的 TCP 协议，其报文段的具体信息如图 6-11 所示。其中清晰地展示了首部各字段的内容。

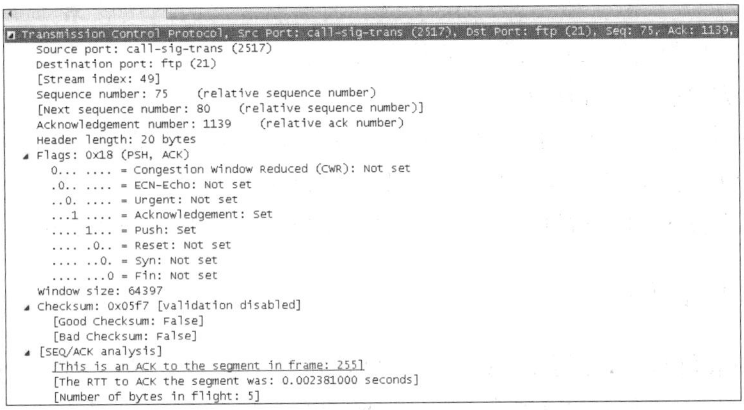

```
Transmission Control Protocol, Src Port: call-sig-trans (2517), Dst Port: ftp (21), Seq: 75, Ack: 1139,
    Source port: call-sig-trans (2517)
    Destination port: ftp (21)
    [Stream index: 49]
    Sequence number: 75    (relative sequence number)
    [Next sequence number: 80    (relative sequence number)]
    Acknowledgement number: 1139    (relative ack number)
    Header length: 20 bytes
  Flags: 0x18 (PSH, ACK)
    0... .... = Congestion Window Reduced (CWR): Not set
    .0.. .... = ECN-Echo: Not set
    ..0. .... = Urgent: Not set
    ...1 .... = Acknowledgement: Set
    .... 1... = Push: Set
    .... .0.. = Reset: Not set
    .... ..0. = Syn: Not set
    .... ...0 = Fin: Not set
    Window size: 64397
  Checksum: 0x05f7 [validation disabled]
    [Good Checksum: False]
    [Bad Checksum: False]
  [SEQ/ACK analysis]
    [This is an ACK to the segment in frame: 255]
    [The RTT to ACK the segment was: 0.002381000 seconds]
    [Number of bytes in flight: 5]
```

图 6-11　网络抓包数据的 TCP 报文段信息

6.4　TCP 的连接管理

作为面向连接的协议，TCP 协议需要在相互通信的源主机和目的主机之间建立一条虚拟通道，为传输数据报文提供路径。TCP 的连接管理主要包括连接建立和连接释放两个过程。另外，还有连接重置的管理。

6.4.1　连接建立

TCP 协议按照全双工模式传输数据，因此通信双方能够同时发送和接收对方的数据。通常，作为服务器的一方首先运行并处于监听状态，等待客户的连接；而客户机主动向服务器发出连接请求。其过程有四个环节。

（1）客户机发送一个报文段，希望与服务器建立连接，且包含了从客户机到服务器的初始化信息。

（2）服务器发送一个报文段确认客户机的连接请求。

（3）服务器发送一个报文段，包含从服务器到客户机的初始化信息。

（4）客户机发送一个报文段确认服务器的连接请求。

该连接建立过程包含了四个步骤。不过，由于步骤 2 和 3 能够同时发生，可以合并为一个步骤。因此，服务器能够在确认客户机连接请求的同时，发送自己的请求。这样，交互环节就成为了三次，称为三次握手过程。

图 6-12 展示了 TCP 连接建立的过程，下面阐述三次握手的具体细节。

（1）客户机发出连接请求报文段。其 TCP 首部中的同步位 SYN 置 1，同时，随机选择一个初始序号，如 seq＝x。

（2）服务器发送确认报文段。服务器如果同意接收客户发来的连接请求，则发回确认，ACK 置 1，确认序号为客户机序号加 1，即 x＋1。因为连接是双向的，所以服务器也发出和客户机的连接请求，在报文段中同时将 SYN 置 1，并为自己选择一个初始序号 y。

（3）客户机发送确认段。客户机的 TCP 收到服务器的确认后，要向服务器发回确认，使 ACK 置 1，确认号 ack＝y＋1，且使自己的序号 seq＝x＋1。

至此，双方的连接已经建立了。

TCP 标准规定，TCP 报文段首部的 SYN 或 FIN 置位时，需要消耗一个序号；而 ACK 置位时，不需要消耗序号。因此，当客户机向服务器发送第一个数据报文段时，其序号仍然是 x＋1。同样，当服务器向该客户机发送第一个数据报文段时，序号仍然是 y＋1。

6.4.2　连接释放

在数据传输结束后，通信双方都可以发出释放连接的请求。为了避免数据丢失情况，连接释放过程比连接建立过程要复杂，具有四个交互环节，称为四次挥手，如图 6-13 所示，其具体步骤如下。

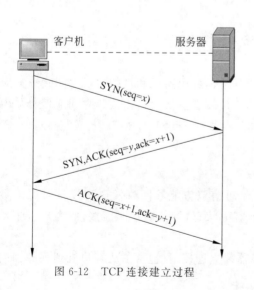

图 6-12　TCP 连接建立过程

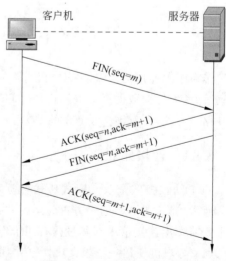

图 6-13　TCP 连接释放过程

（1）客户机发出连接释放报文段。客户机的 TCP 通知服务器，请求释放从客户机到服务器方向的连接，表示不再发送数据给服务器，但仍然能够接收数据。客户机的 TCP 报文段首部的 FIN 置 1，序号为 m（m 是客户机已传送数据的最后一字节的序号加 1）。

（2）服务器发送确认报文段。服务器的 TCP 收到释放连接通知后,即发出确认,确认号是 ack=m+1,而自己的序号为 seq=n(n 等于服务器已传送数据的最后一字节的序号加 1)。

至此,由客户机到服务器的连接就释放了,整个 TCP 的连接处于半关闭状态。服务器不再接收客户机发来的数据,但还可以继续发送数据给客户机。客户机只要正确收到数据,仍应向服务器发回确认。

（3）服务器发出连接释放报文段。如果服务器向客户机的数据发送结束,则发出连接释放报文段,使 FIN=1,并仍使其序号 seq=n(步骤 2 的 ACK 不需要序号),且使确认号 ack=m+1。

（4）客户机发送确认报文段。客户机的 ACK 置 1,确认号 ack=n+1,自己的序号为 seq=m+1。

至此,两个方向的连接全部释放。

6.4.3 连接重置

连接重置意味着当前的连接将被取消,其发生的原因有以下三种。

（1）通信一方的 TCP 向对方不存在的端口发出连接请求时,另一方将发回 RST 报文段(RST 置 1)。

（2）通信一方的 TCP 因异常情况而希望终止当前连接,向对方发送一个 RST 报文段。

（3）通信一方的 TCP 发现对方长期处于空闲状态后,发出一个 RST 报文段。

【例 6-4】(2009 年计算机网络考研题)　主机甲与主机乙之间已建立一个 TCP 连接,主机甲向主机乙发送了两个连续的 TCP 段,分别包含 300B 和 500B 的有效载荷,第一个段的序列号为 200,主机乙正确收到两个段后,发送给主机甲的确认序列号是(　　　)。

    A. 500   B. 700   C. 800   D. 1000

解析：主机乙发送的确认号是期望下一个收到来自于主机甲的段号。由于第一个段号为 200,第一个段的有效载荷为 300,则其最后一字节的序号是 499。因此,第二个段号成为了 200+300=500,其最后一字节的序号是 500+500−1=999。当主机乙正确收到了两个段后,期望收到主机甲的段号是 999+1=1000。因此,答案是 D。

【例 6-5】　用 TCP 传送 256B 的数据。设窗口为 110B,TCP 每次传送的数据也为 110B。发送端和接收端的初始序号分别是 968 和 410。试画出连接、数据传输到连接释放阶段的示意图。

解析：连接管理全部阶段如图 6-14 所示。

在连接建立阶段,通信双方分别消耗 1 个序号,即发送端 seq=968 和接收端 seq=410。

在数据传送阶段,由于每次固定传送 110B,所以,一共 256B 的数据需要拆分为以下 3 个 TCP 报文段。

第 1 个报文段的序号字段值为 969,传送的字节流序号是 969～1078,共 110B。

第 2 个报文段的序号字段值为 1079,传送的字节流序号是 1079～1188,共 110B。

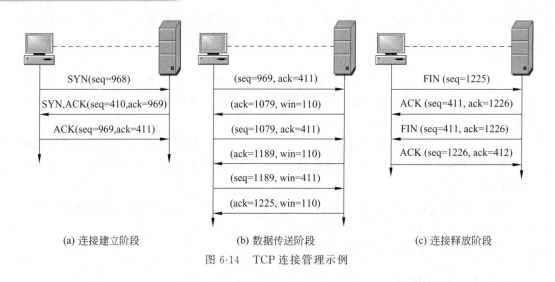

(a) 连接建立阶段　　　　　　(b) 数据传送阶段　　　　　　(c) 连接释放阶段

图 6-14　TCP 连接管理示例

第 3 个报文段的序号字段值为 1189，传送的字节流序号是 1189～1224，共 36B。

在连接释放阶段，通信双方分别消耗 1 个序号，即发送端 seq＝1225 和接收端 seq＝411。

6.5　可靠传输

TCP 是可靠的传输层协议，主要通过 TCP 校验和、确认机制、定时器等实现可靠传输。

在 OSI 体系中，在数据链路层使用 HDLC 协议而在网络层使用 X.25 协议，这些协议都有确认机制和窗口机制，因而能够保证可靠传输。但是技术的进步使链路的传输已经相当可靠，现在因特网在链路层使用的 PPP 协议和在网络层使用的 IP 协议都没有确认机制和窗口机制，如果出现差错就由传输层的 TCP 处理。

6.5.1　TCP 校验和

TCP 校验和的计算方法与 UDP 的相同，区别在于，图 6-7 伪首部中的协议字段为 TCP 协议，取值为 6。而且，UDP 的校验和是可选的，而 TCP 的校验和是必不可少的，一旦发现报文段有错误，就会丢弃报文，等待发送方超时重传该数据。

6.5.2　确认机制

TCP 的确认是对接收到的数据的最高序号（即收到的数据流中最后一字节的序号）进行确认，具有累积确认的效果。返回的确认号是已收到数据的最高序号加 1。

由于 TCP 提供全双工通信，因此通信中的每一方都不必专门发送确认报文段，而是在传送数据时顺便把确认信息捎带传送。

6.5.3 定时器

为了保证数据传输正常进行,TCP 实现中应用到了三种定时器:重传定时器、持续定时器和保活定时器。

重传定时器用于超时重传机制,如果在重传时间内没有收到来自接收方的确认报文段,则将缓存数据重发。而确定合适的往返时延是非常困难的,TCP 采用了自适应算法。

持续定时器用于窗口为 0 时的报文段。接收方的缓存满时,会给发送方发送一个窗口为 0 的报文段。而当缓存有空闲时,会发送窗口更新报文段给发送方,并开始等待发送方发来数据。但是,如果该更新段丢失,则发送方无法知道该消息,仍然处于等待状态,不能发送数据,结果使双方进入死锁状态。为了解决这个问题,引入了持续定时器,当发送方收到窗口为 0 的报文段时,就启动工作。一旦该定时器超时,发送方给接收方发送一个探询消息,只包含 1B 的数据。该探询消息提醒对方,确认号已丢失,需要重发。

保活定时器用于长时间空闲的连接。例如,客户机可能已经崩溃,而双方连接仍然占用。为了解决这个问题,服务器每当与客户机建立连接后,即启动一个保活定时器。定时周期通常是 2h。一旦 2h 后服务器未收到客户机的信息,服务器将发送一个探询报文段。如果在每隔 75s 连续发送了 10 个探询报文后都没有回音,则认为客户机已经断开,从而中断连接。

以下阐述常见的几种传输问题及其可靠性保证机制。

(1) 报文段错误:如图 6-15 所示。例如,发送了 3 个报文段,都是 200B,且第 1 个段的初始序号为 1200。前两个报文段都正确接收到,而第 3 个段经过校验和发现有错误,做丢弃处理。发送方在第 3 个报文段的定时器到时后,将重发该报文段。接收方正确收到后,将发回确认号为 1801 的报文段,表明序号为 1201～1800 的字节数据都已成功接收。

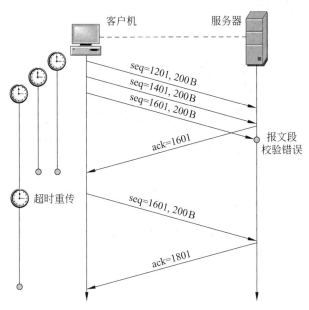

图 6-15　报文段出错时的可靠传输

（2）报文段丢失：如图 6-16 所示。其处理方法与上述情况几乎是一样的。

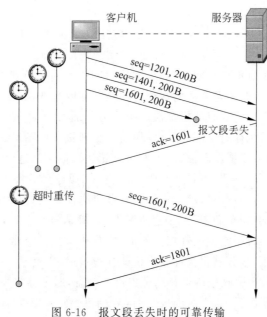

图 6-16   报文段丢失时的可靠传输

（3）报文段重复或顺序错误：TCP 报文段按序号接收，一旦发现有重复序号的数据，就丢弃该报文段。如果发现顺序错误，则会等待接收到正确顺序的数据后，才上交到应用层。

（4）确认丢失：如图 6-17 所示。TCP 协议采用累积确认方式，每个确认都表示对本次报文及其之前的成功接收。

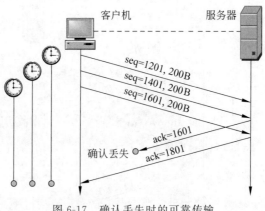

图 6-17   确认丢失时的可靠传输

6.6　TCP 的流量控制

　　TCP 的流量控制与数据链路层的相似,但具有显著的差异。第一,数据链路层的传输单位是帧,TCP 的传输单位是报文段;第二,数据链路层中的流量控制,其窗口大小固定;而在 TCP 中,采用大小可变的滑动窗口机制,窗口的单位是 B。第三,TCP 协议根据接收方的接收能力,通过接收窗口实现端到端的流量控制,其控制过程更加复杂。另外,现在使用得最多的 PPP 链路层协议并不使用确认机制和窗口机制。

　　窗口尺寸写入 TCP 报文段首部中的 WIN 字段,接收方以此通知发送方,使双方的收发窗口保证一致。

　　【例 6-6】　主机 A 向主机 B 发送数据,双方商定的窗口值是 500。设每一个报文段为 100B,序号的初始值为 1。根据图 6-18 的通信情况,请问接收方对发送方进行了几次流量控制?

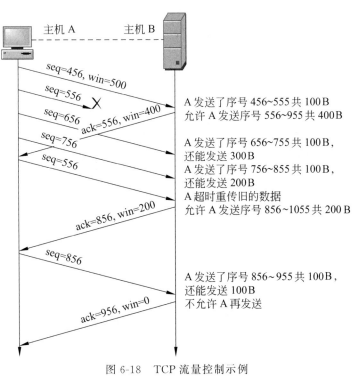

图 6-18　TCP 流量控制示例

　　解析:主机 B 对主机 A 进行了如下 3 次流量控制。

　　(1) 第 1 次,将窗口从初始的 500B 减小为 400B。

　　(2) 第 2 次,将窗口再减小为 200B。当接收方收到 seq=556 的报文段后,进行累积确认。注意,发送端实际能够发送的报文段大小需要与拥塞窗口相比较,取两者中的较小者。

　　(3) 第 3 次,将窗口减小为 0,即不允许发送方再发送数据。此时,发送方仍然可以发送紧急数据。

6.7　TCP 的拥塞控制

计算机网络中的带宽、交换节点中的缓存和处理机等都是网络的资源。在某段时间，若对网络中某一资源的需求超过了该资源所能提供的可用部分，网络的性能就要变差，这种情况称为拥塞，拥塞通常表现为通信时延的增加。

若网络中有许多资源同时呈现供应不足，网络的性能就要明显变差，整个网络的吞吐量将随着输入负荷的增大而下降。拥塞控制就是防止过多的数据注入网络中，使网络中的路由器或链路不致过载。拥塞控制的基本功能是避免网络发生拥塞，或者缓解已经发生的拥塞。TCP/IP 拥塞控制机制的实现主要集中在传输层。

拥塞控制主要有四种算法：慢启动、拥塞避免、快速重传和快速恢复，这些算法有机地结合在一起，如图 6-19 所示。TCP 为了实现有效的拥塞控制，定义了拥塞窗口 cwnd（congestion window）衡量网络的拥塞程度，并与接收窗口 rwnd（receive window）相比较，发送窗口等于 min[rwnd, cwnd]。另外，为了防止因发送数据过大而引起的网络拥塞，定义了慢启动阈值 ssthresh，用于几种拥塞控制算法之间的切换。

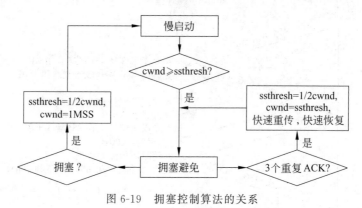

图 6-19　拥塞控制算法的关系

1. 慢启动

指在 TCP 刚建立连接或者当网络发生拥塞超时后，将拥塞窗口 cwnd 设置为一个报文段大小。而且，当 cwnd<ssthresh 时，以指数方式增大 cwnd。即每经过一次传输，使 cwnd 加倍。

2. 拥塞避免

当 cwnd≥ssthresh 时，为避免网络发生拥塞，采用拥塞避免算法，以线性方式增大 cwnd，即每经过一个传输，cwnd 只增加一个报文段，称为加法增大。一旦网络发生拥塞，将此时的拥塞窗口减小一半，作为新的 ssthresh 值，即乘法减小规则。

3. 快速重传和快速恢复

快速重传和快速恢复是对慢启动和拥塞避免算法的改进。快速重传指发送方如果连续收到 3 个重复确认的 ACK，则立即重传该报文段，而不必等待重传定时器超时后再传。

此时,执行乘法减小规则,把慢启动阈值 ssthresh 减半,且作为新的拥塞窗口。

但接下去不执行慢启动算法,而是执行拥塞避免算法,按照加法增大规则进行。这是快速恢复算法,由于拥塞窗口不是从 1 开始,所以可以提高传输效率。

下面给出拥塞控制的典型例子,如图 6-20 所示。

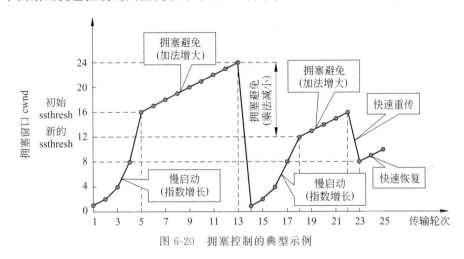

图 6-20 拥塞控制的典型示例

窗口单位是报文段,慢启动初始阈值设置为 16 个报文段。拥塞窗口为 24 时,出现超时现象,发生了网络拥塞,则按照乘法减小规则,新的 ssthresh 取为当前发送窗口 24 的一半,变为 12。在第 14 次传输时,拥塞窗口再重新设置为 1,并执行慢启动算法。

在第 22 次传输后,发送方连续收到了 3 个重复确认,于是执行快速重传和快速恢复算法,使 ssthresh=1/2cwnd=16/2=8。而且以 8 为起始拥塞窗口,执行拥塞避免算法的加法增大规则,分别发送了 8、9、10 个报文段。

【例 6-7】 设 TCP 的拥塞窗口的慢启动阈值初始为 8(单位为报文段),当拥塞窗口上升到 12 时,网络发生超时,TCP 开始慢启动和拥塞避免,那么第 13 次传输时拥塞窗口的大小是多少?

解析:在慢启动和拥塞避免算法中,拥塞窗口初始为 1,窗口大小开始按指数增长。当拥塞窗口大于慢启动阈值 8 后,改为拥塞避免算法。当增加到 12 时,出现超时,重新设置阈值为 6。然后,拥塞窗口重新设置为 1,执行慢启动算法。当拥塞窗口大于慢启动阈值 6 后,改为拥塞避免算法。

这样,拥塞窗口的变化过程为 1、2、4、8、9、10、11、12、1、2、4、6、7、8、9……其中,第 13 次传输时拥塞窗口为 7。

拥塞控制和流量控制常常被混淆。实际上,拥塞控制是一个全局性的过程,涉及所有的主机、路由器及其他与降低网络传输性能有关的因素。而流量控制往往指点对点通信量的控制,是接收端控制发送端的问题,通过抑制发送速率,以便接收端能够及时接收。

进行拥塞控制需要付出代价,既要获得网络内部流量分布信息,又要在节点之间交换信息和各种命令,以便选择控制策略,这样就产生了额外开销。实践证明,由于是动态问题,拥塞控制是很难设计的。

习　题　6

1. 简述 UDP 和 TCP 协议的主要特点及其适用场合。

2. TCP 协议通过哪些差错检测和纠正方法保证传输的可靠性？

3. 一个 UDP 用户数据报的数据字段长度为 3752B，若使用以太网传送，计算应划分为几个数据报片？并计算每一个数据报片的数据字段长度和片偏移字段的值（注：IP 数据报固定首部长度，MTU＝1500B）。

4. 主机 A 向主机 B 发送一个很长的文件，其长度为 LB。假定 TCP 使用的 MSS 为 1460B。

（1）在 TCP 的序号不重复使用的条件下，L 的最大值是多少？

（2）假定使用上面计算出的文件长度，而传输层、网络层和数据链路层所用的首部开销共 66B，链路的数据速率为 10Mb/s，试求该文件所需的最短发送时间。

5. 主机 A 向主机 B 连续发送了两个 TCP 报文段，其序号分别是 70 和 100。试问：

（1）第一个报文段携带了多少字节的数据？

（2）主机 B 收到第一个报文段后发回的确认中的确认号应该是多少？

（3）如果 B 收到第二个报文段后发回的确认中的确认号是 180，试问 A 发送的第二个报文段中的数据有多少字节？

（4）如果 A 发送的第一个报文段丢失了，但第二个报文段达到了 B。B 在第二个报文段到达后向 A 发送确认。试问该确认号应为多少？

6. 网络需传输的报文如下，以十六进制数表示，其中第一行是 IP 数据报首部的内容，第二行是 UDP 数据报，请计算其 UDP 校验和（要求给出具体过程）。

45 00 00 20 f9 12 00 00 80 11 bf 9f c0 a8 00 64 c0 a8 00 66

13 61 13 89 00 0c ?? ?? 50 43 41 55

7. 一个 TCP 报文段的数据部分最多是多少字节？为什么？如果用户要传送的数据的字节长度超过 TCP 报文段中的序号字段可能编出的最大序号，问还能否用 TCP 传送？

8. 有一段 TCP 头部（十六进制格式）信息：

05320017 00000001 00000000 500207FF 00000000

请求得以下各部分内容：

（1）源端口　　　　（2）目的端口　　　　（3）序号　　　　（4）确认号
（5）头部长度　　　（6）段类型　　　　　（7）窗口尺寸

9. 一个 UDP 用户数据报的首部十六进制表示为 06120045001CE217。试求源端口号、目的端口号、用户数据报的总长度、数据部分长度。该用户数据报是从客户发送给服务器，还是从服务器发送给客户？使用 UDP 的服务器程序是什么？

10. 使用 TCP 对实时话音数据的传输是否有问题？使用 UDP 在传送数据文件时是否有问题？

11. 考虑在一条具有 10ms 往返时延的线路上采用慢启动拥塞控制而不发生网络拥塞情况下的效应。接收窗口为 24KB,且最大段长为 2KB。那么,需要多长时间才能够发送第一个完全窗口?

12. 假设 TCP 的拥塞窗口设置为 18KB,然后发生了超时事件。如果接下来的 4 次传输都是成功的,则拥塞窗口将为多大? 假设最大报文段长度 MSS=1KB。

第 7 章 应 用 层

应用层是计算机网络体系结构的最高层,通过各种应用层协议,直接为用户的应用进程提供服务。根据对传输层协议的不同依赖,应用层协议可以分为三种类型:一类依赖于 TCP 协议,如 SMTP、FTP、HTTP 等;一类依赖于 UDP 协议,如 RTP 等;还有一类既依赖于 TCP 协议,又依赖于 UDP 协议,如 DNS。主要的应用层协议如图 7-1 所示。

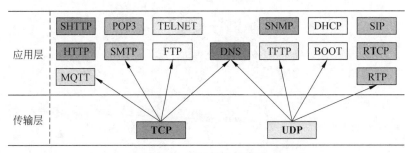

图 7-1 应用层协议类型

本章先介绍常用的四种网络应用模式,然后详细阐述 DNS、FTP、E-mail、HTTP 等协议的基本原理、工作流程和应用实例,最后介绍两个主机配置协议。

7.1 网络应用模式

计算机网络应用是通过应用程序实现的,网络应用模式的发展与计算机网络发展进程密切相关,大体分为四个阶段:集中应用模式、客户机/服务器应用模式、基于 Web 的浏览器/服务器应用模式和 P2P 模式。

7.1.1 集中应用模式

集中应用模式是以大型机或服务器为中心的计算机网络应用,其特点是一切处理均依赖于专用服务器或高档 PC。服务器是指网络上一种为工作站提供各种服务的高性能的计算机,它在网络操作系统的控制下,将与其相连的硬盘、磁带、打印机、Modem 及昂贵的专用通信设备提供给网络上的客户站点共享,也能为网络用户提供集中计算、信息发布及数据管理等服务。服务器的高性能主要体现在高速运算能力、长时间的可靠运行、强大的外部数据吞吐能力等方面。

目前,按照体系架构区分,服务器主要分为以下两类。

(1) ISC(精简指令集)架构服务器,使用 RISC 芯片并且主要采用 UNIX 操作系统的服务器,如 Sun 公司的 SPARC、HP 公司的 PA-RISC、DEC 的 Alpha 芯片、SGI 公司的 MIPS 等。

(2) IA 架构服务器,又称 CISC(复杂指令集)架构服务器,即通常所讲的 PC 服务器,它基于 PC 体系结构,使用 Intel 或与其兼容的处理器芯片的服务器,如联想的万全系列服务器,HP 公司的 Net server 系列服务器等。

从当前的网络发展状况看,以"小、巧、稳"为特点的 IA 架构的 PC 服务器凭借其可靠的性能和低廉的价格,得到了更为广泛的应用,在互联网和局域网内更多的完成文件服务、打印服务、通信服务、Web 服务、电子邮件服务、数据库服务、应用服务等主要应用。

集中应用模式的缺点是:文件服务器模式不提供多用户要求的数据并发性;在多工作站请求和传送多文件时,网络可能就达到信息饱和状态并造成瓶颈。

7.1.2 客户机/服务器应用模式

客户机/服务器(Client/Server,C/S)可以被理解为一个物理上分布的逻辑整体,它是由客户机、服务器和连接支持部分组成的。其中客户机是这种应用模式的核心部分,是一个面向最终用户的接口设备或应用程序,它是一项服务的消耗者,可向其他设备或应用程序提出请求,然后再向用户显示所得信息;服务器是一项服务的提供者,它由数据库和通信设备组成,为客户请求过程提供服务;连接支持是用来连接客户机与服务器的网络硬件和软件,包括网络连接、网络协议、应用接口等。

图 7-2 客户机/服务器的应用模型

客户机/服务器的应用模型如图 7-2 所示。

客户机/服务器应用模式具有以下特点。

(1) 实现了资源共享。C/S 结构中的资源是分布的,客户机与服务器具有一对多的关系和运行环境。用户可以享用存取在服务器和工作站上的资源。

(2) 快速信息处理。由于 C/S 结构是一种基于点对点的运行环境,当一项任务提出请求处理时,可以在所有可能的服务器间均衡地分布该项任务的负载。这样,在客户端发出的请求可由多台服务器并行处理,为每一项请求提供极快的响应速度。

(3) 能更好地保护原有的资源。由于 C/S 是一种开放式的结构,可有效地保护原有的软、硬件资源。在其他环境下积累的数据和软件均可在 C/S 中通过集成而保留使用,并且可以透明地访问多个异构的数据源和自由地选用不同厂家的数据应用开发工具,具有高度的灵活性;而以前的硬件也完全可继续使用,当在系统中增加硬件资源时,不会减弱系统的能力,同时客户机和服务器均可单独升级,故具有极好的可扩充性。

7.1.3 基于 Web 的浏览器/服务器应用模式

浏览器/服务器(Browser/Server,B/S)也是客户机/服务器模式的一种,在互联网络中得到了广泛的应用。其客户端不需要安装专用软件,只需要一种浏览器,如 Internet Explorer、Netscape Navigator 等,就可以随时随地上网访问服务器的资源和服务。而常规的 C/S 应用模式只适合于局域网络,在每一台客户机上必须安装专用软件,并配置有关数据库连接等内容。

随着 Web 访问的用户日益增多,对于一些频繁访问的 Web 服务器来说,需要更快地向用户提供网页。除了采用 Web 缓存和 Web 复制技术之外,目前在多媒体服务中开始广泛使用内容分发网络(Content Delivery Network,CDN)技术。CDN 的基本思想是将某个网站的 Web 服务内容复制到多台缓存服务器中,这些服务器位于不同的物理地域,能够为用户提供就近服务,因此,CDN 技术保证了用户访问网站的响应速度,缓解了因特网主干网络的拥塞状况。

7.1.4 P2P 模式

P2P(Peer-to-Peer)模式,即对等模式,是通过在系统之间直接交换共享计算机资源和服务的一种应用模式。这些资源和服务包括信息的共享与交换、存储资源、磁盘空间和计算资源等的共享使用。它以非集中方式使用分布式资源完成分布式计算、数据/内容共享、通信和协同等关键任务。

P2P 使网络上的沟通变得容易,可以更加直接地共享和交互,一个用户可以直接连接到其他用户的计算机从而交换文件,而不是像过去那样连接到服务器浏览与下载。P2P 的另一个重要特点是改变互联网现在的以网站为中心的状态,并把权力交还给用户。P2P 是将现实世界中很平常的东西移植到互联网上,例如电话通信网提供的服务就是典型的 P2P 模式。

以文件共享为例,P2P 模式的应用如图 7-3 所示。主机 P1～P6 以一定的结构组成一个文件共享系统,它们分别提供共享文件 A～F。假设主机 P1 需要文件 E,则通过该对等网络系统搜索得知,E 位于节点 P5 上。于是,主机 P1 可以通过某种文件传输协议从主机 P5 下载文件 E,此刻,P1 作为客户机,而 P5 作为文件服务器。

P2P 模式的特点主要如下。

(1) 对服务器的依赖小。每个节点的地位都是对等的,整个网络一般不依赖于专用集中的服务器。每个节点同时承担服务器和客户端两个角色,既提供资源和服务,也享用其他节点的资源和服务。

(2) 任意间断连接的主机对,可以直接相互通信。对等方不为服务提供商所有,而是为用户控制的计算机所有。

(3) P2P 应用模式的自扩展性。例如在一个 P2P 文件共享应用中,尽管每个对等方都由请求文件产生负载,但每个对等方向其他对等方分发文件也为系统增加了服务能力。

(4) P2P 应用模式是成本低而有效的,因为它们不需要庞大的服务基础设施和服务

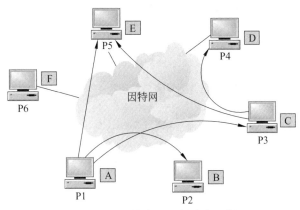

图 7-3　P2P 模式的文件共享示例

器带宽。

（5）由于 P2P 应用模式的高度分布和开放特性，因此要格外关注系统的安全。

目前，大多数流行的流量密集型应用程序都是 P2P 应用模式，例如文件分发（如 BitTorrent）、文件搜索/共享（如 Mule 和 TimeWire）、因特网电话（如 Skype）和 IPTV（如 PPLive）。另外，某些应用程序具有混合应用模式特点，由 C/S 和 P2P 元素结合而成。例如，对于许多网络即时通信服务应用而言，服务器常用于跟踪用户的 IP 地址，在用户主机之间直接发送要传输的报文。

7.2　域名系统（DNS）

虽然可以直接使用 IP 地址访问因特网上的服务，但是，IP 地址很难记住，应该代之以简短而好记的名字，这就是域名。域名系统（Domain Name System，DNS）用于命名组织到域层次结构中的计算机和网络服务。因特网的域名系统是一个联机分布式数据库系统，采用客户/服务器方式，即使单一计算机出现故障，也不会影响整个系统的正常运行。

7.2.1　域名与域名空间

在 Internet 上，层次结构的域名构成了一棵域名树，称为域名空间。这种树结构最多可以有 128 级（0～127），树中的每个节点都有一个字符串表示的标签，而根级标签是空串。

1. 域名的定义

域名（Domain name）由一串标签组成，其一般格式如下：

….三级域名.二级域名.顶级域名

域名用小数点将各个层次隔开，从右到左依次为顶级域名段、二级域名段等，最左的一个字段为主机名。如 cs.tsinghua.edu.cn 表示清华大学计算机系的主机域名。域名一般由低层读向高层，如图 7-4 所示，表示了 5 层的域名空间，包含了 4 级域名。

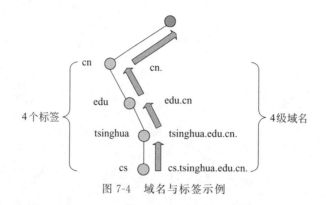

图 7-4　域名与标签示例

网络管理员根据管理的需要，可以将域名空间划分成多个不重叠的区域，以存放域名有关信息，每个被管理的区域称为一个域。实质上，一个域是域名空间的一个子树。

与 IP 地址一样，域名在 Internet 上也是全世界唯一的。企业、政府、非政府组织等机构或者个人在互联网上注册的名称，是互联网上企业或机构间相互联络的网络地址。

2. 域名划分

目前，顶级域名（Top Level Domain，TLD）有以下三大类。

（1）国家顶级域名 nTLD：采用 ISO 3166 的规定，共有约 200 个，如 cn 表示中国。

（2）国际顶级域名 iTLD：采用 int，适于国际性组织。

（3）通用顶级域名 gTLD：RFC1591 最初只规定了 6 个。com 表示公司企业；net 表示网络服务机构；org 表示非营利性组织；edu 表示教育机构（美国专用）；gov 表示政府部门（美国专用）；mil 表示军事部门（美国专用）；arpa 表示反向域名解析。

2001 年又增加了以下 7 个：aero 用于航空运输企业；biz 用于公司和企业；coop 用于合作团体；info 适用于各种情况；museum 用于博物馆；name 用于个人；pro 用于会计、律师和医师等自由职业者。

在国家顶级域名下注册的二级域名都由该国家自行确定。中国互联网信息中心（CNNIC）负责管理我国的顶级域名，它将二级域名划分为类别域名和行政区域名两大类。

（1）类别域名，共 6 个：ac 表示科研机构；com 表示商业组织；edu 表示教育机构；gov 表示政府部门；net 表示网络服务机构；org 表示各种非营利性组织。

（2）行政区域名，共 34 个，适用于我国的各省、自治区和直辖市。如 bj 代表北京市；tj 代表天津市；sh 代表上海市。

我国在二级域名 edu 下申请注册三级域名由中国教育和科研计算机网网络中心负责，除 edu 之外的其他二级域名下申请注册三级域名的，应向 CNNIC 申请。

因特网的域名空间如图 7-5 所示，作为美国的二级域名示例，列出了 IBM 公司的ibm，HP 公司的 hp，美国国家科学基金会的 nsf 和美国著名高校麻省理工学院的 mit。同时，作为三级域名，列出了我国的国家自然科学基金委 nsfc、中科院计算所 ict 以及北京大学 pku、清华大学 tsinghua 和大连理工大学 dlut。在清华大学的四级域名中，分别列出了 tup、cs、www 和 mail。

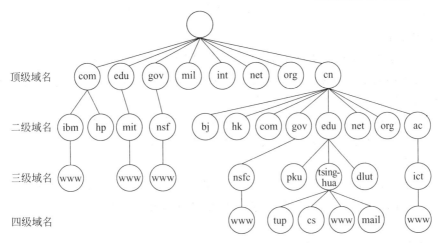

图 7-5　因特网的域名空间

7.2.2　域名服务器与域名解析

域名虽然便于人们记忆,但机器之间只能识别 IP 地址。域名到 IP 地址的转换工作称为域名解析,这种解析由若干台域名服务器中的程序完成。

1. 域名服务器

Internet 上的主机成千上万,并且随时增加,不可能由一台或几台 DNS 服务器就能够实现这样的解析过程,传统主机表方式更无法胜任,事实上 DNS 依靠一个分布式数据库系统对网络中的主机域名进行解析,并及时地将新主机的信息传播给网络中的其他相关部分,因而给网络维护及扩充带来了极大的方便。

域名服务器的层次是与域名层次结构相适应的,每台域名服务器都只对域名体系中的一部分进行管辖。不过,一个机构可以选择将它所有的域名放在一台域名服务器上,也可以选择运行几台域名服务器,这要看该机构的规模而定。域名服务器有以下四种类型。

(1) 本地域名服务器:也称为默认域名服务器,距离用户近,一般不超过几台路由器的距离。在域名解析时,DNS 请求报文首先以 UDP 数据报方式发给本地域名服务器。

(2) 根域名服务器:是最高层次的域名服务器,全球有 13 类共 100 多台,分布在世界各地。

(3) 顶级域名服务器:负责管理在该服务器注册的所有二级域名,在收到 DNS 查询请求时就给出相应的回答。

(4) 权限域名服务器:负责管理每台主机的注册登记,将其管辖内的主机名解析为IP 地址。

2. 域名解析

在 DNS 中,可以执行以下两种类型的域名解析。

1) 递归解析

在这一解析中,该服务器承担了全部的工作量和责任,为该查询提供完全的答案。这样,该服务器将对其他服务器执行独立的迭代解析(代表客户机),以协助为递归解析提供答案。

2）迭代解析

在这种解析中，服务器根据其高速缓存或者区域中的数据，返回它能提供的最佳答案。如果被查询的服务器没有针对该请求的精确匹配，它就提供一个指针，该指针指向较低级的域名空间中的一台有权威的服务器。然后客户机查询这一台有权威的服务器。客户机继续这一过程，直到它找到了一台有权威的服务器，而这一台服务器有权访问所请求的名称，或者直到出现错误或者满足超时条件为止。因此，迭代解析就是由本地域名服务器进行循环查询的。

【例 7-1】 假定客户端的域名是 net.mit.edu，要知道域名为 x.abc.com 的 IP 地址。请分别按照递归解析和迭代解析两种方式，给出具体的解析过程。

解析：

域名解析过程的示意分别如图 7-6 和图 7-7 所示。

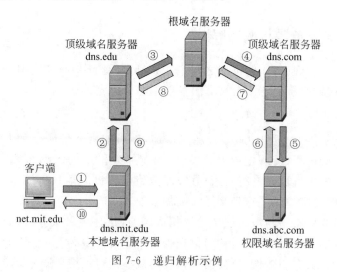

图 7-6　递归解析示例

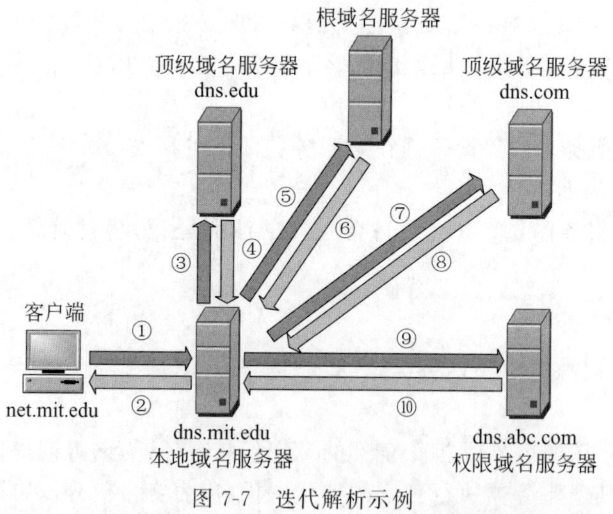

图 7-7　迭代解析示例

主机 net.mit.edu 先向本地域名服务器 dns.mit.edu 发出解析请求,这是递归查询。之后,图 7-6 表示本地域名服务器进行递归解析,而图 7-7 表示本地域名服务器进行迭代解析,都需要经过 10 个步骤,使用 10 个 UDP 报文。但是,两者的查询顺序不同。

7.3 文件传输协议(FTP)

文件传输协议(File Transfer Protocol,FTP)是因特网上使用最广泛的文件传送协议,目标是提高文件的共享性。简单地说,FTP 就是完成两台计算机之间的文件复制,从远程计算机复制文件到自己的计算机上,称为下载(download);反之称为上传(upload)。FTP 服务是客户/服务器模式,用户通过一个客户机程序连接到在远程计算机上运行的服务器程序。

7.3.1 FTP 的工作原理与模式

由于 FTP 服务在传输层采用 TCP 协议,因此在进行文件传输之前需要经历建立连接、传输数据与释放连接的基本过程。

FTP 服务的特点是数据量大和控制信息相对较少,因此将数据分为控制信息与传输数据分别处理,于是用于通信的 TCP 连接也分为两种:控制连接与数据连接。其中,控制连接用于在通信双方之间传输 FTP 命令与响应信息,完成建立连接、身份认证与异常处理等控制操作;数据连接用于在通信双方之间传输文件或目录信息。

1. FTP 服务的工作原理

FTP 服务的工作原理如图 7-8 所示。FTP 客户机向 FTP 服务器发送服务请求,FTP 服务器接收与响应 FTP 客户机的请求,并提供所需的文件传输服务。图 7-8 中含有控制连接和数据连接,基本规则是控制连接要在数据连接建立之前建立,控制连接要在数据连接释放之后释放。只有在建立数据连接之后才能传输数据,并且在数据传输过程中需要保持控制连接不中断。

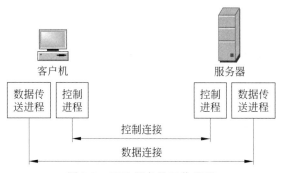

图 7-8 FTP 服务的工作原理

FTP 服务的基本工作流程是:FTP 客户机向 FTP 服务器请求建立控制连接,连接成功建立后,FTP 客户机请求登录到 FTP 服务器,FTP 服务器要求 FTP 客户机提供用户名与密码；当客户机成功登录后，FTP 客户机通过控制连接向服务器发出命令，FTP 服务器也通过控制连接向客户机返回响应信息。当客户机向服务器发送列出目录命令时，服务器会通过控制连接返回应答信息，并通过新建立的数据连接返回目录信息。如果想下载目录中的某个文件，客户机通过控制连接向服务器发出下载命令，则服务器通过数据连接将文件传输到客户机。数据连接在目录列表或文件下载后关闭，而控制连接在退出登录后才会关闭。

2. FTP 协议的两种工作模式

FTP 使用两个 TCP 端口，首先建立一个命令端口（控制端口），然后再产生一个数据端口。

在控制连接阶段，FTP 的工作模式有主动模式 PORT 和被动模式 PASV 两种。FTP 服务器工作在主动模式时使用 TCP 21 和 20 两个端口，而工作在被动模式时使用大于 1024 的随机端口。

目前主流的 FTP 服务器模式同时支持 PORT 和 PASV 两种方式。为了方便地管理防火墙和设置访问控制列表 ACL，了解 FTP 服务器的工作模式很有必要。

1）FTP PORT 模式

主动模式的基本步骤是：客户端从一个任意的非特权端口 $N(N>1024)$ 连接到 FTP 服务器的命令端口（即 TCP 21 端口）。紧接着客户端开始监听端口 $N+1$，并发送 FTP 命令"PORT $N+1$"到 FTP 服务器。最后服务器会从它自己的数据端口（20）连接到客户端指定的数据端口（$N+1$），这样客户端就可以和 FTP 服务器建立数据传输通道了。

FTP PORT 模式的工作流程如图 7-9 所示，假设客户端产生的控制进程端口号为 1026，其数据传送进程的端口号为 1027，也可以生成为其他大于 1024 的端口号，但不能与 1026 相同。

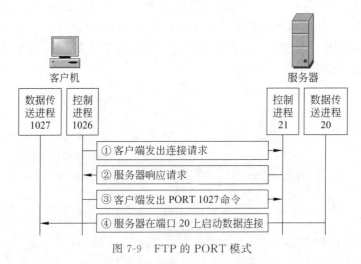

图 7-9   FTP 的 PORT 模式

2）FTP PASV 模式

在被动方式 FTP 中，命令连接和数据连接都由客户端发出。当开启一个 FTP 连接时,客户端打开两个任意的非特权本地端口($N>1024$ 和 $N+1$)。第一个端口连接服务器的 21 端口,但与主动方式的 FTP 不同,客户端不会提交 PORT 命令并允许服务器回连它的数据端口,而是提交 PASV 命令。这样做的结果是服务器会开启一个任意的非特权端口 $P(P>1024)$,并发送"PORT P"命令给客户端。然后客户端发起从本地端口 $N+1$ 到服务器的端口 P 的连接用来传送数据。

FTP PASV 模式工作流程如图 7-10 所示,服务器的数据连接端口 $P=2024$。

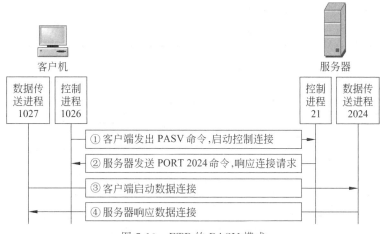

图 7-10 FTP 的 PASV 模式

FTP 的 PORT 和 PASV 模式最主要的区别就是数据端口连接方式不同,FTP PORT 模式只要开启服务器的 21 和 20 端口,而 FTP PASV 需要开启服务器大于 1024 的所有 TCP 端口和 21 端口。从网络安全的角度来看,似乎 FTP PORT 模式更安全,而 FTP PASV 更不安全。其实,制定被动模式的主要目的是为了数据传输安全,因为 FTP PORT 使用固定 20 端口传输数据,那么黑客很容易使用 Sniffer 等嗅探器抓取 FTP 数据,所以通过 FTP PORT 模式传输数据很容易被黑客窃取。因此,只要完善被动模式的端口开放问题,使用 PASV 方式架设 FTP 服务器是最安全的方案。

7.3.2 FTP 协议的规范

FTP 协议详细规定了每种协议动作的实现顺序。FTP 命令是 FTP 客户机向服务器发送的操作请求,FTP 服务器根据操作情况向客户机返回响应信息。

1. FTP 命令

FTP 命令的标准书写格式:命令名<参数>。命令名是由 3 或 4 个大写字母组成的字符串,它是对该命令的英文缩写;参数是完成命令需要使用的附加信息。FTP 命令可以分为以下六组。

(1) 接入命令: USER、PASS、QUIT、ACCT、REIN 和 ABOR。

(2) 文件管理命令: CWD、CDUP、DELE、LIST、NLIST、MKD、PWD、RMD、RNFR、RNTO 和 SMNT。

（3）数据格式化命令：TYPE、STRU 和 MODE。

（4）端口定义命令：PORT 和 PASV。

（5）文件传输命令：RETR、STOR、APPE、STOU、ALLO、REST 和 STAT。

（6）其他命令：HELP、NOOP、SITE 和 SYST。

2. FTP 响应码

FTP 协议规定了客户端发送 FTP 命令后服务器返回的 FTP 响应码。响应码用 3 位数字编码表示，常见的响应码如表 7-1 所示。

表 7-1　FTP 协议响应码

响应码	意　　　义	响应码	意　　　义
125	数据连接打开——开始传输	331	用户名正确，需要密码
150	文件状态良好，将要打开数据连接	332	登录时需要账户信息
200	命令成功	350	请求的文件操作需要进一步命令
202	命令未实现	421	不能提供服务，关闭控制连接
212	目录状态	425	不能打开数据连接
213	文件状态	426	关闭连接，终止传输
214	帮助信息，信息仅对用户有用	450	请求的文件操作未执行
215	名字系统类型	500	格式错误，命令不可识别
220	对新用户的服务已就绪	501	语法错误
221	服务关闭控制连接，可以退出登录	502	命令未实现
225	数据连接打开，无传输正在进行	530	未登录
226	关闭数据连接，请求的文件操作成功	532	存储文件需要账户信息
227	进入被动模式	550	未执行请求的操作
230	用户已登录	551	请求操作终止：页类型未知
250	请求的文件操作完成	552	请求的文件操作终止，存储分配溢出
257	创建 PATHNAME	553	未执行请求的操作：文件名不合法

3. FTP 命令和响应码的应用方法

除了 LIST 命令之外，FTP 客户机每发送一个命令，FTP 服务器都会返回一个响应。例如：

USER 命令的响应有 230、331、421、500、501 与 530。

PASS 命令的响应有 230、332、421、500、501 与 530。

PASV 命令的响应有 227、421、500、501 与 530。

LIST 命令的响应有 125、150、226、250、421、425、426、450、500、501 与 530。

RETR 命令的响应只是比 LIST 命令多了 550。

另外，建立连接相关的响应有 120、220 与 421。

【例 7-2】 采用主动模式，客户机的数据连接端口号为 8080。以 FTP 传送文件列表或目录为例,请用图示方式阐述客户机和服务器之间的交互过程,要求体现控制连接和数据连接的使用情况。提示:需要用到 USER、PASS、PORT、LIST、QUIT 等命令及其响应码。

　　解析:具体过程如图 7-11 所示。

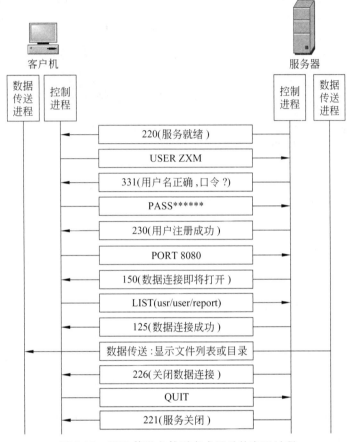

图 7-11　FTP 传送文件列表或目录的交互过程

7.3.3　FTP 的登录方式

　　在客户机上要连接 FTP 服务器(即登录),必须要有该 FTP 服务器授权的账号。在拥有一个用户标识和一个口令后才能登录 FTP 服务器,享受 FTP 服务器提供的服务。有些 FTP 服务器可以使用匿名(anonymous)登录,可以获取公开的文件。

　　FTP 地址的格式如下:

　　ftp://用户名:密码@FTP 服务器 IP 或域名:FTP 命令端口/路径/文件名

　　上面的参数除 FTP 服务器 IP 或域名为必要项外,其他都是可选项。

　　下面举例说明 FTP 的登录方式。

　　(1) 在控制台方式下执行命令操作,其示例如图 7-12 所示。

　　(2) 使用浏览器方式。在浏览器的地址栏中,按照 URL 格式要求输入 FTP 地址,如

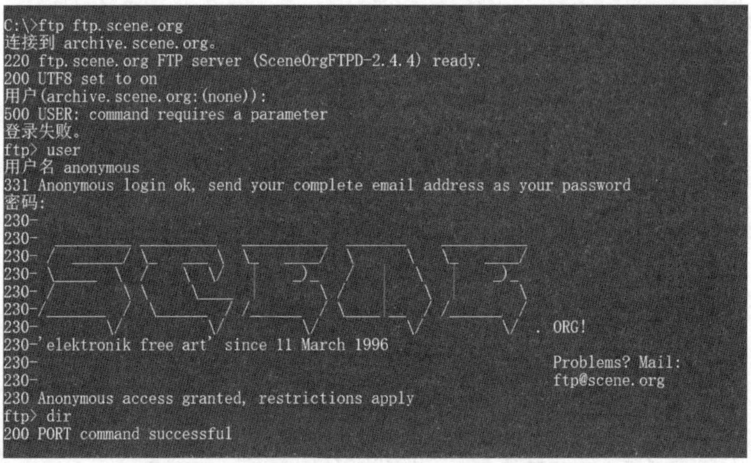

图 7-12　控制台方式下 FTP 的使用示例

登录中科院计算科学所的文件服务器：ftp://ftp.cc.ac.cn。

（3）使用 FTP 客户机软件，如 LeapFTP 进行登录。在界面中需要输入 FTP 服务器的地址、用户名、口令等信息。

第（2）、（3）种方法具有友好的用户界面，使用简便，是主要的 FTP 登录方式。

7.3.4　简单文件传输协议（TFTP）

简单文件传输协议（Trivial File Transfer Protocol，TFTP）是 TCP/IP 协议族中的一个用来在客户机与服务器之间进行简单文件传输的协议，提供不复杂、开销不大的文件传输服务。TFTP 承载在 UDP 上，提供不可靠的数据流传输服务，不提供存取授权与认证机制，使用超时重传方式保证数据的到达。与 FTP 相比，TFTP 的大小要小得多。

TFTP 最初打算用于引导无盘系统（通常是工作站或 X 终端），因而 TFTP 使用 UDP 协议而不是 TCP 协议进行文件传输。现在使用最普遍的是第 2 版 TFTP（RFC1350）。

TFTP 服务器使用 UDP 的端口号是 69，客户端进程首先与服务器中端口为 69 的进程建立连接通信。连接建立后，服务器产生一个临时端口，用来与该客户端进行实际通信。而 69 号端口的进程继续等待新的客户请求。服务器中的 UDP 模块根据目的端口号区分不同的客户。

TFTP 的通信原理如图 7-13 所示。

TFTP 服务一般在配置网络设备和备份配置文件时用到。可以通过网络下载安装，大多是基于 DOS 字符界面的，使用命令启动。在 Windows 系统中可以直接使用，其命令方式如图 7-14 所示。

由于不提供用户名和口令，TFTP 存在一定的安全问题。黑客可以获取 UNIX 口令文件的复制，然后猜测用户口令。很多服务器和 Bootp 服务一起提供 TFTP 服务，主要用于从系统下载启动代码。但是，因为 TFTP 服务可以在系统中写入文件，而且黑客还可以利用 TFTP 的错误配置从系统获取任意文件。因此，除非采用了安全措施，否则建议关闭该端口。

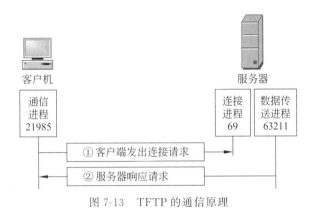

图 7-13　TFTP 的通信原理

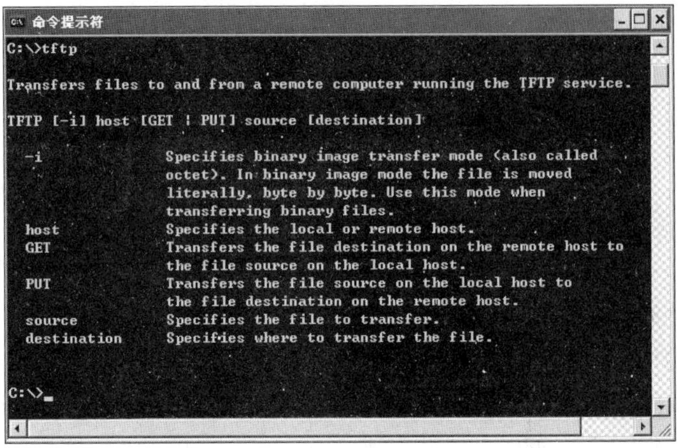

图 7-14　Windows 系统中的 TFTP 功能

7.4　电子邮件

电子邮件(Electronic mail,E-mail)是 Internet 最早的主要应用之一。大多数用户使用互联网,都是从使用 E-mail 开始的。E-mail 有着广泛的应用,具有方便、经济和快捷的特点。无论是在 Internet 的发展初期还是在目前,E-mail 都是网络中的一个热门应用。事实上,所有类型的信息(包括文本、图形、声音及各种程序文件)都可以作为 E-mail 的附件在网络中传输。用户除了可以通过 E-mail 实现快速的信息交换外,还可通过 E-mail 进行项目管理,并根据快速的 E-mail 信息进行重要的决策。

7.4.1　电子邮件系统的组成

提供 E-mail 收发的邮件服务器是各类网站的一个重要组成部分,尤其对于一个独立的单位来说,建立邮件服务器是十分必要的。

1. E-mail 系统的工作原理

E-mail 系统主要由服务器和客户端组成，服务器包括发送服务器和接收服务器。系统构成如图 7-15 所示。

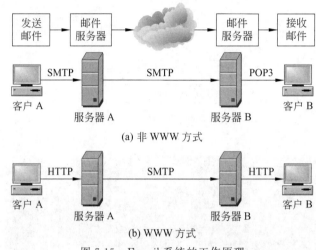

(a) 非 WWW 方式

(b) WWW 方式

图 7-15　E-mail 系统的工作原理

E-mail 系统包括发送和接收两部分，图 7-15 表示客户 A 将 E-mail 发送出去到客户 B 接收下来的过程。在服务器上为用户分配一定的存储空间作为用户的信箱，每位用户都有属于自己的信箱。信箱的存储空间包括接收的信件存储、编辑信件以及信件存档三部分。用户需要通过用户名和密码开启信箱，进行读信、编辑、发信、存档等操作。邮箱的管理和用户对邮件操作的实现由软件完成。

每个客户端一般都包含了发送和接收功能，其工作界面分为以下两种。

1）非 WWW 方式

如图 7-15(a)所示，客户 A 发送 E-mail 的过程采用 SMTP 协议，客户 B 接收 E-mail 的过程使用 POP3 或 IMAP4 协议。这种方式使用专门的 E-mail 客户端软件，能够将 E-mail 下载到本地存储和浏览，下载后就不需要登录网络。现在有许多种类的邮件客户端软件，常见的有：

① Microsoft Outlook Express：微软产品。

② Netscape Message Center：网景公司产品。

③ Foxmail：由我国的张小龙开发，中文处理能力强。

④ Sun Solaris Mailtool：Sun 公司产品。

⑤ UNIX 的 mail 程序（纯字符界面）。

2）WWW 方式

如图 7-15(b)所示，提供 WWW 方式的收发电子邮件界面，需要通过浏览器访问邮箱。客户与服务器之间的收发协议采用 HTTP。其好处是人们可以随时随地上网收发邮件。这种方式也有一定的局限性，如每次都需要打开浏览器，再登录邮箱，所以只能在线浏览邮件。当网络连接不成功时，就无法浏览邮件。

还可以很方便地按照 WWW 方式申请一个 E-mail 信箱,免费信箱可以从 www.163.com、www.hotmail.com、www.126.com 等网站上申请;收费信箱在各大网站中都能申请。

2. 电子邮件系统的重要组成

从主要功能模块看,电子邮件系统的组成如图 7-16 所示。

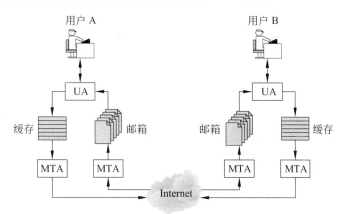

图 7-16 电子邮件系统的重要组成

用户收发电子邮件都是通过一定的应用接口进行的,这种接口就是用户代理(User Agent,UA)。UA 主要向用户提供一个很友好的接口收发邮件,又称为电子邮件客户端软件。

E-mail 的发送过程允许延迟提交,并不是实时的。这种延迟主要发生在发送端、接收端和网络传输过程中。在发送端,E-mail 通过一个缓存系统先进行存储,然后,邮件传送代理(Mail Transfer Agent,MTA)定期地检查其中的 E-mail 并发送。如果在超时周期内未能发送,则返回信息给发送方。在接收端,E-mail 先存储在邮箱中,等待用户接收。

3. 相关的协议

与 E-mail 相关的协议主要有 RFC822、SMTP、POP3、IMAP4 和 MIME。

1) RFC822 邮件格式

RFC822 定义了 SMTP、POP3、IMAP 以及其他 E-mail 传输协议所提交和传输的内容。RFC822 定义的邮件由两部分组成:信封和邮件内容,信封包括与传输、投递邮件有关的信息;邮件内容包括标题和正文。

2) SMTP 和 ESMTP

简单邮件传送协议(Simple Mail Transfer Protocol,SMTP)用于提交和传送 E-mail,其目标是可靠、高效地传送邮件,通常用于把 E-mail 从客户端传输到服务器,以及从一台服务器传输到另一台服务器。

SMTP 具有良好的可收缩性,既适用于广域网,也适用于局域网。SMTP 本身非常简单,使它的应用更加灵活。目前,在 Internet 上能够接收 E-mail 的服务器都支持SMTP。SMTP 只能传送 ASCII 文本文件。

ESMTP(extended SMTP,扩展 SMTP)是对标准 SMTP 的扩展,它与 SMTP 的区别

在于,ESMTP 服务器会要求用户提供用户名和密码以便验证身份;而使用 SMTP 不需要验证用户账户。

3)POP3

邮局协议第 3 版 POP3(Post Office Protocol 3)提供信息存储功能,为用户保存收到的 E-mail,且从邮件服务器上下载这些邮件。

用户通过常用的 E-mail 客户端软件,并经过相应的参数设置(如 POP3 服务器的 IP 地址或域名、用户账号、密码等),选择接收操作,就可将所有邮件从远程邮件服务器中下载到用户的本地硬盘中进行阅读。

4)IMAP4

网际消息访问协议(Internet Message Access Protocol,IMAP)指从邮件服务器上直接收取邮件的协议,可以让用户远程拨号连接邮件服务器,并具有智能邮件存储功能,可在下载邮件之前预览信件主题和信件来源,并决定是否下载附件。

由于不同厂商对最新版本的 IMAP 规范的解释有所不同,使邮件客户机与服务器之间出现不一致,造成不同厂商产品之间的不兼容,故目前还没有大规模地使用,但 IMAP 由于其优越性,在将来不可避免地会得到迅速发展。目前,IMAP 与 POP3 共存使用。

IMAP4 是 IMAP 的第 4 版,要比 POP3 复杂,提供了离线、在线和断开连接三种工作方式。选择使用 IMPA4 协议提供邮件服务的代价是要提供大量的邮件存储空间。受磁盘容量限制,管理员要定期删除无用的邮件。IMAP4 服务为那些希望灵活进行邮件处理的用户带来了很大的方便,但是用户登录浏览邮件的联机会话时间将增加。

5)MIME 编码标准

多用途 Internet 邮件扩展(Multipurpose Internet Mail Extensions,MIME)解决了 SMTP 只能传送 ASCII 文件的限制,定义了各种类型数据(如声音、图像、表格等)的编码格式,可将它们作为邮件的附件传送。

7.4.2 SMTP 协议

SMTP 协议采用指令和响应码在 MTA 客户与 MTA 服务器之间传送信息,一般是 MTA 客户向 MTA 服务器发出指令,而 MTA 服务器给 MTA 客户返回响应码。

1. SMTP 的指令与响应码

SMTP 协议基于 TCP 协议,其默认端口号为 25。SMTP 服务器启动后,将主动监听该端口,以接收来自邮件客户端的连接请求。当连接建立后,服务器按协议规定发送命令并等待响应。

SMTP 指令由 RFC821 定义,一般是 4 个字母,且以<CRLF>结束。SMTP 指令如表 7-2 所示。

一般使用 HELO、MAIL、RCPT/DATA、QUIT 命令就可以完成一封正确 E-mail 的发送。

SMTP 响应码如表 7-3 所示。

表 7-2　主要的 SMTP 指令

指　令	语　法	命　令　描　述
HELO	HELO<domain><CRLF>	向服务器表示用户身份。如果成功,则服务器会返回代码 250
MAIL	MAIL FROM:<E-mail address><CRLF>	初始化邮件传输。如果成功,则服务器会返回代码 250
RCPT	RCPT TO:<E-mail address><CRLF>	标识单个邮件接收人。多个接收人将由多个该命令指定。如果成功,则服务器会返回代码 250
DATA	DATA<CRLF>	用于设置邮件的主题、接收人、抄送列表和邮件的正文。DATA 命令会初始化数据传输,一般在一个或多个 RCPT 命令后执行 DATA 命令
RSET	RSET<CRLF>	中止邮件发送处理
NOOP	NOOP<CRLF>	令邮件服务器发送 250 信息
SEND	SEND <CRLF>	处理邮件发送
QUIT	QUIT<CRLF>	结束会话,退出 SMTP 服务器并中断连接。如果成功,则会返回 221,表示服务器关闭

表 7-3　主要的 SMTP 响应码

响应码	含　义	响应码	含　义
211	响应系统状态	500	未定义的系统指令
220	服务器的邮件服务已准备启动	501	系统指令的参数错误
221	已结束与邮件服务器的连接	502	系统指令未被执行
250	系统指令正确发送(OK)	503	系统指令顺序错误
251	无此收件人	504	系统指令的参数未被执行
354	开始邮件内容发送,并以<CRLF>.<CRLF>表示结束	550	邮件信箱不存在
421	服务器无此邮件服务	551	无此收件人
450	邮件信箱不存在	552	系统容量不足
451	系统指令处理错误	553	邮件信箱收件人名称不存在
452	系统容量不足	554	邮件发送处理失败

2. E-mail 的组成

E-mail 地址的格式为用户名@邮箱所在主机的域名。其中,用户名必须在邮箱所在邮件服务器中具有唯一性。

E-mail 由信封、首部和正文三部分组成。

1) 信封

信封包括发信人和收信人的 E-mail 地址,分别表示为

MAIL FROM:<发信人的 E-mail 地址>

RCPT TO：＜收信人的 E-mail 地址＞

2）首部

首部中常用的字段格式有

FROM：＜姓名＞＜E-mail 地址＞

TO：＜姓名＞＜E-mail 地址＞

SUBJECT：＜E-mail 标题＞

DATE：＜时间＞

REPLY-TO：＜E-mail 地址＞

Content-Type：＜E-mail 类型＞

X-Priority：＜E-mail 优先级＞

MIME-Version：＜版本＞

邮件首部还有一项是抄送"Cc："，表示应给某人发送一个邮件副本。有些邮件系统还允许使用 Bcc 实现暗送，是指该邮件副本发送给某人，但不希望此事为收件人所知。

首部以一个空行结束。

3）正文

正文就是 E-mail 的内容，以"."表示结束。

3. ESMTP 的工作流程

与 SMTP 相比，ESMTP 增加了用户验证阶段。ESMTP 的工作流程如图 7-17 所示，主要包含建立连接、用户验证、发送信封、传送数据和断开连接共五个阶段。

1）建立连接

客户端发送 EHLO Local；服务器收到后返回 250 编码，表示准备就绪。EHLO 是对 HELO 的扩展，可以支持用户认证。

2）用户验证

① 客户端发送 AUTH LOGIN；服务器收到后返回 334 编码，表示要求用户输入用户名。

② 客户端发送经过 Base64 编码处理的用户名；服务器收到并经过认证成功后返回 334 编码，表示要求用户输入密码。

③ 客户端发送经过 Base64 编码处理的密码；服务器收到并经过认证成功后返回 235 编码，表示认证成功，用户可以发送邮件。

3）发送信封

① 客户端发送 MAIL FROM：＜发信人的 E-mail 地址＞。服务器收到后返回 250 编码，表示该地址正确，请求操作就绪；否则，会返回 550 No such user 信息。

② 客户端发送 RCPT TO：＜收信人的 E-mail 地址＞。服务器收到后返回 250 编码，表示该地址正确，请求操作就绪；否则，会返回 550 No such user 信息。

4）传送数据

① 客户端发送 DATA，表示开始向服务器发送 E-mail 数据，包括首部和正文。服务器将返回 354 编码，表示随后可以开始发送 E-mail 数据。

② 客户端可以选择发送首部字段。

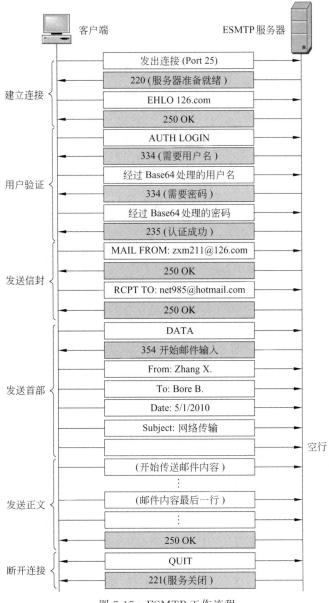

图 7-17　ESMTP 工作流程

③ 客户端发送一个空行,表示邮件首部结束。

④ 客户端开始发送正文。

⑤ 客户端发送".",表示邮件发送结束。

5)断开连接

① 客户端发送 QUIT,表示断开连接。

② 服务器响应 221 信息,表示同意结束,从而完成 E-mail 的正常发送。

7.4.3 POP3 和 IMAP4 协议

客户端通过 POP3 或 IMAP4 到邮件服务器上读取 E-mail 时，必须通过认证才能获取邮件。登录成功后，用户可以对自己的邮件进行删除或下载到本地。

当客户主机需要使用服务时，发出有关命令，服务器返回响应信息。

POP3 的命令由一个命令动词和一些参数组成，所有命令以一个 CRLF 对结束。POP3 响应由一个状态码和一个可能带有附加信息的命令组成，所有响应也是由 CRLF 对结束。

POP3 的主要命令和响应信息如表 7-4 所示。

表 7-4 POP3 的主要命令和响应信息

命　令	语　法	命令描述	服务器返回信息示例
USER	USER\<loginname\>	将客户的用户名发送到服务器。成功后，服务器返回＋OK 正确的用户名	＋OK\<loginname\> is welcome on this server
PASS	PASS\<password\>	将客户的密码发送给服务器。成功后，服务器返回＋OK 正确的用户信息	＋OK \<loginname\> logged in at 23：15
QUIT	QUIT	关闭与服务器的连接	＋OK
STAT	STAT	从服务器中读取邮件总数和总字节数	＋OK 13 450
LIST	LIST\<mail ♯\>	从服务器中获取邮件列表和大小	＋OK 2 messages (350 octets) 200 150
RETR	RETR\<mail ♯\>	从服务器中获得一份邮件	＋OK 220 octets \<服务器发送邮件 1 内容\>
DELE	DELE\<mail ♯\>	服务器将邮件标记为删除，当执行 QUIT 命令时才真正删除	＋OK 1 Deleted.(1 为邮件号)

POP3 协议的工作流程如图 7-18 所示。

首先，POP3 服务器通过监听 TCP 端口 110 开始 POP3 服务。它将请求与服务器主机建立 TCP 连接。当连接成功时，POP3 服务器发送确认消息，于是连接建立。

1）用户认证

POP3 客户负责打开一个 TCP 连接，POP3 服务器接收后发送一个单行的确认。此时，客户需要向服务器发送用户名和密码进行认证。所使用的指令为 USER 和 PASS。

2）邮件接收

当客户向服务器成功确认了自己的身份后，POP3 会话将进入接收阶段。该状态的命令主要有 STAT、LIST、RETR、DELE 等。

3）更新

当客户在操作状态下发送 QUIT 命令后，会话进入更新阶段。更新的含义主要指将

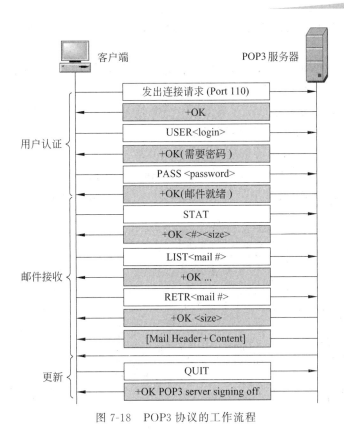

图 7-18　POP3 协议的工作流程

邮件发送阶段中被 DELE 指令删除的邮件从邮件信箱中永久删除。随后,客户与服务器的 TCP 连接断开。

7.5　WWW 服务

万维网(World Wide Web,WWW)并非某种特殊的计算机网络,而是一个大规模的、联机式的信息储藏所,它通过 HTTP 协议链接了无数 Web 服务器中的网页资源。

万维网起源于 1989 年欧洲粒子物理实验室 CERN,由 Tim Berners-Lee 提出并在 1991 年进行了公开演示。随后,他又开发了超文本服务器代码。1993 年,第一个图形界面的浏览器 Mosaic 由国家超级计算应用中心 NCSA 的 Marc 开发成功。1994 年,Mosaic 开始广为流行,Marc 离开 NCSA 后创建了 Netscape 通信公司,于 1995 年推出了著名的 Netscape Navigator 浏览器。

【例 7-3】　WWW 是一个分布式的超媒体系统,它是超文本系统的扩充,而一个超文本由多个信息源链接而成。已知 Computers 的文本内容中包含了 CPU、Control unit、Memory,这些主题词又超链接到相应的文本,其中 Memory 的文本内容中包含了 RAM、ROM 及其超链接文本信息。请自行扩展文本内容,以 Computer、CPU、Control unit、Memory、RAM、ROM 等构造一个超文本实例。

　　解析：采用图示方法描述超文本信息，如图 7-19 所示，带有下画线的关键词都具有超链接。

　　超文本是 WWW 的基础，仅包含文本信息。而超媒体文档还包含其他信息，如图形图像、声音、动画和视频信息等。

　　为了保证超媒体系统中的链接有效性和一致性，WWW 需要解决以下几个问题。

　　（1）每个 WWW 文档应当如何标识？

　　（2）实现 WWW 的各种链接应采用何种协议？

　　（3）为了正确显示各种链接的文档，对文档格式有什么规范？

　　要解决这些问题，需要分别采用 URL、HTTP 和 HTML，下面分别具体阐述。

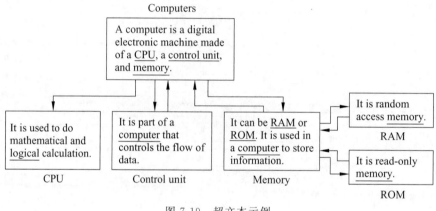

图 7-19　超文本示例

7.5.1　统一资源定位符

　　统一资源定位符（Uniform Resource Locator，URL）也称为网址，用来表示从 Internet 上得到的资源位置和访问这些资源的方法。这里的资源是在 Internet 上可以访问的任何对象，包括文件目录、文件、文档、图像、声音等，以及网页和 Java 小程序等。

　　1. URL 的格式

　　URL 由三部分组成：协议类型，主机名和路径，其标准格式如下：

　　＜协议＞://＜主机＞:［端口号］/＜路径＞

　　1）协议

　　指定使用的传输协议，常用的协议有 HTTP、FTP、Telnet、HTTPS 等，HTTPS 通过安全的 HTTPS 访问该资源。

　　2）主机和端口号

　　主机是指存放资源的主机的域名。有时，在主机名前也可以包含连接到服务器所需的用户名和密码（格式：用户名:密码），如有时使用 FTP 和 Telnet 协议。

　　端口号为可选，省略时使用默认端口，如 HTTP 的默认端口为 80。有时出于安全等考虑，可以在服务器上对端口进行重定义，即采用非标准端口号，此时，URL 中就不能省略端口号。

3）路径

由零或多个/符号隔开的字符串，一般用来表示主机上的一个目录或文件地址。

2. URL 示例

1）文件的 URL

用 URL 表示文件时，服务器方式用 file 表示，后面要有主机 IP 地址、文件的存取路径（即目录）和文件名等信息。有时可以省略目录和文件名，但/符号不能省略。

file：//ftp.cc.ac.cn/pub/netlib/index.html 代表存放在主机 ftp.cc.ac.cn 上的 pub/netlib/目录下的一个文件，文件名是 index.html。

2）HTTP 的 URL

使用超文本传输协议 HTTP，提供超文本信息服务的资源。

http：//www.bipt.edu.cn/channel/welcome.htm 表示获取主机域名为 www.bipt.edu.cn 上的超文本文件，文件名是在目录/channel 下的 welcome.htm。

7.5.2　HTTP 协议

超文本传输协议（HyperText Transfer Protocol，HTTP）是 Web 客户访问 Web 服务器上的万维网数据时所采用的协议，它保证这些数据的可靠传递。HTTP 协议也是采用客户/服务器模式，采用 TCP 协议保证可靠传输，服务端口号是 80。该协议在 1997 年之前使用 HTTP/1.0 版本，自 1998 年后升级为 HTTP/1.1 版本，具有持续连接特性。持续连接是指服务器在发送响应后仍然在一段时间内保持这条连接，使同一个客户和该服务器可以继续通过本连接传送 HTTP 报文，克服了 HTTP/1.0 的缺陷。

1. 网页浏览实例

HTTP 协议的地址是 http：//www.w3.org/Protocols，其浏览效果如图 7-20所示。

其工作流程主要如下。

（1）浏览器确定 URL，即 http：//www.w3.org/protocols。

（2）浏览器向域名 DNS 询问 www.w3.org 的 IP 地址。

（3）域名服务器 DNS 以 128.30.52.100 应答。

（4）浏览器和 128.30.52.100 的 80 端口建立一条 TCP 连接。

（5）128.30.52.100 指派一个临时端口继续保持与该浏览器的连接，并释放其 80端口。

（6）浏览器发送获取 Protocols 网页的 GET 命令。

（7）www.w3.org 服务器发送 Protocols 网页文件。

（8）浏览器显示 Protocols 网页中的所有正文。

（9）浏览器获取并显示 Protocols 网页中的所有图像。

（10）浏览器访问结束，释放与 www.w3.org 服务器的 TCP 连接。

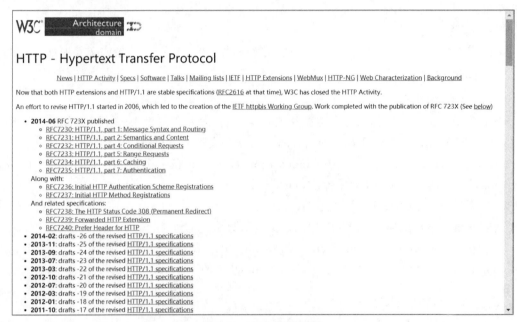

图 7-20　Web 浏览示例

2. HTTP 的报文格式及其应用

　　HTTP 的报文分为请求报文和响应报文两种，客户发出请求报文，服务器回送响应报文。这两种报文的格式类似，如图 7-21 所示，每个报文包括开始行、首部行、空行和实体部分，而开始行在请求报文中称为请求行，在响应报文中称为状态行。首部行用来指示浏览器、服务器或报文内容的一些信息，可以允许多行，其详细说明请参考 RFC2616。实体部分在请求报文中通常不用，在响应报文中也可没有该字段。

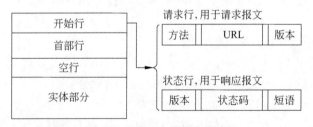

图 7-21　HTTP 的报文格式

　　请求行包括方法、要操作的网页、协议及其版本三部分，中间由空格隔开，其格式如 GET /urt/ItemShow.html HTTP/1.0，表示请求获取 urt/ItemShow.html 文档。常用的方法如表 7-5 所示。

　　在 HTTP 响应报文中的状态码表示 HTTP 响应的不同类型，它由 3 位十进制数组成，其中 1 开头只是一些提示信息，2 开头表示请求成功，3 开头表示将重新定位到另外一个 URL，4 开头表示客户端错误，5 开头表示服务器端错误。常用的状态码如表 7-6 所示。

表 7-5 **HTTP 请求报文的常用方法**

方　　法	描　　述
GET	向 Web 服务器请求一个文件
POST	向 Web 服务器发送数据让 Web 服务器进行处理
PUT	向 Web 服务器发送数据并存储在 Web 服务器中
HEAD	请求读取由 URL 所标志的信息的首部
DELETE	从 Web 服务器上删除一个文件
COPY	从 Web 服务器上复制一个文件到另一个位置,其中源文件由请求行中的 URL 指定,目的位置则在实体首部行中指定
MOVE	从 Web 服务器上移动一个文件到另一个位置,其中源文件由请求行中的 URL 指定,目的位置则在实体首部行中指定
TRACE	跟踪到服务器的路径
OPTIONS	查询 Web 服务器的性能

表 7-6 **HTTP 响应报文中的常用状态码**

状　态　码	状　态　短　语	说　　明
100	Continue	请求的前部已被接收,可继续请求
101	Switching	服务器将按客户请求切换协议
200	OK	请求成功
201	Created	一个新的 URL 被创建
202	Accept	请求被接收,但未被立即执行
301	Multiple choices	请求的 URL 指向多个资源
302	Moved permanently	请求的 URL 已被永久移去
400	Bad request	在请求报文中存在语法错误
401	Unauthorized	没有足够的权限
403	Forbidden	服务被禁止
404	Not found	文档没有找到
405	Method not allowed	请求的方法不支持
406	Not acceptable	请求的格式不能接收
500	Internal server error	服务器内部错误
501	Not implemented	请求的操作不能被服务器执行
503	Service unavailable	服务暂时不可提供

报文的实体部分是 HTML 源文档以及文档中嵌入的各种对象（如声音、图片等），这些声音和图片等二进制文件按照 MIME 技术转换为字符形式，然后与 HTML 源文档一起通过 HTTP 协议传递给 Web 客户，再由 Web 客户将它们还原。

下面给出 HTTP 请求与响应的简单示例，如图 7-22 所示。在客户端，客户使用 GET 方法从服务器获取一个图像文档，路径为 /urt/bin/image1。首部有 2 行，表示客户能够接收 gif 和 jpeg 格式的图像。请求报文中没有实体部分，而响应报文包含了 1 个状态行和 4 行首部，这些首部行定义了日期、服务器、MIME 版本和文档长度。首部行之后隔一个空行，然后是实体部分，表示回送的图像文档。

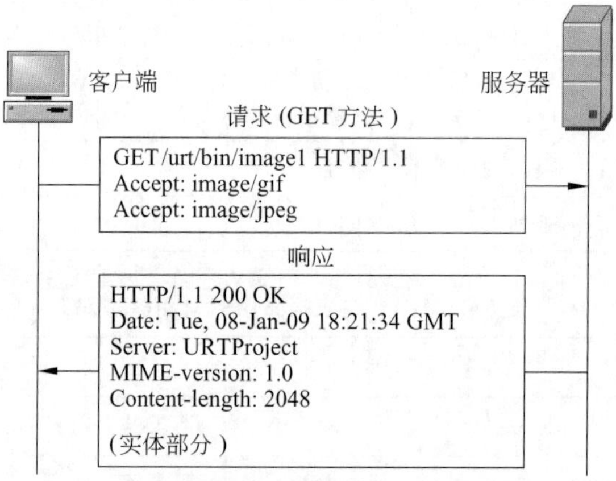
客户端
服务器
请求 (GET 方法)
GET /urt/bin/image1 HTTP/1.1
Accept: image/gif
Accept: image/jpeg
响应
HTTP/1.1 200 OK
Date: Tue, 08-Jan-09 18:21:34 GMT
Server: URTProject
MIME-version: 1.0
Content-length: 2048
(实体部分)

图 7-22　HTTP 报文应用示例

采用网络协议分析工具 Wireshark 捕获 Web 服务的数据，其应用示例如图 7-23 所示，捕获内容完整地展示了 HTTP 协议的首部信息。

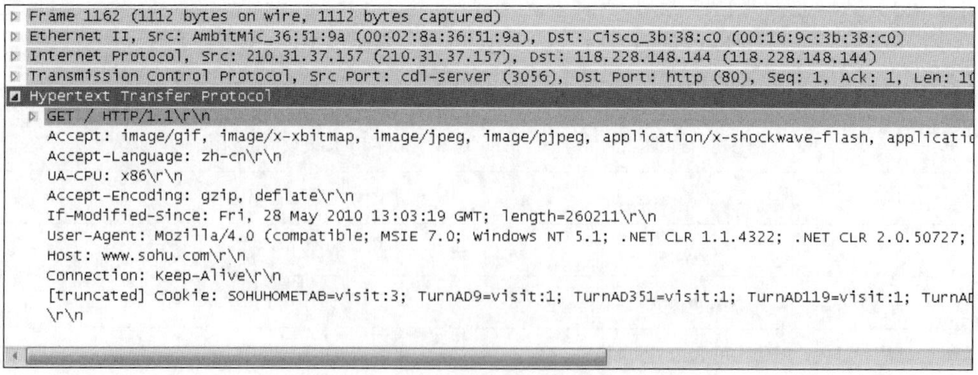
Frame 1162 (1112 bytes on wire, 1112 bytes captured)
Ethernet II, Src: AmbitMic_36:51:9a (00:02:8a:36:51:9a), Dst: Cisco_3b:38:c0 (00:16:9c:3b:38:c0)
Internet Protocol, Src: 210.31.37.157 (210.31.37.157), Dst: 118.228.148.144 (118.228.148.144)
Transmission Control Protocol, Src Port: cdl-server (3056), Dst Port: http (80), Seq: 1, Ack: 1, Len:
Hypertext Transfer Protocol
GET / HTTP/1.1\r\n
Accept: image/gif, image/x-xbitmap, image/jpeg, image/pjpeg, application/x-shockwave-flash,
Accept-Language: zh-cn\r\n
UA-CPU: x86\r\n
Accept-Encoding: gzip, deflate\r\n
If-Modified-Since: Fri, 28 May 2010 13:03:19 GMT; length=260211\r\n
User-Agent: Mozilla/4.0 (compatible; MSIE 7.0; Windows NT 5.1; .NET CLR 1.1.4322; .NET CLR 2.0.50727;
Host: www.sohu.com\r\n
Connection: Keep-Alive\r\n
[truncated] Cookie: SOHUHOMETAB=visit:3; TurnAD9=visit:1; TurnAD351=visit:1; TurnAD119=visit:1;
\r\n

图 7-23　Web 服务的网络数据捕获示例

7.5.3 HTML

超文本标记语言（Hypertext Markup Language，HTML）是目前网络上应用最为广泛的语言，也是构成网页文档的主要语言。HTML 文本是由 HTML 命令组成的描述性文本,HTML 命令可以说明文字、图形、动画、声音、表格、链接等。HTML 的结构包括头部(Head)和主体(Body)两大部分,其中头部描述浏览器所需的信息,而主体则包含所要说明的具体内容。

HTML 的版本从 2.0 发展到 4.01,2000 年成为国际标准 ISO/IEC 15445:2000。随后,2007 年 HTML 5 草案被 W3C 接纳,并成立了新的 HTML 工作团队。2008 年 1 月第一份正式 HTML 5 草案发布。HTML 5 增加了更多样化的 API,提供了嵌入音频、视频、图片的函数、客户端数据存储以及交互式文档。其他特性包括新的页面元素,如 <header>、<section>、<footer>以及 <figure>。同时,一些过时的 HTML 4 标记被取消,如<font>和<center>,因为它们已经被 CSS 取代。

HTML 文档制作不是很复杂,且功能强大,支持不同数据格式的文件嵌入,这也是万维网盛行的原因之一,其主要特点如下。

(1)简易性,HTML 版本升级采用超集方式,从而更加灵活方便。

(2)可扩展性,HTML 语言的广泛应用带来了加强功能,增加标识符等要求,HTML 采取子类元素的方式,为系统扩展带来保证。

(3)平台无关性。虽然 PC 大行其道,但使用 Mac 等其他机器的还是大有人在,HTML 可以使用在广泛的平台上,这也是万维网盛行的另一个原因。

【例 7-4】 登录 Internet,打开图 7-20 所示的网页 http://www.w3.org/protocols。然后,选择浏览器上的源文件菜单,就可以获得其 HTML 代码。请结合 HTML 的语法特点进行文档分析。

解析:本题要结合实际 HTTP 协议网页学习 HTML 的基本语法。下面选取该文档的前半部分进行说明,如表 7-7 所示。

表 7-7 HTML 文档结构示例

HTML 文档内容	说　　明
`<!DOCTYPE HTML PUBLIC "-//W3C//DTD HTML 4.01` `Transitional//EN" "http://www.w3.org/TR/html4/loose.dtd">`	声明文档类型
`<html lang="en-US">`	HTML 文档开始
`<head>`	首部开始
`<title>HTTP-Hypertext Transfer Protocol Overview` `</title>`	文档标题,出现在页面顶部
`<link href="/StyleSheets/activities.css" rel="stylesheet"` `type="text/css">`	引用的样式文件
`</head>`	首部结束
`<body>`	主体开始

续表

HTML 文档内容	说　　明
`<p><a href="../"><img src="../Icons/WWW/w3c_home" alt="W3C" border="0" height="48" width="72"></a> <a href="../Architecture/"> < img src="../Icons/arch" alt="Architecture Domain" border="0" height="48" width="212"></a><img src="../Icons/WWW/HTTP48x" alt="HTTP" height="48" width="48"></p>`	显示 3 个链接图片信息。若不能显示，则分别以文字 W3C、Architecture Domain 和 HTTP 替代。<p> 和 </p> 之间的文字是一个段落。<a> 和 </a> 之间表示超链接，href 指出具体引用
`<h1>HTTP-Hypertext Transfer Protocol</h1>`	按照主体的 1 级题头显示内容，其字号较大
`<p align="center"><a href="#News">News</a>|<a href="Activity.html">HTTP Activity</a>|<a href="#Specs">Specs</a>|<a href="#Software">Software</a>|<a href="#Talks">Talks</a>|<a href="#Lists">Mailing lists</a></p>`	本地链接，指向文档内部 News、Specs、Software、Talks、Mailing lists 以及链接 HTTP 页面
`...`	
`</body>`	主体结束
`</html>`	HTML 文档结束

　　HTML 虽然简单，但其主要缺点是将文档的内容与格式绑在一起，这使要从文档中提取信息或改变信息的输出格式变得非常困难。为此，1998 年提出了可扩展标记语言（Extensible Markup Language，XML），以一种开放的自我描述方式定义了数据结构。XML 以结构化的方式描述内容，而扩展样式语言（Extensible Style Language，XSL）则描述独立于内容的显示格式，这使数据的收集、处理和输出更加灵活方便。XML 被称为下一代 Web 应用的基石，扮演着“国际语言”的角色。

7.5.4　HTTPS 协议

　　HTTPS(Hypertext Transfer Protocol over Secure Socket Layer)协议是以安全为目标的 HTTP 通道，即 HTTP 的安全版，它是由 Netscape 开发并内置于其浏览器中，用于对数据进行压缩和解压操作，并返回网络上传送回的结果。HTTPS 实际上应用了 Netscape 的安全套接层(SSL)作为 HTTP 应用层的子层。

　　HTTPS 的主要作用有两个方面：①建立一条信息安全通道，保证数据传输的安全。②确认网站的真实性。具体而言，解决了以下两个问题。

1. 信任主机的问题

　　采用 HTTPS 的服务器必须从 CA(Certificate Authority) 申请一个用于证明服务器用途类型的证书。该证书只有用于对应的服务器时，客户端才信任此主机。所以目前所有的银行系统网站，关键部分应用都是 HTTPS 的。客户通过信任该证书，从而信任了该主机。这样做虽然效率很低,但是银行更侧重安全。

2. 通信过程中的数据的泄密和被篡改

一般意义上的 HTTPS,就是服务器具有一个证书。服务端和客户端之间的所有通信,都是加密的。具体地讲,是客户端产生一个对称的密钥,通过服务器的证书交换密钥,即一般意义上的握手过程。接下来,所有的信息往来就都是加密的。第三方即使截获,也没有任何意义。

在少许对客户端有要求的情况下,会要求客户端也必须具有一个证书。客户端证书其实就类似于表示个人信息时,除了用户名/密码外,还有一个 CA 认证过的身份。因为个人证书一般来说是别人无法模拟的,这样能够更好地确认自己的身份。目前少数个人银行的专业版采用这种做法,具体证书可能是用 U 盘(即 U 盾)作为一个备份的载体。

HTTPS 和 HTTP 的区别如下。

(1) HTTPS 协议需要到 CA 申请证书,一般免费证书很少,需要交费。

(2) HTTP 是超文本传输协议,信息是明文传输;HTTPS 则是具有安全性的 SSL 加密传输协议。

(3) HTTP 和 HTTPS 使用的是完全不同的连接方式,使用的端口也不一样,前者是80,后者是 443。

(4) HTTP 的连接很简单,是无状态的;HTTPS 协议是由 SSL+HTTP 协议构建的可进行加密传输和身份认证的网络协议,比 HTTP 协议更安全。

目前,HTTPS 被广泛用于万维网上安全敏感的通信,例如交易支付方面。

7.6 SNMP 协议

7.6.1 SNMP 概述

简单网络管理协议(Simple Network Management Protocol,SNMP)是目前 TCP/IP 网络中应用最为广泛的网络管理协议。1990 年 5 月,RFC 1157 定义了第一个版本 SNMPv1。RFC 1157 和另一个关于管理信息的文件 RFC 1155 一起提供了一种监控和管理计算机网络的系统方法。因此,SNMP 得到了广泛应用,并成为网络管理事实上的标准。

SNMP 在 20 世纪 90 年代初得到了迅猛发展,同时也暴露出了明显的不足,如难以实现大量的数据传输,缺少身份验证和加密机制。因此,1993 年发布了 SNMPv2,其具有以下特点。

- 支持分布式网络管理。
- 扩展了数据类型。
- 可以实现大量数据的同时传输,提高了效率和性能。
- 丰富了故障处理能力。
- 增加了集合处理功能。
- 加强了数据定义语言。

但是，SNMPv2 并没有完全实现预期的目标，尤其是安全性能没有得到提高，如身份验证（如用户初始接入时的身份验证、信息完整性的分析、重复操作的预防）、加密、授权和访问控制、适当的远程安全配置和管理能力等都没有实现。1996 年发布的 SNMPv2c 是 SNMPv2 的修改版本，虽然功能增强了，但是安全性能没有得到改善，仍继续使用 SNMPv1 的基于明文密钥的身份验证方式。IETF SNMPv3 工作组于 1998 年 1 月提出了互联网建议 RFC 2271-2275，正式形成 SNMPv3。这一系列文件定义了包含 SNMPv1、SNMPv2 所有功能在内的体系框架和包含验证服务和加密服务在内的全新的安全机制，同时还规定了一套专门的网络安全和访问控制规则。可以说，SNMPv3 是在 SNMPv2 基础之上增加了安全和管理机制。

SNMP 最重要的指导思想就是要尽可能简单，以便缩短研制周期。SNMP 的基本功能包括监视网络性能、检测分析网络差错和配置网络设备等。在网络正常工作时，SNMP 可实现统计、配置和测试等功能。当网络出故障时，可实现各种差错检测和恢复功能。虽然 SNMP 是在 TCP/IP 基础上的网络管理协议，但也可扩展到其他类型的网络设备上。

7.6.2 SNMP 的配置

图 7-24 是使用 SNMP 的典型配置。整个系统必须有一个管理站，它实际上是网控中心。在管理站上运行管理进程。在每个被管对象中一定要有代理进程。管理进程和代理进程利用 SNMP 报文进行通信，而 SNMP 报文又使用 UDP 传送。图 7-24 中有两台主机和一台路由器。这些协议栈中带有阴影的部分是原来这些主机和路由器所具有的，而没有阴影的部分是为实现网络管理而增加的。

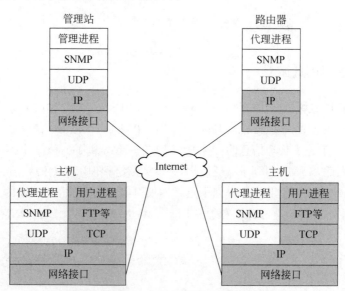

图 7-24 SNMP 的典型配置

有时网络管理协议无法控制某些网络元素，例如该网络元素使用的是另一种网络管理协议。这时可使用委托代理。委托代理能提供如协议转换和过滤操作的汇集功能，然后委托代理对管理对象进行管理。图 7-25 表示委托管理的配置情况。

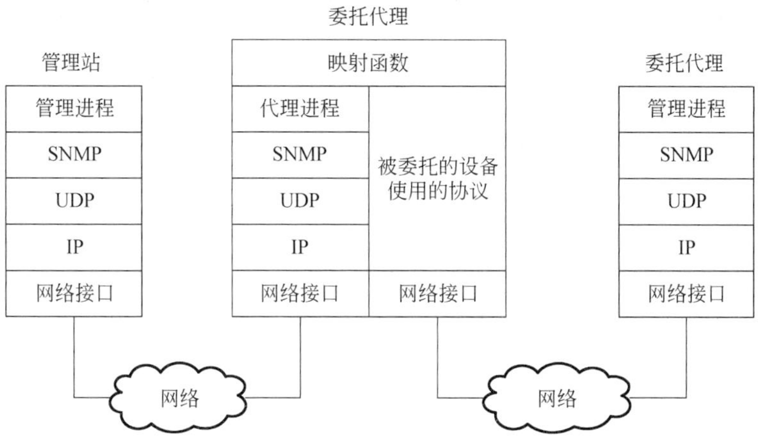

图 7-25 委托管理的配置

SNMP 的网络管理由三部分组成,即管理信息库 MIB、管理信息结构 SMI 以及 SNMP 自身。

7.6.3 管理信息库

管理信息库(MIB)是所有代理进程包含的、并且能够被管理进程查询和设置的信息的集合。MIB 是基于对象标识树的,对象标识是一个整数序列,中间以.分隔,这些整数构成一个树形结构,类似于 DNS 或 UNIX 的文件系统,如图 7-26 所示。

对象命名树的顶级对象有三个,即 ISO、ITU-T 和这两个组织的联合体。在 ISO 的下面有 4 节点,其中一个(标号 3)是被标识的组织,在其下面有一个美国国防部(Department of Defense)的子树(标号是 6),再下面就是 Internet(标号是 1)。在只讨论 Internet 中的对象时,可只画出 Internet 以下的子树(图 7-26 中的虚线方框),并在 Internet 节点旁边标注上{1.3.6.1}即可。

在 Internet 节点下面的第二节点是 mgmt(管理),标号是 2。再下面的是管理信息库,原先的节点名是 mib。1991 年定义了新的版本 MIB-Ⅱ,故节点名现改为 mib-2,其标识为{1.3.6.1.2.1}或{Internet(1).2.1}。这种标识称为对象标识符。

最初的节点 mib 将其所管理的信息分为 8 个类别,见表 7-8。现在的 mib-2 所包含的信息类别已超过 40 个。

表 7-8 最初的节点 mib 管理的信息类别

类　　别	标　号	所包含的信息
system	(1)	主机或路由器的操作系统
interfaces	(2)	各种网络接口及它们的测定通信量
address translation	(3)	地址转换(如 ARP 映射)
ip	(4)	Internet 软件(IP 分组统计)

续表

类　　别	标　号	所包含的信息
icmp	（5）	ICMP 软件（已收到 ICMP 消息的统计）
tcp	（6）	TCP 软件（算法、参数和统计）
udp	（7）	UDP 软件（UDP 通信量统计）
egp	（8）	EGP 软件（外部网关协议通信量统计）

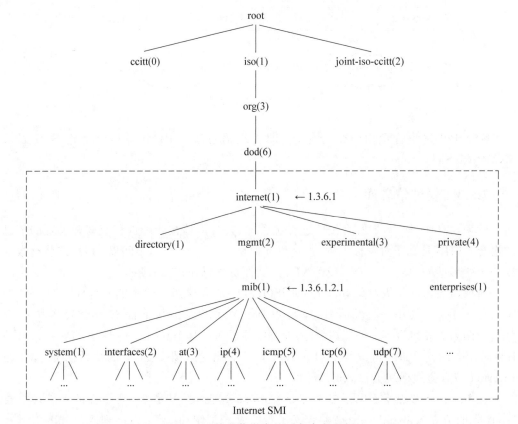

图 7-26　管理信息库的对象命名举例

iso.org.dod.internet.private.enterprises（1.3.6.1.4.1）这个标识是给厂家自定义而预留的。如华为的是 1.3.6.1.4.1.2011，华三的是 1.3.6.1.4.1.25506。

7.6.4　SNMP 报文格式

SNMP 规定了 5 种报文，用来管理进程和代理之间的交互信息。

* get-request 操作：从代理进程处提取一个或多个参数值。
* get-next-request 操作：从代理进程处提取紧跟当前参数值的下一个参数值。
* set-request 操作：设置代理进程的一个或多个参数值。
* get-response 操作：返回的一个或多个参数值。这个操作由代理进程发出，它是

前面三种操作的响应操作。

- trap 操作：代理进程主动发出的报文，通知管理进程有某些事情发生。

以上前面 3 个操作是由管理进程向代理进程发出的，后面 2 个操作是由代理进程发给管理进程的。图 7-27 描述了 SNMP 的这 5 种报文操作。

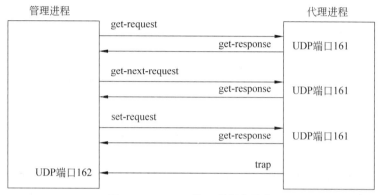

图 7-27　SNMP 的 5 种报文操作

管理进程发出的前面 3 种操作采用 UDP 的 161 端口。代理进程发出的 trap 操作采用 UDP 的 162 端口。由于收发采用了不同的端口号，所以一个系统可以同时为管理进程和代理进程。

图 7-28 是封装成 UDP 数据报的 5 种操作的 SNMP 报文格式。可见一个 SNMP 报文由三个部分组成，即公共 SNMP 首部、get/set 首部或 trap 首部、变量绑定。

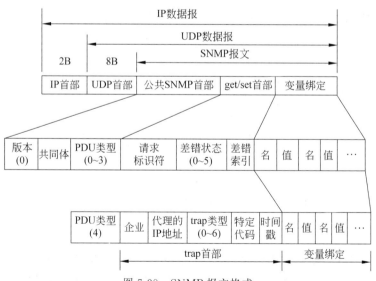

图 7-28　SNMP 报文格式

公共 SNMP 首部共有以下三个字段。

（1）版本：写入版本字段的是版本号减 1，对于 SNMP（即 SNMPV1）则应写入 0。

（2）共同体：是一个字符串，作为管理进程和代理进程之间的明文口令，常用的是

6 个字符 public。

（3）PDU 类型：填入 0～4 中的一个数字,其对应关系如表 7-9 所示。

表 7-9　PDU 类型

PDU 类型	名　　称	PDU 类型	名　　称
0	get-request	3	set-request
1	get-next-request	4	trap
2	get-response		

7.7　RTP/RTCP 协议

RTP/RTCP 协议是 IETF 的音视频传输工作组提出的在 Internet 和现有局域网上传输实时信息的一个新型协议,是实现实时通信不可缺少的协议。该协议是专门为交互的音频、视频等实时性数据而设计的。RTP/RTCP 协议由实时传输协议（Real-time Transport Protocol,RTP)和实时传输控制协议（Real-time Transport Control Protocol,RTCP)两部分组成。

7.7.1　RTP/RTCP 的协议层次

1）传输层的子层

图 7-29 给出了流媒体应用中的一个典型的协议体系结构。

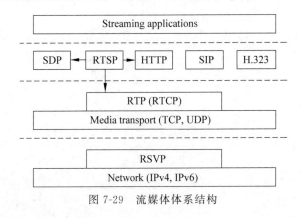

图 7-29　流媒体体系结构

可以看出,RTP 被划分在传输层,它建立在 UDP 上。RTP 用来为端到端的实时传输提供时间信息和流同步,但并不保证服务质量。服务质量由 RTCP 提供。

2）应用层的一部分

把 RTP 归为应用层的一部分,是从应用开发者的角度来说的。操作系统中的 TCP/IP 等协议栈所提供的是我们最常用的服务,而 RTP 的实现还是要靠开发者自己。因此,从开发的角度来说,RTP 的实现和应用层协议的实现没有不同,所以可将 RTP 看成应用层协议。

RTP 实现者在发送 RTP 数据时,需先将数据封装成 RTP 包,而在接收到 RTP 数据包时,需要将数据从 RTP 包中提取出来。

7.7.2 RTP 的报头格式

RTP 的报头格式如图 7-30 所示。每个 RTP 数据包都包含特定数据源标识符前的 12 字节。

V	P	X	CC	M	PT	序列号
时间戳						
同步源(SSRC)						
提供源(CSRC)						
…						

图 7-30 RTP 的报头格式

各字段含义如下。

- 版本号(V):2b,用来标志使用的 RTP 版本。
- 填充位(P):1b,如果该位置位,则该 RTP 包的尾部就包含附加的填充字节。
- 扩展位(X):1b,如果该位置位,则 RTP 固定头部后面就跟有一个扩展头部。
- CSRC 计数器(CC):4b,含有固定头部后面跟着的 CSRC 的数目。
- 标记位(M):1b,该位的解释由配置文档(Profile)承担。
- 载荷类型(PT):7b,标记了 RTP 载荷的类型。
- 序列号(SN):16b,发送方在每发送完一个 RTP 包后就将该域的值增加 1,接收方可以由该域检测包的丢失及恢复包序列。序列号的初始值是随机的。
- 时间戳:32b,记录了该包中数据的第一字节的采样时刻。在一次会话开始时,时间戳初始化成一个初始值。即使在没有信号发送时,时间戳的数值也要随时间而不断地增加。时间戳是去除抖动和实现同步不可缺少的。
- 同步源(SSRC):32b,同步源就是指 RTP 包流的来源。在同一个 RTP 会话中不能有两个相同的 SSRC 值。该标识符是随机选取的,RFC1889 推荐了 MD5 随机算法。
- 提供源(CSRC):0~15 项,每项 32b,用来标志对一个 RTP 混合器产生的新包有贡献的所有 RTP 包的源。由混合器将这些有贡献的 SSRC 标识符插入表中。SSRC 标识符都被列出来,以便接收端能正确指出交谈双方的身份。

7.7.3 RTCP 的报头格式

RTCP 的主要功能是:服务质量的监视与反馈、媒体间的同步,以及多播组中成员的标识。在 RTP 会话期间,各参与者周期性地传送 RTCP 包。RTCP 包中含有已发送的数据包的数量、丢失的数据包的数量等统计资料,因此,各参与者可以利用这些信息动态地改变传输速率,其至改变有效载荷类型。RTP 和 RTCP 配合使用,它们能以有效的反馈和最小的开销使传输效率最佳化,因而特别适合传送网上的实时数据。

从图 7-29 中可以看到,RTCP 也是用 UDP 传送的,但 RTCP 封装的仅仅是一些控制信息,因而分组很短,所以可以将多个 RTCP 分组封装在一个 UDP 包中。RTCP 有如下五种分组,如表 7-10 所示。

表 7-10 RTCP 的 5 种分组

类　　　型	缩小表示	用　　　途	类　　　型	缩小表示	用　　　途
200	SR	发送端报告	203	BYE	结束传输
201	RR	接收端报告	204	APP	特定应用
202	SDES	源点描述			

每一个 RTCP 报文以类似于 RTP 数据报文的固定头开始,紧跟着 32 位对齐的根据报文类型变长的可能的元素结构。每周期传送的复合 RTCP 报文必须包括一个报告报文,每个复合 RTCP 报文也应该包含 SDES CNAME。首先出现在复合报文中的报文类型的数量应该受到限制。因此,所有的 RTCP 报文必须使用至少包含两个独立报文的复合报文送出。

上述五种分组的封装大同小异,下面重点介绍发送端报告和接收端报告类型,其他类型请参考 RFC3550。

发送端报告(Sender Report,SR)分组用来使发送端以多播方式向所有接收端报告发送情况。SR 分组的主要内容有:相应的 RTP 流的 SSRC,RTP 流中最新产生的 RTP 分组的时间戳和 NTP,RTP 流包含的分组数,RTP 流包含的字节数。SR 包的封装如图 7-31 所示。

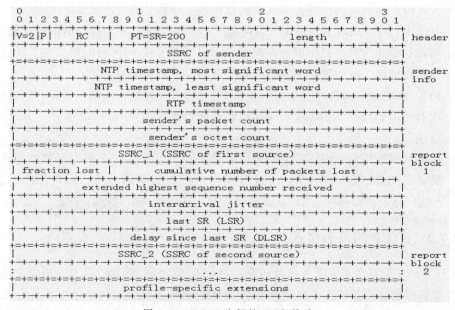

图 7-31 RTCP 头部的 SR 包格式

各字段含义如下。

- 版本(V)：同 RTP 包头域。
- 填充(P)：同 RTP 包头域。
- 接收报告计数器(RC)：5b,该 SR 包中的接收报告块的数目可以为零。
- 包类型(PT)：8b,SR 包是 200。
- 长度域(Length)：16b,其中存放的是该 SR 包以 32b 为单位的总长度减一。
- 同步源(SSRC)：SR 包发送者的同步源标识符。与对应 RTP 包中的 SSRC 一样。
- NTP Timestamp(Network Time Protocol)SR 包发送时的绝对时间值。NTP 的作用是同步不同的 RTP 媒体流。
- RTP Timestamp：与 NTP 时间戳对应,与 RTP 数据包中的 RTP 时间戳具有相同的单位和随机初始值。
- Sender's packet count：从开始发送包到产生这个 SR 包这段时间内,发送者发送的 RTP 数据包的总数。SSRC 改变时,这个域清零。
- Sender's octet count：从开始发送包到产生这个 SR 包这段时间内,发送者发送的净荷数据的总字节数(不包括头部和填充)。发送者改变其 SSRC 时,这个域清零。
- 同步源 n 的 SSRC 标识符：该报告块中包含的是从该源接收到的包的统计信息。
- 丢失率(Fraction Lost)：表明从上一个 SR 或 RR 包发出以来从同步源 n(SSRC_n)发来的 RTP 数据包的丢失率。
- 累计的包丢失数目：从开始接收到 SSRC_n 的包到发送 SR,从 SSRC_n 传过来的 RTP 数据包的丢失总数。
- 收到的扩展最大序列号：SSRC_n 收到的 RTP 数据包中最大的序列号。
- 接收抖动(Interarrival Jitter)：RTP 数据包接收时间的统计方差估计。
- 上次 SR 时间戳(Last SR,LSR)：取最近从 SSRC_n 收到的 SR 包中的 NTP 时间戳的中间 32b。如果目前还没收到 SR 包,则该域清零。
- 上次 SR 以来的延时(Delay since Last SR,DLSR)：上次从 SSRC_n 收到 SR 包到发送本报告的延时。

下面介绍接收端报告(Recieve Report,RR)分组,如图 7-32 所示。

RR 报文的格式除了报文类型域包含的常数为 201 和省略了发送者信息的 5 字长度外,其他的格式和 SR 报文的格式相同,剩下的域和 SR 报文的含义一样。没有数据传输或报告回复时,复合 RTCP 报文的首部是一个空的 RR 报文(RC=0)。

7.7.4 RTP 的会话过程

当应用程序建立一个 RTP 会话时,应用程序将确定一对目的传输地址。目的传输地址由一个网络地址和一对端口组成,有两个端口：一个给 RTP 包,一个给 RTCP 包,使 RTP/RTCP 数据能够正确发送。RTP 数据发向偶数的 UDP 端口,而对应的控制信号 RTCP 数据发向相邻的奇数 UDP 端口(偶数的 UDP 端口+1),这样就构成一个 UDP 端口对。RTP 的发送过程如下(接收过程则相反)。

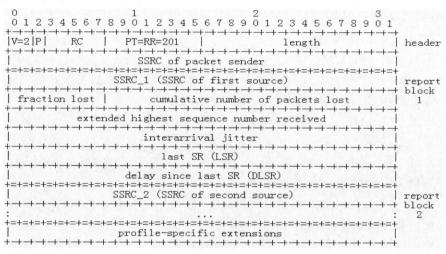

图 7-32   RTCP 头部的 RR 包格式

（1）RTP 协议从上层接收流媒体信息码流（如 H.263），封装成 RTP 数据包；RTCP 从上层接收控制信息，封装成 RTCP 控制包。

（2）RTP 将 RTP 数据包发往 UDP 端口对中的偶数端口；RTCP 将 RTCP 控制包发往 UDP 端口对中的奇数端口。

7.8   主机配置协议

一般情况下，协议软件被嵌入在计算机操作系统中，在系统引导时和操作系统一起被装入内存。为使协议软件具有通用性和可移植性，有关计算机的许多细节（如协议地址等）并没有固化在软件中，而是作为参数传递到软件中。

在协议软件中为这些参数赋值的行为称为协议配置，TCP/IP 协议软件需要的配置信息包括 IP 地址、子网掩码、默认路由器的 IP 地址、域名服务器的 IP 地址等。那么，协议软件应如何接收配置信息呢？下面介绍两种主机配置协议。

7.8.1   BOOTP

引导程序协议（BOOTstrap Protocol，BOOTP）使用 UDP 协议为无盘工作站或首次引导的计算机提供自动获取配置信息的服务，也采用 C/S 服务模式，目前是互联网的草案标准。虽然 RARP 也能提供无盘工作站的 IP 地址，但是 RARP 无法提供其他信息。因此，RARP 在大多数系统中没有实现，且在 IPv6 中完全不再考虑。

为了获取配置信息，BOOTP 协议软件广播一个请求报文，使用全广播地址作为目的地址、全 0 作为源地址。BOOTP 服务器在收到请求报文并查找该计算机的各项配置信息后，将其放入一个 BOOTP 响应报文，可以采用广播方式回送给发出请求的计算机，或使用收到的广播帧上的硬件地址进行广播。BOOTP 的工作原理如图 7-33 所示。

BOOTP 是一个静态配置协议，它将物理地址与 IP 地址进行了绑定，这种绑定是预

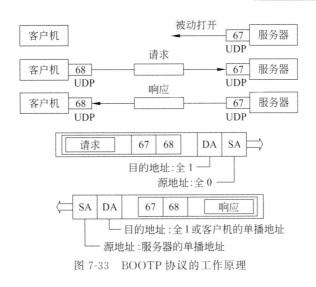

图 7-33　BOOTP 协议的工作原理

先确定的。但是,有些计算机因移动办公等原因而经常改变在网络上的位置,需要管理员人工添加或修改数据库信息,很不方便。而且,如果有的主机只是申请临时的 IP 地址,则也无法实现。

7.8.2　DHCP

动态主机配置协议(Dynamic Host Configuration Protocol,DHCP)提供了即插即用的联网机制,它允许计算机加入新的网络和获取 IP 地址而不用手工参与。DHCP 最新的 RFC 文档是 1997 年的 RFC2131 和 RFC2132,与 BOOTP 协议兼容,所用的报文格式非常相似。

DHCP 对运行客户软件和服务器软件的计算机都适用,它为这两类计算机分配不同类型的地址:为运行服务器软件的非移动计算机分配一个永久地址,该地址在计算机重新启动时不会改变;为运行客户软件的计算机从一个地址池中选用一个地址。

DHCP 使用 C/S 服务模式:某主机如果需要 IP 地址,那么它在启动时向 DHCP 服务器发送广播发现报文。在本地网络的所有主机都能收到该报文,但只有 DHCP 服务器对此报文予以响应。DHCP 服务器先在其数据库中查找该计算机的配置信息,若找到,则采用提供报文将其回送给客户机;否则,从服务器的 IP 地址池中任选一个 IP 地址分配给主机。

DHCP 客户分配得到的 IP 地址是临时的,只能在一段有限时间内使用,DHCP 协议称为租用期,但并没有具体规定多长时间。租用期的数值通过 DHCP 服务器设定,例如,一个校园网将此时间设定为 24h,如果某客户没有使用计算机的时间连续超过了一天,则该租用过期,需要重新分配。

DHCP 客户使用全 1 的 IP 地址发送 DHCP 发现信息,由于路由器不会转发该广播包到其他网络上,这使每个网络上都要设置一个 DHCP 服务器。但是,这样会使 DHCP 服务器的数量太多,而且,如果一个管理域包含多个网络,则管理员必须保证所有服务器保存的配置信息是一致的。为了解决这个问题,引入了中继代理的概念,它运行 DHCP 服务器和请求计算机不在同一个网络内,但每个网络上至少有一个中继代理。中继代理只配置一条信息，即 DHCP 服务器的 IP 地址。当中继代理接收到 DHCP 发现消息时，用单播方式将它发送给 DHCP 服务器；之后，DHCP 服务器的响应消息要通过中继代理回传给请求的客户。

目前，当计算机使用 Windows 操作系统时，单击控制面板的网络图标就可以添加 TCP/IP。单击"属性"按钮后，在 IP 地址一项中提供了两种选择：一种是指定 IP 地址，属于静态绑定方法；另一种是自动获得 IP 地址，表示使用 DHCP 协议。可见，DCHP 非常适合经常移动位置的计算机。

7.9 MQTT 协议

消息队列遥测传输（Message Queue Telemetry Transport，MQTT）协议，基于客户端/服务器模式，是一个发布/订阅模式的消息传输协议。MQTT 协议的设计思想是开放、简单、轻量、易于实现，属于物联网的一个标准传输协议。特别适合于受限环境（带宽低、网络延迟高、网络通信不稳定）的消息分发。MQTT 基于 TCP 协议，默认端口是 1883。具有很小的传输消耗和协议数据交换，最大限度减少网络流量。在异常连接断开发生时，能通知到相关各方。它还提供 Last Will 和 Testament 特性，以通知有关各方客户端异常中断的机制。

MQTT 协议广泛应用于物联网、移动互联网、智能硬件、车联网、电力能源等领域。其官网地址是：https://mqtt.org/。

目前有很多的 MQTT 消息中间件服务器，例如：IBM Websphere、MQ Telemetry、Mosquitto、RabbitMQ、Apache ActiveMQ、Apache Apollo、Moquette、HiveMQ 等。

7.9.1 MQTT 的服务质量

MQTT 提供三种等级的服务质量（QoS）。

（1）QoS0："最多一次（At most once）"，尽操作环境所能提供的最大努力分发消息，消息可能会丢失。例如，这个等级可用于环境传感器数据，单次的数据丢失没关系，因为不久之后会再次发送。其工作原理如图 7-34 所示，发布者（Publisher）将消息传输到作为中介（Broker）的服务器，订阅者（Subscriber）从服务器获得所订阅的消息。

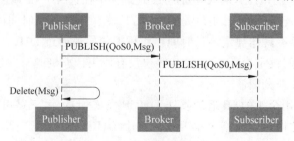

图 7-34 MQTT 的 QoS0 工作原理

（2）QoS1："至少一次"，保证消息可以到达，但是可能会重复，如图 7-35 所示。

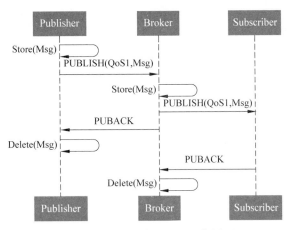

图 7-35　MQTT 的 QoS1 工作原理

（3）QoS2：“仅一次”，保证消息只到达一次，如图 7-36 所示。例如，这个等级可用在一个计费系统中，这里如果消息重复或丢失会导致不正确的收费。

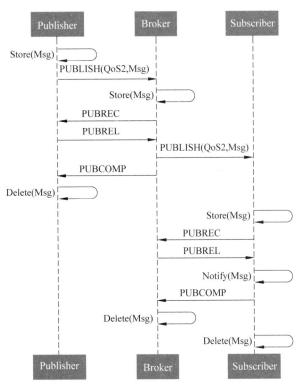

图 7-36　MQTT 的 QoS2 工作原理

7.9.2　MQTT 协议的规范

目前最常用的是 MQTT 3.1.1 协议，在 2014 年 10 月 29 日发布了最终稿。MQTT 5.0

现在成为了 OASIS 官方标准，其草案于 2019 年 3 月最终确定。MQTT 5.0 增加了共享订阅、属性等内容，实现负载均衡。

MQTT 协议通过以定义的方式交换一系列 MQTT 控制报文来进行操作。MQTT 控制报文最多由固定报头、可变报头和有效载荷三部分组成，每个 MQTT 控制包都包含一个固定报头，如图 7-37 所示。

二进制位	7	6	5	4	3	2	1	0
byte 1	MQTT控制报文的类型				指定控制报文类型的标志位			
byte 2…	剩余长度							

图 7-37　固定报头的格式

（1）控制报文的类型：表示为 4 位无符号值的值，如表 7-11 所示。

表 7-11　控制报文的类型

类 型 名	取值	报文流动方向	描　　述
Reserved	0	禁止	保留
CONNECT	1	客户端到服务端	客户端请求连接服务端
CONNACK	2	服务端到客户端	连接报文确认
PUBLISH	3	双向	发布消息
PUBACK	4	双向	发布确认（QoS1）
PUBREC	5	双向	发布收到（QoS2 交付第一步）
PUBREL	6	双向	发布释放（QoS2 交付第二步）
PUBCOMP	7	双向	发布完成（QoS2 交付第三步）
SUBSCRIBE	8	客户端到服务端	客户端订阅请求
SUBACK	9	服务端到客户端	订阅请求报文确认
UNSUBSCRIBE	10	客户端到服务端	取消订阅请求
UNSUBACK	11	服务端到客户端	取消订阅报文确认
PINGREQ	12	客户端到服务端	心跳（PING）请求
PINGRESP	13	服务端到客户端	心跳（PING）响应
DISCONNECT	14	客户端到服务端 MQTT 5.0 则是双向	客户端断开连接 MQTT 5.0 则是断连通知
Reserved	15	禁止	保留
AUTH（MQTT 5.0）	15	双向	认证信息交换

MQTT 协议的工作流程如图 7-38 所示。

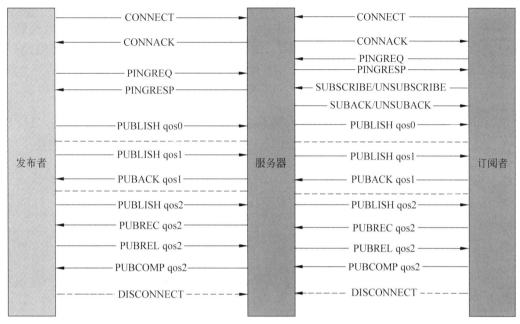

图 7-38 MQTT 协议的工作流程

（2）标志位：包含特定于每种 MQTT 控制数据包类型的标志。

（3）剩余长度：是一个可变字节整数，表示当前控制报文中剩余的字节数，包括可变报头和有效载荷中的数据。剩余长度不包括用于编码剩余长度的字节数。数据报文大小是 MQTT 控制数据报文中的字节总数，它等于固定报头的长度加上剩余长度。

（4）可变报头：某些 MQTT 控制报文包含一个可变报头部分，其内容根据报文类型的不同而不同。可变报头的报文标识符（Packet Identifier）字段存在于在多个类型的报文中。

（5）有效载荷：一些 MQTT 控制数据报文包含有效载荷，作为数据报文的最后部分。在 PUBLISH 报文中，是指应用消息。在报文 CONNECT、SUBSCIRBE、SUBACK、UNSUBSCRIBE 中是需要的。

7.9.3 MQTT 的报文示例

1. CONNECT 报文

从客户端发送至服务器的第一个数据报文必须为 CONNECT 报文，其可变报头按下列次序包含四个字段：协议名、协议级别、连接标志和保持连接状态。MQTT 5.0 版本则在此基础加上属性字段。MQTT 3.1.1、MQTT 5.0 的协议版本字段分别是 4 和 5。

服务端使用客户端标识符（ClientID）识别客户端。连接服务端的每个客户端都有唯一的 ClientID。客户端和服务端都必须使用 ClientID 识别两者之间的 MQTT 会话相关的状态。

CONNECT 报文的有效载荷包含由可变报头中的标志确定的一个或多个以长度为前缀的字段。MQTT 3.1.1 的有效载荷内容依次包括客户端标识符、遗嘱主题、遗嘱消息、用户名和密码。而 MQTT 5.0 必须按照客户标识符、遗嘱属性、遗嘱主题、遗嘱载荷、用户名和密码的顺序出现。

2. PUBLISH 报文

PUBLISH 报文的固定报头如图 7-39 所示。其中，DUP 是重发标志，QoS 等级取值 0、1、2。剩余长度等于可变报头的长度加上有效载荷的长度，被编码为变长字节整数。

Bit	7	6	5	4	3	2	1	0
byte 1	MQTT控制报文类型(3)				DUP标志	QoS等级		RETAIN
	0	0	1	1	×	×	×	×
byte 2	剩余长度							

图 7-39　PUBLISH 报文的固定报头

PUBLISH 报文的可变报头按顺序包含主题名、报文标识符、属性。MQTT 3.1.1 没有属性。只有当 QoS 等级是 1 或 2 时，报文标识符字段才能出现。

图 7-40 展示了订阅报文和发布报文的网络抓包情况。

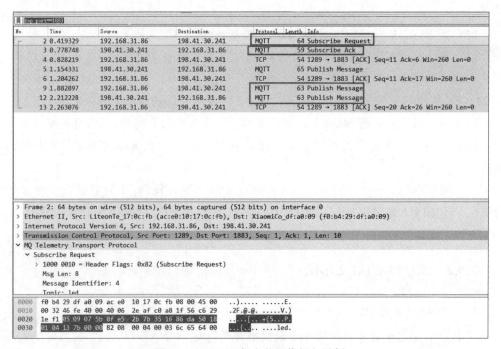

图 7-40　MQTT 报文的网络抓包示例

习 题 7

1. 常见的网络应用模式有几种? 各有什么特点?

2. 简述 DNS 的工作原理。

3. 某大学校园网上有一台主机,其 IP 地址为 202.113.27.60,子网掩码为 255.255.255.224。默认路由器配置为 202.113.27.33,DNS 服务器配置为 202.113.16.10。现在,该主机需要解析主机名 www.baidu.com。请逐步写出其域名解析过程。

4. 解释以下名词:WWW、URL、URI、HTTP、HTML、超文本、超媒体、页面。

5. 假定要从已知的 URL 获得一个 Web 文档。若该 Web 服务器的 IP 地址开始时并不知道。试问:除 HTTP 外,还需要什么应用层协议和传输层协议?

6. 叙述电子邮件系统的基本组成。用户代理 UA 有什么作用?

7. 简述 ESMTP 的工作流程。

8. 叙述 FTP 协议的主要工作过程。主进程和从属进程各起什么作用?

9. 比较分析 FTP 的 PORT 和 PASV 两种模式的工作流程和特点。

10. 结合校园网 Web 服务器的域名,分析域名的层次结构。

11. 结合 WWW 协议执行过程的分析,说明为什么在一次 WWW 协议执行过程中既使用了 UDP 协议,又使用了 TCP 协议?

12. 已知 WWW 服务器名称为 www.w3.org,服务器进程采用默认端口。如果某个用户需要查看该服务器的主页,则该客户的浏览器需要经过哪些步骤才能将主页显示在客户机的屏幕上?

13. 假定某文档中有这样几个字"下载 RFC 文档"。要求在单击这几个字时就能够链接到下载 RFC 文档的网站页面 http://www.ietf.org/rfc.html,试写出有关的 HTML 语句。

14. 比较 HTTP 和 HTTPS 的功能和特点。

15. 查阅资料,了解 SNMP 协议的应用开发环境和主要方法。

16. 实时协议包括哪两个协议? 它们各自提供哪些功能? 实时协议如何适应不断发展的多媒体应用?

17. 结合 RTP 报文头结构,说明 RTP 报文如何支持同步?

18. RTCP 协议能够提供哪些反映服务质量的重要参数? RTCP 能够直接提供服务质量保证吗?

19. 查阅 MQTT 协议标准并尝试通过客户端编程和服务器配置,自行搭建一个 MQTT 应用测试环境。

20. 可以利用网络协议分析工具进一步学习 TCP/IP 协议。以下是利用网络协议分析工具对 FTP 工作过程分析中得到的一个协议包结构(部分)示意图,如图 7-41 所示。经过人为修改后,其中包含了若干错误。请根据对 Ethernet、IP、TCP 和 FTP 协议的理解,指出其错误,并说明错误原因且应如何改正?

```
ether: -----------Ethernet Datalink Layer----------------
        Station: 08-01-A1-35→3A-41-0B-96
        Type: 0x0800 (IP)
   ip: ------------Internet Protocol--------------------
        Station: 199.262.18.6→127.0.0.1
        Protocol: UDP
        Version: 6
  tcp: ------------Transmission Control Protocol---------------
        Source Port: 20
        Destination Port: 21
 ftp: ------------File Transfer Protocol------------------
        Command: User (User Name)
        User Name: netAdmin
```

图 7-41　FTP 协议包查错示例

21. 根据图 7-42 所示的网络抓包结果，回答下列问题：

```
> Frame 181: 66 bytes on wire (528 bits), 66 bytes captured (528 bits) on interface 0
> Ethernet II, Src: IntelCor_02:d7:3a (18:56:80:02:d7:3a), Dst: ChinaMob_d5:3a:18 (8c:8f:8b:d5:3a:18)
˅ Internet Protocol Version 4, Src: 192.168.1.4, Dst: 117.18.237.29
    0100 .... = Version: 4
    .... 0101 = Header Length: 20 bytes (5)
  > Differentiated Services Field: 0x00 (DSCP: CS0, ECN: Not-ECT)
    Total Length: 52
    Identification: 0x74b7 (29879)
  > Flags: 0x4000, Don't fragment
    Time to live: 64
    Protocol: TCP (6)
    Header checksum: 0x0000 [validation disabled]
    [Header checksum status: Unverified]
    Source: 192.168.1.4
    Destination: 117.18.237.29
˅ Transmission Control Protocol, Src Port: 39560, Dst Port: 80, Seq: 0, Len: 0
    Source Port: 39560
    Destination Port: 80
    [Stream index: 21]
    [TCP Segment Len: 0]
    Sequence number: 0    (relative sequence number)
    [Next sequence number: 0    (relative sequence number)]
    Acknowledgment number: 0
    1000 .... = Header Length: 32 bytes (8)
  > Flags: 0x002 (SYN)
    Window size value: 64240
    [Calculated window size: 64240]
    Checksum: 0x2403 [unverified]
    [Checksum Status: Unverified]
    Urgent pointer: 0
  > Options: (12 bytes), Maximum segment size, No-Operation (NOP), Window scale, No-Operation (NOP), No-Operation (NOP), SACK permitted
  > [Timestamps]
```

图 7-42　网络抓包结果示例

（1）源 IP 地址和目的 IP 地址分别是什么？

（2）网络进程源端口和目的端口分别是什么？

（3）IP 协议和 TCP 协议的校验和，分别是多少？

（4）IP 协议包的生存周期是多少？

（5）TCP 报文的序号和确认号，分别是多少？

（6）TCP 协议的窗口尺寸是多少？

第8章 网络安全

人类社会对网络的依赖程度越来越高,例如网上银行让我们足不出户就可以完成电话缴费业务,可以通过网络系统进行中考报名和填报志愿,许多企业利用网络开展电子商务活动和信息交易。但是,网络在给人们带来方便的同时,也引发了许多安全性问题,如信用卡卡号被黑客窃取、门户网站遭遇篡改等现象时有发生。

本章在介绍网络安全基本概念的基础上,重点阐述数据加密技术、防火墙技术和网络安全协议技术。

8.1 网络安全概述

信息技术的使用给人们的生活和工作带来了极大的便利。然而,计算机信息技术也和其他科学技术一样是一把"双刃剑"。当大多数人使用信息技术提高工作效率、为社会创造更多财富的同时,另外一些人利用信息技术却做着相反的事情。他们非法侵入他人的计算机系统窃取机密信息、篡改和破坏数据,给社会造成难以估量的巨大损失。据统计,全球约每20s就有一次计算机入侵事件发生,Internet上的网络防火墙约1/4被突破,约70%以上的网络信息主管人员报告因机密信息泄露而受到了损失。

网络安全是一个关系到国家安全和主权、社会的稳定、民族文化的继承和发扬的重要问题,网络安全涉及计算机科学、网络技术、通信技术、密码技术、信息隐藏技术、信息安全技术、应用数学、数论、信息论等多种学科。

8.1.1 网络安全的含义

网络安全从其本质上来讲就是网络上的信息安全,是指网络系统的硬件、软件及其系统中的数据受到保护,不因偶然或者恶意的原因而遭到破坏、更改、泄露,系统能够连续可靠地运行,网络服务不中断。从广义来说,凡是涉及网络上信息的保密性、完整性、可用性、真实性和可控性的相关技术和理论都是网络安全所要研究的领域。网络安全涉及的内容既有技术方面的问题,也有管理方面的问题,两方面相互补充,缺一不可。技术方面主要侧重于防范外部非法用户的入侵,管理方面则侧重于内部人为因素的管理。如何更有效地保护重要的信息数据、提高计算机网络系统的安全性已经成为所有计算机网络应用必须考虑和解决的一个重要问题。

计算机网络的安全性问题实际上包括两方面的含义：一是网络的系统安全；二是网络的信息安全。由于计算机网络最重要的资源是它向用户提供的服务及所拥有的信息，因而计算机网络的安全性可以定义为保障网络服务的可用性和网络信息的完整性。前者要求网络向所有用户有选择地随时提供各自应得到的网络服务，后者则要求网络保证信息资源的保密性、完整性、可用性和准确性。可见，建立安全的网络系统要解决的根本问题是如何在保证网络连通性、可用性的同时对网络服务的种类、范围等进行适当程度的控制以保障系统的可用性和信息的完整性不受影响。

一个安全的计算机网络应该具有以下几个特点。

1）可靠性

可靠性是网络系统安全最基本的要求，可靠性主要是指网络系统硬件和软件无故障运行的性能。提高可靠性的具体措施包括：提高设备质量，配备必要的冗余和备份，采取纠错、自愈和容错等措施，强化灾害恢复机制，合理分配负荷等。

2）可用性

可用性是指网络信息可被授权用户访问的特性，即网络信息服务在需要时，能够保证授权用户使用。这里包含两个含义：一个是当授权用户访问网络时不至于被拒绝；另一个是授权用户访问网络时要进行身份识别与确认，并且对用户的访问权限加以规定和限制。

3）保密性

保密性是指网络信息不被泄露的特性。保密性是在可靠性和可用性的基础上保证网络信息安全的非常重要的手段。保密性可以保证信息即使泄露，非授权用户在有限的时间内也不能识别真正的信息内容。常用的保密措施包括防监听、防辐射、信息加密和物理保密（限制、隔离、隐蔽、控制）等。

4）完整性

完整性是指网络信息未经授权不能进行改变的特性，即网络信息在存储和传输过程中不被删除、修改、伪造、乱序、重放和插入等操作，保持信息的原样。影响网络信息完整性的主要因素包括设备故障、误码、人为入侵以及计算机病毒等。

5）不可抵赖性

不可抵赖性也称为不可否认性，主要用于网络信息的交换过程，保证信息交换的参与者都不可能否认或抵赖曾进行的操作，类似于在发文或收文过程中的签名和签收的过程。

从技术角度看，网络安全的含义大体包括以下四方面。

① 网络实体安全：如机房的物理条件、物理环境及设施的安全标准，计算机硬件、附属设备及网络传输线路的安装及配置等。

② 软件安全：如保护网络系统不被非法侵入，系统软件与应用软件不被非法复制和篡改，不受病毒的侵害等。

③ 网络数据安全：如保护网络信息的数据不被非法存取，保护其完整一致等。

④ 网络安全管理：如运行时突发事件的安全处理等，包括采取计算机安全技术、建立安全管理制度、开展安全审计、进行风险分析等内容。

由此可见，计算机网络安全不仅要保护计算机网络设备的安全，还要保护数据的安全等。其特征是针对计算机网络本身可能存在的安全问题,实施网络安全保护方案,以保证计算机网络自身的安全性为目标。

8.1.2　网络安全威胁

网络信息安全的威胁主要来自恶意的人为攻击,包括被动攻击和主动攻击。被动攻击主要威胁信息的保密性,常见的手段是窃听和分析。主动攻击则是威胁信息的完整性、可用性和真实性。这些基本攻击类型如图 8-1 所示。

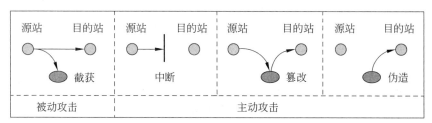

图 8-1　网络攻击的分类

被动攻击不容易检测,一般可以采取加密的方法,使入侵者不能识别网络中所传输的信息内容。对于主动攻击,除了进行信息加密以外,还应该采取鉴别等措施。入侵者主要是指黑客,除此之外还包括计算机病毒、蠕虫、特洛伊木马及逻辑炸弹等。

网络不安全的原因是多方面的,主要包括以下方面。

(1)来自外部的不安全因素,即网络上存在的入侵。在网络上,存在着很多的敏感信息,有许多信息都是一些有关国家政府、军事、科学研究、经济以及金融方面的信息,有些别有用心的人企图通过网络入侵的手段截获信息。

(2)来自网络系统本身的,如网络中存在着硬件、软件、通信、操作系统或其他方面的缺陷与漏洞,给网络入侵者以可乘之机。这是黑客能够实施入侵的根本,也是一些网络爱好者利用网络存在的漏洞,编制入侵程序的练习场所。

(3)网络应用安全管理方面的原因,网络管理者缺乏网络安全的警惕性,忽视网络安全,或对网络安全技术缺乏了解,没有制订切实可行的网络安全策略和措施。

(4)网络安全协议的原因。在互联网上使用的协议 TCP/IP 存在安全缺陷,这是互联网存在安全威胁的主要原因。

下面结合 OSI 模型和 TCP/IP 协议模型特点,从五个网络层次分析受到的安全威胁。

1)物理层

目前大部分的有线网络连接采用的是双绞线和铜缆,它们不可避免地会产生电磁辐射和电磁泄漏。只要有足够的设备和耐心,完全可以接收到通信链路中传输的信号并加以还原,从而窃取重要信息,甚至插入和删除信息。相对地,无线网络的安全性更加脆弱,几乎不可避免地会遭受到被动攻击。尽管采用光纤方式传输不会产生辐射,可以提高安全性能,但是非授权用户仍然可以通过截断和搭接等方式进行攻击。

2)数据链路层

数据监听是数据链路层最常见的攻击手段。目前的局域网普遍采用广播方式的以太网,各主机处于同一信任域,传输信息可以相互监听。著名的网络协议分析工具,如Wireshark(原为 Ethereal)和 Sniffer,只要在任一节点上运行,就可用来捕获该节点所在以太网上发送的所有数据包,从而窃取用户口令等重要信息。

3) 网络层

网络层的安全问题非常明显,例如,IPv4 协议本身不具有安全特性,可以通过软件设置伪造 IP 地址,实施 IP 欺骗攻击;也可以利用 ICMP 协议的重定向报文破坏路由机制。

4) 传输层

TCP 协议的三次握手机制虽然保证了可靠连接过程,但是该方式也为 SYN Flooding 拒绝服务攻击的实施提供了条件。此外,可以伪造源地址的端口,避开防火墙的某些过滤规则限制。

5) 应用层

应用层的许多协议缺少严格的加密认证机制,如 FTP、SMTP 协议的口令采用明文方式传输。只要使用 Wireshark 工具捕获其登录过程,就可以轻易获得他人的口令。

8.1.3　网络安全体系

在安全体系结构方面,目前主要参照 ISO 于 1989 年制定的 OSI 网络安全体系结构,包括安全服务和安全机制,主要解决网络信息系统中的安全与保密问题。

另外,信息隐藏技术在版权保护、隐秘通信和入侵检测等方面发展迅速,可以将秘密信息或水印嵌入图像、音频、网页等各种载体中,为网络安全提供了一条新的有效途径。

1. 五大类安全服务

五类安全服务包括认证(鉴别)服务、访问控制服务、数据保密性服务、数据完整性服务和抗否认性服务。

(1) 认证(鉴别)服务:提供对通信中对等实体和数据来源的认证(鉴别)。

(2) 访问控制服务:用于防止未授权用户非法使用系统资源,包括用户身份认证和用户权限确认。

(3) 数据保密性服务:为防止网络各系统之间交换的数据被截获或被非法存取而泄密,提供机密保护。同时,对有可能通过观察信息流就能推导出信息的情况进行防范。

(4) 数据完整性服务:用于阻止非法实体对交换数据的修改、插入、删除以及在数据交换过程中的数据丢失。

(5) 抗否认性服务:用于防止发送方在发送数据后否认发送和接收方在收到数据后否认收到数据或伪造数据的行为。

2. 八大类安全机制

八大类安全机制包括加密机制、数据签名机制、访问控制机制、数据完整性机制、认证机制、业务流填充机制、路由控制机制、公正机制。

(1) 加密机制:是确保数据安全性的基本方法,在 OSI 安全体系结构中应根据加密所在的层次及加密对象的不同,而采用不同的加密方法。

(2) 数字签名机制:是确保数据真实性的基本方法,利用数字签名技术可进行用户的身份认证和消息认证,它具有解决收发双方纠纷的能力。

（3）访问控制机制：从计算机系统的处理能力方面对信息提供保护。访问控制按照事先确定的规则决定主体对客体的访问是否合法。

（4）数据完整性机制：破坏数据完整性的主要因素有数据在信道中传输时受信道干扰影响而产生错误,数据在传输和存储过程中被非法入侵者篡改,计算机病毒对程序和数据的传染等。纠错编码和差错控制是对付信道干扰的有效方法。对付非法入侵者主动攻击的有效方法是保密认证,对付计算机病毒有各种病毒检测、杀毒和免疫方法。

（5）认证机制：在计算机网络中的认证主要有用户认证、消息认证、站点认证和进程认证等,可用于认证的方法有已知信息（如口令）、共享密钥、数字签名、生物特征（如指纹）等。

（6）业务流填充机制：攻击者通过分析网络中某一路径上的信息流量和流向判断某些事件的发生。为了对付这种攻击,一些关键站点间在无正常信息传送时,持续传递一些随机数据,使攻击者不知道哪些数据是有用的,哪些数据是无用的,从而挫败攻击者的信息流分析。

（7）路由控制机制：在大型计算机网络中,从源点到目的地往往存在多条路径,其中有些路径是安全的,有些路径是不安全的,路由控制机制可根据信息发送者的申请选择安全路径,以确保数据安全。

（8）公证机制：在大型计算机网络中,并不是所有的用户都是诚实可信的,同时也可能由于设备故障等技术原因造成信息丢失和延迟等,用户之间很可能引起责任纠纷,为了解决这个问题,就需要有一个各方都信任的公证机构提供公证服务以及仲裁服务等。

安全服务与安全机制之间的关系如表8-1所示。

表 8-1　安全服务与安全机制之间的关系

	加密	数字签名	访问控制	数据完整性	身份鉴别	流量填充	路由控制	公证
鉴别	√	√			√			
访问控制			√					
数据保密	√					√	√	
数据完整性	√	√		√				
抗否认性		√		√				√

8.2　数据加密技术

数据加密技术是指将一个信息（或称明文）经过加密钥匙及加密函数转换,变成无意义的密文；而接收方则将此密文经过解密函数、解密钥匙还原成明文。加密技术是网络安全技术的基石,而设计密码和破译密码的技术统称为密码学。

一个数据加密系统包括明文、加密算法、加密密钥以及解密算法、解密密钥和密文,如

图 8-2 所示。密钥是一个具有特定长度的数字串,密钥的值是从大量的随机数中选取的。加密过程包括两个核心元素:加密算法和加密密钥。明文通过加密算法和加密密钥的共同作用,生成密文。相应地,解密过程也包括两个核心元素:解密算法和解密密钥。密文通过解密算法和解密密钥的共同作用,被还原成为明文。

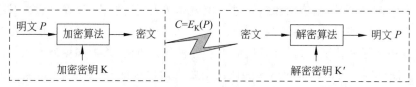

图 8-2 数据加密模型

需要注意的是,由于算法是公开的,因此,一个数据加密系统的主要安全性是基于密钥的,而不是基于算法的,所以加密系统的密钥体制是一个非常重要的问题。

数据加密技术从其发展过程来看,可以分为古典加密技术和现代加密技术两个阶段。古典加密技术主要是通过对文字信息进行加密变换保护信息,主要有替代算法和置换移位法两种基本算法。现代加密技术充分应用了计算机和通信等手段,通过复杂的多步运算转换信息。在现代数据加密技术中,将密钥体制分为对称密钥体制和非对称密钥体制两种,相应的数据加密技术也有对称加密技术和非对称加密(也称为公开密钥加密)技术两类。

8.2.1 传统加密方法

传统的加密方法可以分为两类:替代密码和转置密码。

1)替代密码

在替代密码中,用一组密文字母代替一组明文字母,但保持明文字母的位置不变。

最古老的替代密码是恺撒密码,它用 D 表示 a,用 E 表示 b,用 F 表示 c,用 C 表示 z 等,也就是说密文字母相对于明文字母左移了 3 位。为清楚起见,一律用小写字母表示明文,用大写字母表示密文,这样明文的 cipher 就变成了 FLSKHU。

一般地,可以让密文字母相对明文字母左移 k 位,这样 k 就成了加密和解密的密钥。这种密码是很容易破解的,因为最多只需尝试 25 次($k = 1 \sim 25$)即可轻松破解密码。

较为复杂一点的密码是使明文字母与密文字母之间的关系无规律可循,如用 26 个字母随意映射到其他字母上,密钥对应整个 26 个字母串,密钥有 26! 种可能,假如计算机每微秒试一个密钥,则需要 1013 年。

2)转置密码

转置有时也称为排列,它不对明文字母进行变换,只是将明文字母的次序进行重新排列。采用柱形转置的方式,它的密钥必须是一个不含重复字母的单词或短语,加密时将明文按密钥长度截成若干行排在密钥下面,按照密钥字母在英文字母表中的先后顺序给各列进行编号,然后按照编好的序号按列输出明文即成密文。

【例 8-1】 假设密钥是 COMPUTER,明文内容是:please execute the latest scheme。请

按照转置密码方案,给出实现过程和结果。

解析: 采用转置密码方案,先将密钥写成一行,并对其中的字母按字母表中的出现顺序编号。然后,将明文沿水平方向逐行排列,如图8-3所示。如果最后一行不够密钥长度,则采用字母补充,图8-3中填充了abcd四个字母。

```
C O M P U T E R
1 4 3 5 8 7 2 6
p l e a s e e x
e c u t e t h e
l a t e s t s c
h e m e a b c d
```
图8-3 一种常用的换位密码

因此,图8-3中的明文和密文分别如下。

明文:pleaseexecutethelatestscheme

密文:PELHEHSCEUTMLCAEATEEXECDETTBSESA

通过上面提供的字符对照转换表及加密规则,信息接收方可以逆向进行解密过程,将加密串还原为明文。

8.2.2 对称加密技术

在传统的加密算法中,加密密钥与解密密钥是相同的,或者可以由其中一个推知另一个,称为对称加密算法。对称加密模型如图8-4所示。

图8-4 对称加密模型

这样的密钥必须秘密保管,只能为授权用户所知,授权用户既可以用该密钥加密信息,也可以用该密钥解密信息。

DES(Data Encryption Standard)是对称加密算法中最具代表性的,它是IBM公司在1971年到1972年研制成功的,1977年5月由美国国家标准局颁布为数据加密标准。DES可以对任意长度的数据加密,密钥长度64b,实际可用密钥长度56b;加密时首先将数据分为64b的数据块,采用ECB(Electronic CodeBook)、CBC(Ciper Block Chaining)、CFB(Ciper Block Feedback)等模式之一。每次将输入的64b明文变换为64b密文,最终,将所有输出数据块合并,实现数据加密。

DES算法可以用软件或硬件实现,AT&T首先用LSI芯片实现了DES的全部工作模式,即数据加密处理机。MIT采用了DES技术开发的网络安全系统Kerberos,在网络通信的身份认证上已成为工业中的事实标准。

对称加密技术的优点是安全性高,加密解密速度快。但是,由于对密钥安全性的依赖程度过高,随着网络规模的急剧加大,密钥的分发和管理成为一个难点。另外,对称密钥技术在设计时未考虑消息确认问题,也缺乏自动检测密钥泄露的能力。

8.2.3 非对称加密技术

如果加密和解密过程各有不相干的密钥,构成加密和解密密钥对,则称这种加密算法为非对称加密算法，或称为公钥加密算法。相应的加密密钥和解密密钥分别称为公钥与私钥。在公钥加密算法下，公钥是公开的，任何人可以用公钥加密信息，再将密文发送给私钥拥有者；私钥是保密的，用于解密其接收的公钥加密过的信息。

非对称加密模型如图 8-5 所示。

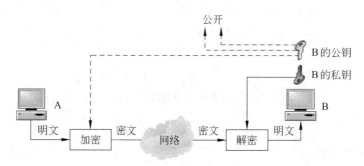

图 8-5　非对称加密模型

典型的公钥加密算法如 RSA，是目前使用比较广泛的加密算法。在互联网上的数据安全传输，如 Netscape Navigator 和 Microsoft Internet Explorer 都使用了该算法。人们使用网上银行时，提交的账号和密码都是在用户端用公钥加密后上传给银行，银行再用私钥解密的。

RSA 算法建立在大数因子分解的复杂性上，简单而言，先选取两个素数 p 和 q（一般要求两数均大于 10 的 100 次幂），计算 $n=pq,z=(p-1)(q-1)$。选择一个与 z 互质的数 d，找一个数 e，满足 $de \equiv 1 \pmod z$。最后，将 (e,n) 作为公钥、(d,n) 作为私钥。

若用整数 X 表示明文，用整数 Y 表示密文（X 和 Y 都小于 n），则加密和解密运算为

$$Y = X^e \bmod n \tag{8-1}$$

$$X = Y^d \bmod n \tag{8-2}$$

下面举例说明该算法的演算过程和应用方法。

假设选择了两个素数：$p=7,q=17$。

(1) 计算 $n=pq=7 \times 17=119$。

(2) 计算 $z=(p-1)(q-1)=96$。

(3) 从 $[0,95]$ 中选择一个与 96 互素的数 e。如选 $e=5$，则由 $5d=1 \bmod 96$，得出 $d=77$。

(4) 于是，得到公钥 PK$=(e,n)=\{5,119\}$，私钥 SK$=(d,n)=\{77,119\}$。

接着，开始对明文进行加密，首先需要将明文划分为一个个分组，使每个明文分组的二进制值不超过 n，即不超过 119。这里假设明文 $X=19$。

(1) 加密：使用式(8-1)，先计算 $X^e=19^5=2\,476\,099$，再除以 119，得余数为 66，就是所求密文 Y。

(2) 解密：使用式(8-2)，可以得出余数为 19，即为明文 $X=19$。

若选 p 和 q 为大于 100 位的十进制数，则 n 为大于 200 位的十进制数或大于 664 位的二进制数。RSA 体制的保密性在于对大数进行因数分解需要很长的时间。一般认为，

选择 1024 位长的密钥就可认为无法攻破。

【例 8-2】 在 RSA 公钥密码体制中,已知 $p=5,q=11,d=27$,试求 e 值。并对明文 abcdefghijk 加密。假设 a=01,b=02,c=03,…,z=26。

解析:$z=(p-1)\times(q-1)=40$,且 $e\times d=1(\bmod z)$,即 $e\times 27=1(\bmod 40)$,则有 $e=3$。

$n=p\times q=55$,则公钥为 $(3,55)$。

对于明文 a,即 a=01,密文 $C=1^3(\bmod 55)=01$;

对于明文 b,即 b=02,密文 $C=2^3(\bmod 55)=08$;

对于明文 c,即 c=03,密文 $C=3^3(\bmod 55)=27$;

对于明文 d,即 d=04,密文 $C=4^3(\bmod 55)=09$;

对于明文 e,即 e=05,密文 $C=5^3(\bmod 55)=15$;

对于明文 f,即 f=06,密文 $C=6^3(\bmod 55)=51$;

对于明文 g,即 g=07,密文 $C=7^3(\bmod 55)=13$;

对于明文 h,即 h=08,密文 $C=8^3(\bmod 55)=17$;

对于明文 i,即 i=09,密文 $C=9^3(\bmod 55)=14$;

对于明文 j,即 j=10,密文 $C=10^3(\bmod 55)=10$;

对于明文 k,即 k=11,密文 $C=11^3(\bmod 55)=11$。

因此,明文 abcdefghijk 加密后的密文是 0108270915511317141011。

8.2.4 数字信封

对称加密方法的算法运算效率高,但是密钥不适合通过公共网络传递;而非对称加密算法的密钥传递简单,但加密算法的运算效率低。如果将这两种方法结合起来,就能够保证信息在网络传输中的安全性和运算效率。其工作原理如图 8-6 所示,数字信封技术就采用了这种方法。

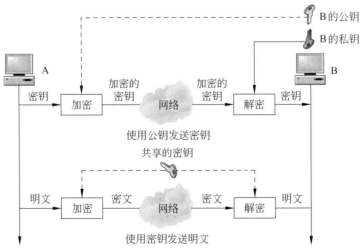

图 8-6 对称加密和非对称加密的组合方法

这里有两个不同的加密解密过程：一是对称密钥的加密解密；二是明文本身的加密解密。系统的关键是双方都能拥有对称加密的密钥，其工作步骤主要如下。

（1）接收方 B 采用非对称加密方法生成密钥对，自己保留私钥，将公钥发布到网络上。

（2）发送方 A 生成一个对称密钥，并使用 B 的公钥对其加密后，发送到 B 方。

（3）B 方使用私钥对发来的信息解密，从而获得了对称加密的密钥。至此，A、B 双方都拥有了对称加密的密钥，下一步就可以使用该密钥对传输的明文进行加密处理。

（4）A 方使用对称加密的密钥对明文加密后，发送到 B 方。B 方使用同样的密钥解密，获得明文信息。

8.2.5　数字签名

以往的书信或文件是根据亲笔签名或印章证明其真实性的。但在计算机网络中传送的报文又如何盖章呢？这就是数字签名所要解决的问题。数字签名必须保证以下三点。

（1）接收者能够核实发送者对报文的签名。

（2）发送者事后不能抵赖对报文的签名。

（3）接收者不能伪造对报文的签名。

现在已有多种实现各种数字签名的方法，但采用公开密钥算法比常规算法更容易实现。

数字签名的基本工作模型如图 8-7 所示，包括有无保密性两种工作模型。

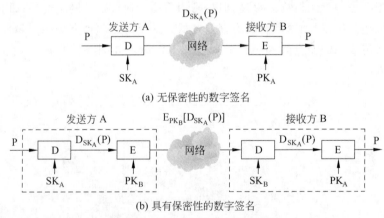

(a) 无保密性的数字签名

(b) 具有保密性的数字签名

图 8-7　数字签名的基本工作模型

图 8-7(a)表示的是无保密性的数字签名模型，由发送方 A 生成密钥对后，A 用其私钥 SK_A 对报文 P 进行运算，将结果 $D_{SK_A}(P)$ 传送给接收方 B。B 用 A 的公钥得出 $E_{PK_A}(D_{SK_A}(P))=P$。因为除 A 外没有他人能具有私钥 SK_A，所以除 A 外没有他人能产生密文 $D_{SK_A}(P)$。这样，报文 P 签名成功。

图 8-7(a)只对报文 P 实现了签名而未保密。具有保密性的数字签名如图 8-7(b)所示，可同时实现秘密通信和数字签名。SK_A 和 SK_B 分别为 A 和 B 的私钥，而 PK_A 和 PK_B

分别为 A 和 B 的公钥。

8.2.6　报文摘要

　　数字签名机制同时使用了用户认证和数据加密两种算法,复杂度过高。对于有些只需要签名而不需要加密的应用,若对整个报文进行加密,则会降低系统的处理效率。

　　近年来,广泛采用报文摘要(Message Digest,MD)进行报文鉴别,使用一个单向的散列函数进行计算。发送方将可变长度的报文 M 经过报文摘要算法运算后,得出固定长度的报文摘要 H(M)。然后对 H(M)进行加密,得出 $E_K(H(M))$,并将其附加在报文 M 后一起发送出去。对定长报文摘要加密比对整个报文加密要简单得多,而从鉴别报文效果看是一样的。

　　采用报文摘要的数字签名工作模型如图 8-8 所示。

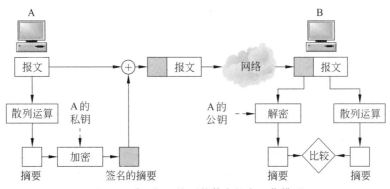

图 8-8　采用报文摘要的数字签名工作模型

　　常用的报文摘要算法主要有 MD5 和 SHA1 两类,其摘要长度分别是 128 位和 160位。SHA 比 MD5 更安全,但计算较复杂。RFC3174 给出了 SHA-1 算法的完整 C 代码。SHA-1 的一些新版本正在开发之中,分别针对 256、384 和 512 位的散列值。

8.3　防火墙技术

　　在计算机领域中的防火墙(Firewall),功能就像现实中的防火墙一样,把绝大多数的外来侵害都挡在外面,保护计算机的安全。

　　防火墙通常是指设置在不同网络(如可信任的企业内部网和不可信的公共网)或网络安全域之间的一系列部件的组合。它是不同网络或网络安全域之间信息的唯一出入口,能根据企业的安全策略(允许、拒绝、监测)控制出入网络的信息流,且本身具有较强的抗攻击能力。它是提供信息安全服务、实现网络和信息安全的基础设施。

8.3.1　防火墙的功能与特点

　　防火墙能增强内部网络的安全性,加强网络间的访问控制,防止外部用户非法使用内部网络资源,保护内部网络不被破坏,防止内部网络的敏感数据被窃取。防火墙系统可决定外界可以访问哪些内部服务,以及内部人员可以访问哪些外部服务。

在逻辑上,防火墙是一个分离器、限制器,也是一个分析器,其有效地监控了内部网与Internet之间的任何活动,保证了内部网络的安全。

典型的防火墙体系网络结构如图 8-9 所示。可以看出,防火墙的一端连接企事业单位内部的局域网,而另一端则连接着 Internet。所有的内部、外部网络之间的通信都要经过防火墙。

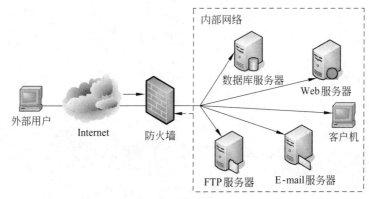

图 8-9　防火墙的应用示意

一般来说,防火墙应该具备以下功能。

(1) 支持安全策略。即使在没有其他安全策略的情况下,也应该支持"除非特别许可,否则拒绝所有的服务"的设计原则。

(2) 易于扩充新的服务和更改所需的安全策略。具有代理服务功能(如 FTP、Telnet等),包含先进的鉴别技术。

(3) 采用过滤技术,根据需求允许或拒绝某些服务。具有灵活的编程语言,界面友好,且具有很多过滤属性,包括源和目的 IP 地址、协议类型、源和目的 TCP/UDP 端口以及输入和输出的接口地址。

(4) 具有缓冲存储的功能,提高访问速度。能够接纳对本地网的公共访问,对本地网的公共信息服务进行保护,并根据需要删减或扩充。

(5) 具有对拨号访问内部网的集中处理和过滤能力。

(6) 具有记录和审计功能,包括允许等级通信和记录可以活动的方法,便于检查和审计。防火墙设备上所使用的操作系统和开发工具都应该具备相当等级的安全性。

(7) 防火墙应该是可检验和可管理的。

典型的防火墙具有以下三方面的基本特性。

(1) 内部网络和外部网络之间的所有网络数据流都必须经过防火墙。

这是防火墙所处网络的位置特性,同时也是一个前提。因为只有当防火墙是内、外部网络之间通信的唯一通道,才可以全面、有效地保护企业内部网络不受侵害。

根据美国国家安全局制定的《信息保障技术框架》,防火墙适用于用户网络系统的边界,属于用户网络边界的安全保护设备。所谓网络边界即是采用不同安全策略的两个网络连接处,如用户网络和互联网之间连接、和其他业务往来单位的网络连接、用户内部网络不同部门之间的连接等。防火墙的目的就是在网络连接之间建立一个安全控制点,通过允许、拒绝或重新定向经过防火墙的数据流,实现对进、出内部网络的服务和访问的审计和控制。

（2）只有符合安全策略的数据流才能通过防火墙。

防火墙最基本的功能是确保网络流量的合法性,并在此前提下将网络的流量快速地从一条链路转发到另外的链路上。早期的防火墙是一台"双穴主机",即具备两个网络接口,同时拥有两个网络层地址。防火墙将网络上的流量通过相应的网络接口接收上来,按照 OSI 协议栈的七层结构顺序上传,在适当的协议层进行访问规则和安全审查,然后将符合通过条件的报文从相应的网络接口送出,而对于那些不符合通过条件的报文则予以阻断。

（3）防火墙自身应具有非常强的抗攻击免疫力。

这是防火墙之所以能担当企业内部网络安全防护重任的先决条件。防火墙的操作系统本身是关键,只有自身具有完整信任关系的操作系统,才可以谈论系统的安全性。其次就是防火墙自身具有非常低的服务功能,除了专门的防火墙嵌入系统外,再没有其他应用程序在防火墙上运行。

8.3.2　防火墙的分类

防火墙可以按照其发展历史和软硬件特点分为以下几类。

1. 按防火墙的历史分类

1）第一代防火墙

第一代防火墙技术几乎与路由器同时出现。基于协议特定的标准,将路由器在其端口能够区分包和限制包的能力称为包过滤（Packet Filtering）。由于 Internet 与 Intranet 的连接多数都要使用路由器,所以路由器成为内外通信的必经端口,防火墙常常就是这样一个具备包过滤功能的简单路由器。

2）第二代防火墙

第二代防火墙也称代理防火墙,它用来提供网络服务级的控制,起到外部网络向被保护的内部网络申请服务时的中间转接,这种方法可以有效地防止对内部网络直接攻击,安全性较高。

1989 年,贝尔实验室推出了电路层防火墙。同时,提出了应用层防火墙（代理防火墙）的初步结构。代理防火墙技术的优点表现在：代理易于配置和生成各项记录,能灵活、完全地控制进出流量和内容,且为用户提供透明的加密机制。代理可以方便地与其他安全手段集成。

代理防火墙技术的缺点主要有：代理速度比路由器慢,代理对用户不透明、不能改进底层协议的安全性,对于每项服务代理可能要求不同的服务器。代理服务通常要求客户、过程之一或两者进行限制,不能保证免受所有协议弱点的限制。

3）第三代防火墙

第三代防火墙称为状态监控功能防火墙,它有效地提高了防火墙的安全性,可以对每一层的数据进行检测和监控。1992年,USC信息科学院的Bob Braden开发出了基于动态包过滤技术的防火墙,后来演变为状态监视技术。1994年,以色列的CheckPoint公司开发出了第一个采用这种技术的商业化产品。

4）第四代防火墙

第四代防火墙已经超出了原来传统意义上防火墙的范畴,演变成为了一个全方位的安全技术集成系统。

在第四代防火墙产品的设计与开发中,安全内核、代理系统、多级过滤、安全服务器和鉴别与加密是关键所在。新一代防火墙产品具有两个或三个独立的网卡,内外两个网卡可不做IP转化而串接于内部网与外部网之间,另一个网卡可专用于对服务器的安全保护。采用两种独立的域名服务器,一种是内部DNS服务器,主要处理内部网络的DNS信息;另一种是外部DNS服务器,专门用于处理机构内部向Internet提供的部分DNS信息。

2. 按防火墙的软硬件形式分类

1）软件防火墙

软件防火墙运行于特定的计算机上,它需要客户预装的计算机操作系统的支持,一般来说这台计算机就是整个网络的网关,俗称个人防火墙。软件防火墙就像其他的软件产品一样需要先在计算机上安装并做好配置才可以使用。使用这类防火墙,需要网络管理员对所工作的操作系统平台比较熟悉。

2）硬件防火墙

硬件防火墙是指针对芯片级防火墙而言的,它们最大的差别在于是否基于专用的硬件平台。市场上大多数防火墙是基于PC架构的,这与普通的PC没有太大区别。在这些PC架构计算机上运行一些经过裁剪和简化的操作系统。由于此类防火墙采用的依然是他人的内核,因此依然会受到操作系统本身的安全性影响。

3）芯片级防火墙

芯片级防火墙基于专门的硬件平台,没有操作系统。专有的ASIC芯片促使它们比其他种类的防火墙速度更快,处理能力更强,性能更高。这类防火墙由于是专用操作系统,因此防火墙本身的漏洞比较少,不过价格相对比较高昂。

8.3.3　常见的防火墙结构

为了阐述方便,先介绍几个防火墙术语。

（1）网关：在两个设备之间提供转发服务的系统。网关是互联网应用程序在两台主机之间处理流量的防火墙。这个术语是非常常见的。

（2）堡垒主机：一种被强化的可以防御进攻的计算机,被暴露于因特网之上,作为进入内部网络的一个检查点,以达到把整个网络的安全问题集中在某台主机上解决,从而省时省力,不用考虑其他主机的安全的目的。可以是电路级网关、应用级网关或包过滤器。

（3）停火区（Demilitarized Zone,DMZ）,即隔离区,非军事化区：如图8-10所示,DMZ是一个公布信息的区域,是一个隔离的网络或几个网络,外部Internet以及内部

Intranet 可以自由地访问该区。位于 DMZ 中的主机或服务器被称为堡垒主机。一般在 DMZ 内可以放置 Web 服务器、E-mail 服务器等。DMZ 对于外部用户通常是可以访问的,这种方式让外部用户可以访问企业的公开信息,但却不允许他们访问企业内部网络。防火墙一般配备三块网卡,在配置时一般分别连接内部网、Internet 和 DMZ。

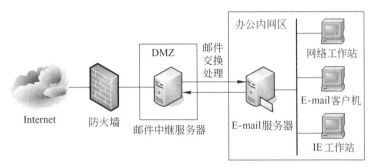

图 8-10　防火墙的 DMZ

(4) 吞吐量:网络中的数据是由一个个数据包组成的,防火墙对每个数据包的处理要耗费资源。吞吐量是指在不丢包的情况下单位时间内通过防火墙的数据包数量。这是测量防火墙性能的重要指标。

(5) 最大连接数:和吞吐量一样,数字越大越好。但是最大连接数更贴近实际网络情况,网络中大多数连接是指所建立的一个虚拟通道。防火墙对每个连接的处理也耗费资源,因此最大连接数成为考验防火墙这方面能力的指标。

(6) 数据包转发率:是指在所有安全规则配置正确的情况下,防火墙对数据流量的处理速度。

常见的防火墙系统结构有以下几种:包过滤路由器、应用型防火墙、主机屏蔽防火墙和子网屏蔽防火墙。

1. 包过滤路由器

这是一种基于网络层的防火墙技术,实际上是一种基于路由器的技术。根据设置好的过滤规则,通过检查 IP 数据包确定该数据包是否通过。而那些不符合规定的 IP 地址会被防火墙过滤,由此保证网络系统的安全。

路由器逐一审查数据包以判定它是否与其他包过滤规则相匹配。每个包有两个部分:数据部分和包头。过滤规则以用于 IP 顺序处理的包头信息为基础,不理会包内的正文信息内容。包头信息包括 IP 源地址、IP 目的地址、封装协议(TCP、UDP 或 IP Tunnel)、TCP/UDP 源端口、ICMP 包类型、包输入接口和包输出接口。如果找到一个匹配规则,且规则允许该包,则该包根据路由表中的信息前行。如果找到一个匹配规则,且规则拒绝该包,该包则被丢弃。如果无匹配规则,一个用户配置的默认参数将决定此包是前行还是被丢弃。

通常,过滤规则以表格的形式表示,由网络管理员在网络访问控制列表(Access Control List,ACL)中设定,以检查数据报的源地址、目的地址及每个 IP 数据报的端口。其中包括以某种次序排列的条件和动作序列。每当收到一个包时,则按照从前至后的顺序与表格中每行的条件比较，直到满足某一行的条件，然后执行相应的动作（转发或丢弃）。

对流进和流出网络的数据进行过滤可以提供一种高层的保护。建议过滤规则如下。

（1）任何进入内部网络的数据包不能把网络内部的地址作为源地址。

（2）任何进入内部网络的数据包必须把网络内部的地址作为目的地址。

（3）任何离开内部网络的数据包必须把网络内部的地址作为源地址。

（4）任何离开内部网络的数据包不能把网络内部的地址作为目的地址。

（5）任何进入或离开内部网络的数据包不能把一个专用地址或在 RFC1918 中127.0.0.0/8.)的地址作为源地址或目的地址。

（6）阻塞任意源路由包或任何设置了 IP 选项的包。

（7）保留地址、DHCP 自动配置和多播地址也需要被阻塞，如 0.0.0.0/8、169.254.0.0/16、192.0.2.0/24、224.0.0.0/4、240.0.0.0/4。

【例 8-3】 以图 8-1 为例，说明包过滤路由器配置基本方法。假设安全策略为内网的E-mail 服务器（IP 地址为 192.1.27.10，TCP 端口号为 25）可以接收来自外网用户所有的电子邮件；允许内网用户将电子邮件发到外网邮件服务器；拒绝所有与外网中名字为210.31.42.250 的主机连接，因为该主机用户可能给内网带来威胁。采用如下过滤规则，请填写路由器的包过滤规则表。

规则 1：不允许来自 210.31.42.250 主机的所有连接。

规则 2：不允许内网与 210.31.42.250 主机的所有连接。

规则 3：允许所有进入内网 SMTP 的连接。

规则 4：允许内网 SMTP 与外网的连接。

解析：具体规则设置如表 8-2 所示。表中 * 表示任意合法的 IP 地址或端口号，规则1 和 2 表示阻塞外部主机 21031.42.250 与内部网络任意主机（*）的任何端口（*）之间传输的数据包。

表 8-2　包过滤规则表

规则号	方向	动作	源主机地址	源端口号	目的主机地址	目的端口号	协议	描述
1	输入	阻塞	210.31.42.250	*	*	*	*	阻塞来自 210.31.42.250 的所有数据包
2	输出	阻塞	*	*	210.31.42.250	*	*	阻塞所有去往 210.31.42.250 的数据包
3	输入	允许	*	>1023	192.1.27.10	25	TCP	允许外部用户传送到内部网络 E-mail 服务器的数据包
4	输出	允许	192.1.27.10	25	*	>1023	TCP	允许内部网络 E-mail 服务器传送到外部网络的 E-mail 数据包

包过滤规则表可以包括 TCP 标志、IP 选项、源与目的 IP 地址等。不符合任何一条

过滤规则的包都将被丢弃。

包过滤路由器的缺点是：过滤规则难以配置和测试，例如无法有效地区分同一IP地址的不同用户，因此安全性较差；包过滤只访问网络层和传输层的信息，访问信息有限，对网络更高协议层的信息无理解能力；对一些协议（如 UDP 和 RPC）难以有效地过滤。

2. 应用型防火墙

应用型防火墙，又称双宿主网关或应用层网关（Application Gateway），其物理位置与包过滤路由器一样，但它的逻辑位置在 OSI 参考协议的应用层，所以主要采用协议代理服务（Proxy Services），即在运行防火墙软件的堡垒主机（Bastion Host）上运行代理服务程序 Proxy。应用型防火墙不允许网络间的直接业务联系，而是以堡垒主机作为数据转发的中转站。堡垒主机是一台具有两个网络界面的主机，每一个网络界面与它所对应的网络进行通信。它既能作为服务器接收外来请求，又能作为客户转发请求。

代理服务器是针对某种应用服务而写的，工作在应用层。当代理服务器接收到用户请求后，会检查用户请求的合法性。若合法，则把请求转发到真实的服务器上，并将答复再转发给用户。应用代理的工作原理如图 8-11 所示。

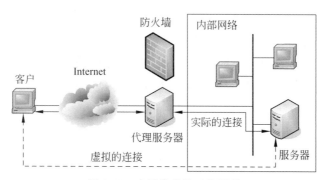

图 8-11 应用代理的工作原理

应用型防火墙的优点是：它将内部用户和外界隔离开，使从外面只能看到代理服务器而看不到任何内部资源。与包过滤技术相比，代理技术是一种更安全的技术。不过，应用型防火墙在应用支持方面存在不足，执行速度较慢。

3. 复合型防火墙

由于对更高安全性的要求，常把基于包过滤的方法与基于应用代理的方法结合起来，形成复合型防火墙产品。这种结合通常有以下两种方案。

（1）屏蔽主机防火墙体系结构：在该结构中，分组过滤路由器或防火墙与 Internet 相连，同时一台堡垒主机安装在内部网络，通过在分组过滤路由器或防火墙上设置过滤规则，使堡垒主机成为 Internet 上其他节点所能到达的唯一节点，确保了内部网络不受未授权外部用户的攻击。

主机屏蔽防火墙由一个只需单个网络端口的应用型防火墙和一个包过滤路由器组成，其基本原理如图 8-12 所示。

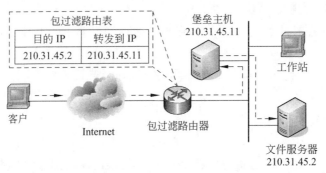

图 8-12   包过滤路由器的转发过程

Intranet 不能直接通过路由器和 Internet 相联系，数据报要通过路由器和堡垒主机两道防线。该系统的第一个安全设施是过滤路由器，对到来的数据报而言，首先要经过包过滤路由器的过滤，过滤后的数据报被转发到堡垒主机上，然后由堡垒主机上的应用服务代理对这些数据报进行分析，将合法的信息转发到 Intranet 的主机上。外出的数据报首先经过堡垒主机上的应用服务代理检查，然后被转发到包过滤路由器，最后由包过滤路由器转发到外部网络上。主机屏蔽防火墙设置了两层安全保护，因此相对比较安全。

（2）屏蔽子网防火墙体系结构如图 8-13 所示，堡垒主机放在一个子网内，形成 DMZ，两个分组过滤路由器放在这一子网的两端，使这一子网与 Internet 及内部网络分离。在屏蔽子网防火墙体系结构中，堡垒主机和分组过滤路由器共同构成了整个防火墙的安全基础。

图 8-13   子网屏蔽防火墙系统结构

子网屏蔽防火墙的保护作用比主机屏蔽防火墙更进一步，它在被保护的 Intranet 与 Internet 之间加入了一个由两台包过滤路由器和一台堡垒主机组成的子网。被保护的 Intranet 与 Internet 不能直接通信，而是通过各自的路由器和堡垒主机通信，两台路由器也不能直接交换信息。

子网屏蔽防火墙是最为安全的一种防火墙体系结构，它具有主机屏蔽防火墙的所有优点，并且比其更加优越。

下面给出这四类防火墙的简单对比。

包过滤防火墙：包过滤防火墙不检查数据区，包过滤防火墙不建立连接状态表，前后报文无关，应用层控制很弱。

应用网关防火墙：不检查 IP、TCP 报头，不建立连接状态表，网络层保护比较弱。

状态检测防火墙：不检查数据区，建立连接状态表，前后报文相关，应用层控制很弱。

复合型防火墙：可以检查整个数据包内容，根据需要建立连接状态表，网络层保护强，应用层控制细，会话控制较弱。

8.3.4 防火墙的发展

尽管利用防火墙可以保护内部网免受外部黑客的攻击，但其只能提高网络的安全性，不可能保证网络的绝对安全。

1. 防火墙的不足

防火墙技术在网络安全防护方面存在的不足如下。

(1) 防火墙不能防止内部攻击。例如，如果允许从受保护的网络内部向外拨号，一些用户就可能形成与 Internet 的直接连接。另外，防火墙很难防范来自于网络内部的攻击以及病毒的威胁。

(2) 防火墙不能防止未经过防火墙的攻击。

(3) 防火墙不能取代杀毒软件。

(4) 防火墙不易防止反弹端口木马攻击。

防火墙技术的致命弱点在于数据在防火墙之间的更新是一个难题，如果延迟太大将无法支持实时服务请求。额外的管理负担是另外一个弱点。此外，防火墙采用滤波技术，滤波通常使网络的性能降低 50% 以上，如果为了改善网络性能而购置高速路由器，又会大大提高经济预算。只装有滤波器往往还不足以保证安全，尤其无法防止防火墙内侧的攻击。因此，防火墙技术往往只作为辅助安全策略。

2. 防火墙的发展趋势

从防火墙产品及功能上可以看出防火墙的一些发展趋势。

(1) 防火墙将从目前对子网或内部网管理的方式向远程上网集中管理的方式发展。

(2) 过滤深度不断加强，从目前的地址、服务过滤发展到 URL（页面）过滤、关键字过滤和对 ActiveX、Java 等的过滤，并逐渐有病毒清除功能。

(3) 利用防火墙建立虚拟专用网（VPN）是未来较长时间内用户使用的主流，IP 加密需求越来越强，安全协议的开发是一大热点。

(4) 单向防火墙（又称网络二极管）将作为一种产品门类而出现。

(5) 对网络攻击的检测和告警将成为防火墙的重要功能。

(6) 安全管理工具不断完善，特别是可疑活动的日志分析工具等将成为防火墙产品中的一部分。

8.4　网络安全协议

在 TCP/IP 协议族上的每一层都可以提供安全服务，较低层上的安全服务比较高层上的安全服务提供了更广泛的安全覆盖，其通用性更强。例如，在网络层上提供安全服务 IPSec，则所有传输层报文都可以得到安全保护，它对端用户及应用都是透明的，如图 8-14（a）所示。

在传输层上提供安全服务最早的方案是安全套接字层（Secure Sockets Layer，SSL），后来成为 Internet 标准的传输层安全（Transport Layer Security，TLS），其层次如图 8-14（b）所示。该安全服务的实现方案有两种：一种是将 SSL/TLS 作为下层协议的一部分，这样 SSL/TLS 对应用程序是透明的，从而具有完全的通用性服务；另一种是将 SSL 嵌入特定的应用软件中，如 Netscape 公司的 NaVigator 浏览器和微软公司的 IE 浏览器中就内嵌了 SSL，且大多数 Web 服务器都实现了这个协议。

此外，针对特定的应用需求产生了特定的安全协议，如 PGP、S/MIME、SET 和 Kerberos，如图 8-14（c）所示。

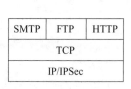

SMTP	FTP	HTTP
TCP		
IP/IPSec		

(a) 网络层

SMTP	FTP	HTTP
SSL/TLS		
TCP		
IP		

(b) 传输层

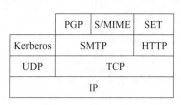

PGP	S/MIME	SET
Kerberos	SMTP	HTTP
UDP	TCP	
IP		

(c) 应用层

图 8-14　网络协议的安全层次

8.4.1　IPSec 协议

IP 安全是整个 TCP/IP 安全的基础，是因特网安全的核心。

IPSec 协议不是一个单独的协议，它给出了应用于 IP 层上网络数据安全的一整套体系结构，包括鉴别头部协议 AH、封装安全载荷协议 ESP、密钥管理协议 IKE 和用于网络认证及加密的一些算法等。IPSec 规定了如何在对等层之间选择安全协议、确定安全算法和密钥交换，向上提供了访问控制、数据源认证、数据加密等网络安全服务。

AH 协议用于提供无连接完整性、源鉴别和抗重放攻击服务，但不对数据加密。而 ESP 协议比 AH 协议多了两个机密性服务：数据机密性服务和有限的数据流机密性服务，前者是通过加密 IP 包的载荷实现的，后者是由隧道模式下的机密性服务提供的。

IPSec 有传输模式和隧道模式两种，如图 8-15 所示。

原始 IP 首部	IPSec 首部	传输层首部	传输数据

(a) 传输模式

新的 IP 首部	IPSec 首部	原始 IP 首部	原始 IP 数据

(b) 隧道模式

图 8-15　IPSec 的两种使用模式

在传输模式中,IPSec 首部插入原始数据包的 IP 报头和传输层报头之间,而原始 IP 首部中的协议域被修改后指向 IPSec 首部;而 IPSec 首部中的下一个首部域指向传输层报头。在这种模式中,源和目的 IP 地址以及所有的 IP 包头域都是不加密发送的,只有更高层协议(TCP、UDP、ICMP 等)被放到加密后的 IP 数据报的 ESP 负载部分。

在隧道模式中,整个原始数据报被封装在一个新的 IP 包中,IPSec 首部放在新的 IP 报头和原始 IP 报头之间。这样,原 IP 地址被当作有效载荷的一部分受到 IPSec 的安全保护,另外,通过对数据进行加密,还可以将数据包的目的地址隐藏起来,这样更有助于保护端对端隧道通信中数据的安全性。这种模式的一种典型用法就是在防火墙之间通过 VPN 连接时进行的主机或拓扑隐藏。

8.4.2　SSL/TLS 协议

传输层安全机制的主要优点是,它提供基于进程对进程的安全服务和加密传输信道。利用公钥体系进行身份认证,安全强度高,还支持用户选择加密算法。

由于 Web 上有时要传输重要或敏感的数据,因此 Netscape 公司在推出 Web 浏览器首版的同时,提出了 SSL,目前的 SSLv3 作为一个 Internet 协议草案被公布。随后,IETF 成立了 TLS 工作组,以 SSLv3 为蓝本开发了一个公共标准,TLSv1 非常接近并向后兼容 SSLv3。

SSL 采用公开密钥技术,其目标是保证两个应用间通信的保密性和可靠性,可在服务器和客户机两端同时实现支持。目前,利用公开密钥技术的 SSL 协议已成为 Internet 上保密通信的工业标准。现行 Web 浏览器普遍将 HTTP 和 SSL 相结合,从而实现安全通信。

SSL 协议提供的安全连接具有以下三个基本特点。

(1) 连接是保密的:对于每个连接都有一个唯一的会话密钥,采用对称密码体制(如 DES、RC4 等)加密数据。

(2) 连接是可靠的:消息的传输采用 MAC 算法(如 MD5、SHA 等)进行完整性检验。

(3) 对端实体的鉴别采用非对称密码体制(如 RSA、DSS 等)进行认证。

SSL 协议分为两层:SSL 握手协议和 SSL 记录协议,它与 TCP/IP 协议间的关系如图 8-16 所示。SSL 记录协议 SSL 连接提供机密性和完整性服务,机密性是通过加密 SLL 载荷实现的,完整性通过消息鉴别码保护,加密数据及计算消息鉴别码使用的共享密钥通过握手协议协商。

SSL 握手协议用于在通信双方建立安全传输通道,具体实现以下功能:在客户端验证服务器,SSL 协议采用公钥方式进行身份认证;在服务器端验证客户(可选);客户端和服务器之间协商双方都支持的加密算法和压缩算法,可选用的加密算法包括 IDEA、RC4、DES、3DES、RSA、DSS、MD5、SHA 等;产生对称加密算法的会话密钥;建立加密 SSL 连接。

SSL 连接总是由客户机启动的,在 SSL 会话开始时执行 SSL 握手,此握手产生会话的密码参数。SSL 握手协议的过程示意如图 8-17 所示,其关键步骤主要如下。

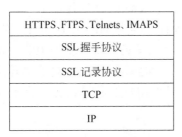

图 8-16　SSL 协议的层次

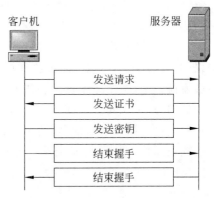

图 8-17　SSL 协议的握手过程

（1）浏览器向服务器发送一个建立 SSL 会话的请求消息，服务器方也应返回一个消息。这两个消息用来协商双方的安全能力，包括协议版本、随机参数、会话 ID、交换密钥算法、对称加密算法、压缩算法等。

（2）服务器向浏览器发送包含公钥的证书消息。

（3）浏览器生成一个密钥，用收到的公钥加密后，发送给服务器。

（4）浏览器向服务器发送一个用协商的算法及密钥加密的消息，指示握手协议的浏览器部分完成。

（5）服务器用私钥解密得到密钥后，再用该密钥解密得到消息。随后，服务器发送一个用协商的算法及密钥加密的消息，指示握手协议的服务器部分完成。

8.4.3　PGP 协议

安全电子邮件协议（Pretty Good Privacy，PGP）是一个基于 RSA 公钥加密体系的邮件加密软件。PGP 于 1991 年由美国人 Phil Zimmermann 提出，它把 RSA 公钥体系的方便和传统加密体系的高速度结合起来，并且在数字签名和密钥认证管理机制上有巧妙的设计。因此 PGP 成为几乎最流行的公钥加密软件包。

PGP 可以用它对邮件进行保密以防止非授权者阅读，它还能对邮件加上数字签名从而使收信人可以确认邮件的发送者，并能确信邮件没有被篡改。PGP 的功能强大、速度快，而且是一个开放源码的软件包，因此 PGP 得到了非常广泛的使用。

PGP 提供五种服务：鉴别、机密性、压缩、兼容电子邮件和分段与重组。

（1）鉴别：PGP 使用基于公开密钥的数字签名提供鉴别服务。

（2）机密性：PGP 使用对称密钥算法保护邮件或文件的机密性，使用一次性会话密钥。具体过程是：发送方生成一个消息和一个随机的 128 位数（即会话密钥），先用会话密钥加密消息，再用接收方的公钥加密会话密钥，将加密后的会话密钥放在消息前面，与消息一起发送。接收方首先用私钥解开会话密钥，再用会话密钥解密消息。

当同时使用鉴别和机密性服务时，其过程描述如下：首先对明文消息计算一个签名，将签名加在消息的前面；然后用会话密钥对签名和明文消息一起加密；最后用接收方的公钥加密会话密钥,放在消息的前面。选择对明文消息而不是加密后的消息进行签名,是因为将签名和明文消息保存在一起更便于日后的验证。

(3)压缩:PGP 在完成签名之后和在加密消息之前对消息进行压缩,以节省传输的数据量或文件存储空间。在加密消息之前进行压缩,既能够减少待加密的数据量,又使压缩后的消息冗余很少,使密码分析更加困难。压缩算法采用 ZIP。

(4)兼容电子邮件:由于许多电子邮件系统只允许使用 ASCII 文本,因此 PGP 提供将二进制数据流转换成可打印 ASCII 文本的服务,还可以配置成只对消息中的某些部分(如签名部分)进行基 64 编码转换。

(5)分段与重组:许多电子邮件系统能够接收的最大消息长度不超过 50 000B。为此,PGP 在完成对消息的全部处理后,自动将超过长度的消息分成小块传输,会话密钥和签名只在第一个片段中出现。接收方去掉各片段的信头,再将所有的片段重新组装成一个数据块。

PGP 的工作过程分别如图 8-18 和图 8-19 所示。

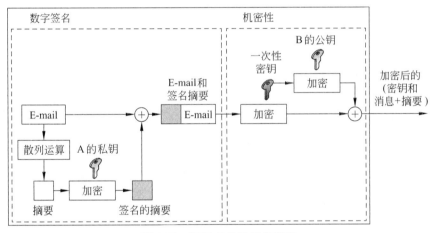

图 8-18 PGP 的发送工作模型

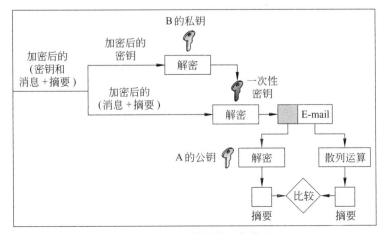

图 8-19 PGP 的接收工作模型

除了 PGP 外，安全电子邮件协议还有 S/MIME(Secure/Multipurpose Internet Mail Extension)。S/MIME 的公钥证书由认证权威签发，可能作为一种工业标准被商业组织或一些机构使用，而 PGP 则更多地用于个人电子邮件安全。

8.4.4　SSH 协议

安全外壳(Secure Shell,SSH)协议是由 IETF(RFC2451～2454)制定的一套协议，其目的是要在非安全网络上提供安全的远程登录和其他安全网络服务。SSH 协议采用数据加密技术，为服务器对远程用户的认证和数据传输提供了安全控制机制，并且在功能上可以完全取代传统的 Telnet 和 FTP 等网络应用。

SSH 是运行在客户端和服务器端的应用软件，也是基于应用层的安全协议。SSH 的工作过程可以分为三个阶段。

1) 协商阶段

客户端和服务器针对所使用的 SSH 版本号、身份认证方法和数据加密方法等细节进行协商。

2) 认证阶段

指服务器对远程用户进行身份鉴别。SSH 提供了两种主要的认证方法：基于口令的认证和基于公钥体制的认证，分别如图 8-20 和图 8-21 所示。

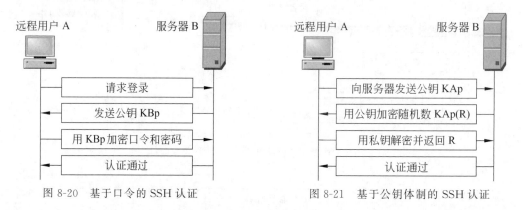

图 8-20　基于口令的 SSH 认证　　　　图 8-21　基于公钥体制的 SSH 认证

对于第一种级别，只要客户知道账号和口令，就可以登录到远程主机。所有传输的数据都会被加密，但是不能保证客户正在连接的服务器就是想连接的服务器，可能会有其他服务器在冒充真正的服务器，也就是受到"中间人"这种方式的攻击。

对于第二种级别，需要依靠密钥，也就是客户必须事先为自己创建一对密钥，并把公钥放在需要访问的服务器上。当客户需要连接到 SSH 服务器时，客户端软件就会向服务器发出请求。服务器收到请求之后，先在该服务器中查找该客户的公钥，然后将它与发来的公钥进行比较。如果匹配，则服务器产生一个随机数并用公钥加密后发给客户端。客户端软件收到后，用私钥解密再把它发送给服务器。这种方式不仅加密所有传送的数据，而且"中间人"攻击方式也不可能发生。不过，整个登录的过程比较慢。因此，该方式多用于特殊权限远程用户的身份认证。

3）会话应用阶段

在完成认证阶段后，SSH 就可以在远程客户和服务器之间建立一条安全的数据通道，为安全远程登录等多种网络应用提供服务。

8.4.5　SET 协议

电子商务在提供机遇和便利的同时，也面临着一个最大的挑战，即交易的安全问题。在网上购物的环境中，持卡人希望在交易中保密自己的账户信息，使之不被他人盗用；商家则希望客户的订单不可抵赖，并且在交易过程中，交易各方都希望验明其他方的身份，以防止被欺骗。针对这种情况，由美国 Visa 和 MasterCard 两大信用卡组织联合国际上多家科技机构，共同制定了安全电子交易（Secure Electronic Transaction，SET）协议，它是应用于 Internet 上的以信用卡为基础的电子支付系统协议，它采用公钥密码体制和 X.509 数字证书标准，主要应用于保障网上购物信息的安全性。

由于 SET 协议提供了消费者、商家和银行之间的认证，确保了交易数据的安全性、完整可靠性和交易的不可否认性，特别是保证不将消费者的银行卡号暴露给商家等优点，因此它成为了目前公认的信用卡/借记卡网上交易的国际安全标准。

SET 协议本身比较复杂，设计比较严格，安全性高，它能保证信息传输的机密性、真实性、完整性和不可否认性。SET 协议是 PKI 框架下的一个典型实现，同时也在不断升级和完善，如 SET 2.0 协议将支持借记卡电子交易。

SET 协议的主要目标如下。

（1）防止数据被非法用户窃取，保证信息在互联网上安全传输。

（2）SET 中使用了一种双签名技术保证电子商务参与者信息的相互隔离。客户的资料加密后通过商家到达银行，但是商家不能看到客户的账户和密码信息。

（3）解决多方认证问题。不仅对客户的信用卡进行认证，而且要对在线商家进行认证，实现客户、商家和银行之间的相互认证。

（4）保证网上交易的实时性，使所有的支付过程都是在线的。

（5）提供一个开放式的标准、规范协议和消息格式，促使不同厂家开发的软件具有兼容性和互操作功能。可在不同的软硬件平台上执行并被全球广泛接受。

电子商务的工作流程与实际的购物流程非常接近，这使电子商务与传统商务可以很容易的融合，用户使用也没有太大障碍。从顾客通过浏览器进入在线商店开始，一直到所订货物送货上门或所订服务完成，然后账户中的钱转移，所有这些都是通过 Internet 完成的。如何保证网上传输数据的安全和交易双方的身份确认是电子商务能否得到推广的关键。这也正是 SET 所要解决的最主要问题。

SET 协议的交易系统由持卡人、商家、支付网关、收单银行和发卡机构、CA 认证中心六部分组成，这六部分之间的数据交换过程如图 8-22 所示。

SET 协议的工作步骤如下。

（1）持卡人使用浏览器在商家的 Web 主页上查看在线商品目录并浏览商品。

（2）持卡人选择要购买的商品。

（3）持卡人填写订单，包括项目列表、价格、总价、运费、搬运费、税费。订单可通过电

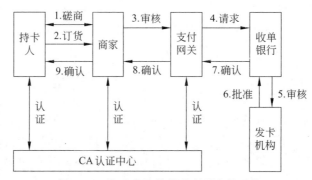

图 8-22 基于 SET 协议的电子交易系统

子化方式从商家传过来，或由持卡人的电子购物软件建立。有的在线商场可以让持卡人与商家协商物品的价格（例如出示自己是老客户的证明，或给出竞争对手的价格信息）。

（4）持卡人选择付款方式，此时 SET 协议开始介入。

（5）持卡人发送给商家一个完整的订单及要求付款的指令。在 SET 协议中，订单和付款指令由持卡人进行数字签名。同时利用双重签名技术保证商家看不到持卡人的账号信息。

（6）商家接受订单后，向持卡人的金融机构请求支付认可。通过网关到银行，再到发卡机构确认，批准交易。然后返回确认信息给商家。

（7）商家发送订单确认信息给顾客，顾客端软件可记录交易日志，以备将来查询。

（8）商家给顾客装运货物，或完成订购的服务。到此为止，一个购买过程已经结束。商家可以立即请求银行将钱从购物者的账号转移到商家账号，也可以等到某一时间，请求成批划账处理。

（9）商家从持卡人的金融机构请求支付，在认证操作和支付操作中间一般会有一个时间间隔，例如，在每天下班前请求银行结一天的账。

在这些步骤中，从步骤（4）开始 SET 协议起作用，一直到步骤（9）。在处理过程中，通信协议、请求信息的格式、数据类型的定义等，SET 协议都有明确的规定。在操作的每一步，持卡人、商家、网关都通过 CA 验证通信主体的身份，以确保通信的对方不是冒名顶替的。

除了以上几种安全协议之外，认证系统设计领域内最主要的进展之一是制定了标准化的安全 API，即通用安全服务 API（GSS-API）。GSS-API 可以支持各种不同的加密算法、认证协议以及其他安全服务，对于用户完全透明。目前，各种安全服务都提供了 GSS-API 的接口。

习 题 8

1. 计算机网络都面临哪几种威胁？主要有哪些安全措施？

2. 对称加密方法和非对称加密方法各有什么特点？

3. 在公钥密码体制中,利用 RSA 算法做下列运算:

(1) 如果 $p=7$、$q=11$,试列出可选用的 5 个 d 值。

(2) 如果 $p=13$、$q=31$、$d=7$,试求 e 值。

4. 已知在 RSA 公钥密码体制中,某用户的公钥 $e=7$、$n=55$,明文 M$=10$。试求其对应的密文 C。通过求解 p、q 和 d 可破译这种密码体制。若截获的密文 C$=35$,试求经破译得到的明文 M。

5. 叙述数字签名的工作原理。

6. 简述 SSL 的工作过程。

7. 试述防火墙的工作原理和分类特点。

8. 下面哪些故障属于物理故障? 哪些属于逻辑故障?

(1) 设备或线路损坏。

(2) 网络设备配置错误。

(3) 系统的负载过高引起的故障。

(4) 线路受到严重电磁干扰。

(5) 网络插头误接。

(6) 重要进程或端口关闭引起的故障。

9. 现有一家企业希望企业内部的网络用户可以自由访问外部的 Internet,而仅允许外部的 Internet 网络用户利用浏览器访问企业内网的某一台 WWW 服务器 A。于是,该企业的网络管理员利用与 Internet 网相连的路由器的包过滤功能,除了目的 IP 地址=主机 A 且 TCP 目的端口号=80 的数据包外,禁止转发从 Internet 到来的所有数据包;同时,允许转发所有从企业内部到来的数据包。请写出包过滤路由器的过滤规则。该设计能否达到预期的目标? 为什么?

10. 对照 OSI 参考模型各层中的网络安全服务,在物理层可以采用 __(1)__ 加强通信线路的安全;在数据链路层,可以采用 __(2)__ 进行链路加密;在网络层可以采用 __(3)__ 处理数据报在内外网络边界流动和建立透明的安全加密信道;在传输层主要解决进程到进程间的加密,最常见的传输层安全技术有 __(4)__;为了将低层安全服务进行抽象和屏蔽,最有效的一类做法是可以在传输层和应用层之间建立中间件层次实现通用的安全服务功能,通过定义统一的安全服务接口向应用层提供 __(5)__ 安全服务。

(1) A. 防窃听技术　B. 防火墙技术　　C. 防病毒技术　　　D. 防抵赖技术

(2) A. 公钥基础设施(PKI)　　　　B. Kerberos 认证

　　C. 通信加密机　　　　　　　D. 认证权威机构(CA)

(3) A. 防窃听技术　B. 防火墙技术　　C. 防病毒技术　　　D. 防抵赖技术

(4) A. SET　　　　B. IPSec　　　　C. S-HTTP　　　　　D. SSL

(5) A. 身份认证　B. 访问控制　　C. 身份认证、访问控制和数据加密

　　D. 数据加密

附录 A　2021 年全国硕士研究生入学统考计算机学科专业基础综合考试计算机网络大纲

与 2020 年相比，2021 年大纲将"计算机网络的标准化工作及相关组织"修改为"计算机网络主要性能指标"，IPv4 新增"路由聚集"。

【考查目标】

1. 掌握计算机网络的基本概念、基本原理和基本方法。

2. 掌握计算机网络的体系结构和典型网络协议，了解典型网络设备的组成和特点，理解典型网络设备的工作原理。

3. 能够运用计算机网络的基本概念、基本原理和基本方法进行网络系统的分析、设计和应用。

一、计算机网络体系结构

（一）计算机网络概述

1. 计算机网络的概念、组成与功能
2. 计算机网络的分类
3. 计算机网络主要性能指标

（二）计算机网络体系结构与参考模型

1. 计算机网络分层结构
2. 计算机网络协议、接口、服务等概念
3. ISO/OSI 参考模型和 TCP/IP 模型

二、物理层

（一）通信基础

1. 信道、信号、宽带、码元、波特、速率、信源与信宿等基本概念

2. 奈奎斯特定理与香农定理

3. 编码与调制

4. 电路交换、报文交换与分组交换

5. 数据报与虚电路

（二）传输介质

1. 双绞线、同轴电缆、光纤与无线传输介质

2. 物理层接口的特性

（三）物理层设备

1. 中继器

2. 集线器

三、数据链路层

（一）数据链路层的功能

（二）组帧

（三）差错控制

1. 检错编码

2. 纠错编码

（四）流量控制与可靠传输机制

1. 流量控制、可靠传输与滑动窗口机制

2. 停止-等待协议

3. 后退 N 帧协议（GBN）

4. 选择重传协议（SR）

（五）介质访问控制

1. 信道划分
频分多路复用、时分多路复用、波分多路复用、码分多路复用的概念和基本原理

2. 随机访问
ALOHA 协议、CSMA 协议、CSMA/CD 协议、CSMA/CA 协议

3. 轮询访问
令牌传递协议

（六）局域网

1. 局域网的基本概念与体系结构

2. 以太网与 IEEE 802.3

3. IEEE 802.11

4. 令牌环网的基本原理

（七）广域网

1. 广域网的基本概念

2. PPP 协议

3. HDLC 协议

（八）数据链路层设备

1. 网桥的概念及其基本原理

2. 局域网交换机及其工作原理

四、网络层

（一）网络层的功能

1. 异构网络互联

2. 路由与转发

3. 拥塞控制

（二）路由算法

1. 静态路由与动态路由

2. 距离-向量路由算法

3. 链路状态路由算法

4. 层次路由

（三）IPv4

1. IPv4 分组

2. IPv4 地址与 NAT

3. 子网划分、路由聚合、子网掩码与 CIDR

4. ARP 协议、DHCP 协议与 ICMP 协议

（四）IPv6

1. IPv6 的主要特点

2. IPv6 地址

（五）路由协议

1. 自治系统

2. 域内路由与域间路由

3. RIP 路由协议

4. OSPF 路由协议

5. BGP 路由协议

（六）IP 组播

1. 组播的概念

2. IP 组播地址

（七）移动 IP

1. 移动 IP 的概念

2. 移动 IP 通信过程

（八）网络层设备

1. 路由器的组成和功能

2. 路由表与路由转发

五、传输层

（一）传输层提供的服务

1. 传输层的功能

2. 传输层寻址与端口

3. 无连接服务与面向连接服务

（二）UDP 协议

1. UDP 数据报

2. UDP 校验

（三）TCP 协议

1. TCP 段

2. TCP 连接管理

3. TCP 可靠传输

4. TCP 流量控制与拥塞控制

六、应用层

（一）网络应用模型

1. 客户/服务器模型

2. P2P 模型

（二）DNS 系统

1. 层次域名空间

2. 域名服务器

3. 域名解析过程

（三）FTP

1. FTP 协议的工作原理

2. 控制连接与数据连接

（四）电子邮件

1. 电子邮件系统的组成结构

2. 电子邮件格式与 MIME

3. SMTP 协议与 POP3 协议

（五）WWW

1. WWW 的概念与组成结构

2. HTTP 协议

附录 B　全国硕士研究生入学统考计算机学科专业基础计算机网络部分综合题与解析（2009—2019）

真题 1【2009 年】　某公司网络拓扑图如图 B-1 所示,路由器 R1 通过接口 E1、E2 分别连接局域网 1、局域网 2,通过接口 L0 连接路由器 R2,并通过路由器 R2 连接域名服务器与互联网。R1 的 L0 接口的 IP 地址是 202.118.2.1;R2 的 L0 接口的 IP 地址是 202.118.2.2,L1 接口的 IP 地址是 130.11.120.1,E0 接口的 IP 地址是 202.118.3.1;域名服务器的 IP 地址是 202.118.3.2。

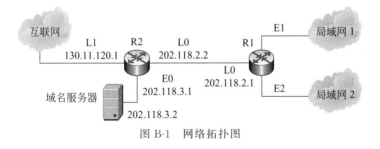

图 B-1　网络拓扑图

R1 和 R2 的路由表结构为

目的 IP 地址	子网掩码	下一跳 IP 地址	接口

（1）将 IP 地址空间 202.118.1.0/24 划分为两个子网,分配给局域网 1、局域网 2,每个局域网分配的地址数不少于 120 个,请给出子网划分结果。说明理由或给出必要的计算过程。

（2）请给出 R1 的路由表,使其明确包括到局域网 1 的路由、局域网 2 的路由、域名服务器的主机路由和互联网的路由。

（3）请采用路由聚合技术,给出 R2 到局域网 1 和局域网 2 的路由。

解析：

（1）无分类 IP 地址的核心是采用不定长的网络号和主机号，并通过相应的子网掩码表示（即网络号部分为 1，主机号部分为 0）。本题中网络地址位数是 24，由于 IP 地址是 32 位，因此其主机号部分就是 8 位。因此，子网掩码就是 255.255.255.0。

根据无类 IP 地址的规则，每个网段中有两个地址是不分配的：主机号全 0 表示网络地址，主机号全 1 表示广播地址。因此 8 位主机号所能表示的主机数就是 2^8-2，即 254 台。

该网络要划分为两个子网，每个子网有 120 台主机，因此主机位数 X 应该满足下面三个条件。

- $X<8$，因为是在主机号位长为 8 位的网络进行划分，所以 X 一定要小于 8 位。
- $2^X>120$，因为根据题意需要容纳 120 台主机。
- X 是整数。

解上述方程，得到 $X=7$。子网掩码就是 255.255.255.128。

所以划分的两个网段是 202.118.1.0/25 与 202.118.1.128/25。

（2）填写 R1 的路由表。

填写到局域网 1 的路由。局域网 1 的网络地址和掩码在问题（1）中已经求出来了，为 202.118.1.0/25。则 R1 路由表应填入的网络地址为 202.118.1.0，掩码为 255.255.255.128。由于局域网 1 是直接连接到路由器 R1 的 E1 口上的，因此，下一跳地址填写直接路由（Direct）。接口填写 E1。

填写到局域网 2 的路由表 1。局域网 2 的网络地址和掩码在问题（1）中已经求得，为 202.118.1.128/25。则 R1 路由表应该填入的网络地址为 202.118.1.128，掩码为 255.255.255.128。由于局域网 2 是直接连接到路由器 R1 的 E2 口上的，因此，下一跳地址填写直接路由。接口填写 E2。

填写到域名服务器的路由。由于域名服务器的 IP 地址为 202.118.3.2，而该地址为主机地址，因此掩码为 255.255.255.255。同时，路由器 R1 要到 DNS 服务器，就需要通过路由器 R2 的接口 L0 才能到达，因此下一跳地址填写 L0 的 IP 地址（202.118.2.2）。

填写互联网路由。本题实质是编写默认路由。默认路由是一种特殊的静态路由，指的是当路由表中与包的目的地址之间没有匹配的表项时路由器能够做出的选择。如果没有默认路由器，那么目的地址在路由表中没有匹配表项的包将被丢弃。默认路由在某些时候非常有效，当存在末梢网络时，默认路由会大大简化路由器的配置，减轻管理员的工作负担，提高网络性能。默认路由称为 0/0 路由，因为路由的 IP 地址 0.0.0.0，而子网掩码也是 0.0.0.0。同时路由器 R1 连接的网络需要通过路由器 R2 的 L0 口才能到达互联网络，因此下一跳地址填写 L0 的 IP 地址为 202.118.2.2。

因此，R1 路由表如表 B-1 所示。

表 B-1　R1 路由表

目的 IP 地址	子 网 掩 码	下一跳 IP 地址	接　　口
202.118.1.0	255.255.255.128	—	E1
202.118.1.128	255.255.255.128	—	E2
202.118.3.2	255.255.255.255	202.118.2.2	L0
0.0.0.0	0.0.0.0	202.118.2.2	L0

（3）填写 R2 到局域网 1 和局域网 2 的路由表 2。局域网 1 和局域网 2 的地址可以聚合为 202.118.1.0/24，而 R2 去往局域网 1 和局域网 2 都是同一条路径。因此，路由表中只需要填写到 202.118.1.0/24 网络的路由即可，如表 B-2 所示。

表 B-2　R2 路由表

目的 IP 地址	子 网 掩 码	下一跳 IP 地址	接　　口
202.118.1.0	255.255.255.0	202.118.2.1	L0

真题 2【2010 年】　某局域网采用 CSMA/CD 协议实现介质访问控制，数据传输速率为 10Mb/s，主机甲和主机乙之间的距离为 2km，信号传播速度是 200 000km/s。请回答下列问题，要求说明理由或写出计算过程。

（1）若主机甲和主机乙发送数据时发生冲突，则从开始发送数据时刻起，到两台主机均检测到冲突时刻止，最短需经多长时间？最长需经过多长时间？（假设主机甲和主机乙在发送数据过程中，其他主机不发送数据）

（2）若网络不存在任何冲突与差错，主机甲总是以标准的最长以太网数据帧（1518B）向主机乙发送数据，主机乙每成功收到一个数据帧后，立即发送下一个数据帧，此时主机甲的有效数据传输速率是多少（不考虑以太网帧的前导码）？

解析：

（1）当甲乙同时向对方发送数据时，两台主机均检测到冲突时所需时间最短：

$$1km/200\ 000km/s \times 2 = 1 \times 10^{-5}s = 10\mu s$$

当一方发送的数据马上要到达另一方时，另一方开始发送数据，两台主机均检测到冲突时所需时间最长：

$$2km/2\ 000\ 000km/s \times 2 = 20\mu s$$

（2）发送 1518B 的数据帧所需时间：$1518B/10Mb/s = 1214.4\mu s$。

发送 64B 的确认帧所用时间（传输延迟）：$51.2\mu s$。

主机甲从发送数据帧开始到收完确认帧为止的时间记为 T，则

$$T = 1214.4 + 20 + 51.2 = 1285.6\mu s$$

由于以太网帧的前导码占用 18B，数据段的最大字节数是 1500。

因此，主机甲的有效数据传输速率 $= (8 \times 1500)/1285.6 \approx 9.33Mb/s$。

真题 3【2011 年】　某主机的 MAC 地址为 00-15-C5-C1-5E-28，IP 地址为 10.2.128.100（私有地址）。图 B-2 是网络拓扑，图 B-3 是该主机进行 Web 请求的一个以太网数据帧前 80 个字节的十六进制及 ASCII 码内容。

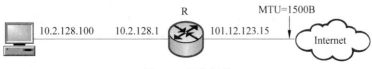

图 B-2　网络拓扑

请参考图中的数据回答以下问题。

```
0000   00 21 27 21 51 ee 00 15  c5 c1 5e 28 08 00 45 00    .!'Q.....^(..E.
0010   01 ef 11 3b 40 00 80 06  ba 9d 0a 02 80 64 40 aa    ...;@........d@.
0020   62 20 04 ff 00 50 e0 e2  00 fa 7b f9 f8 05 50 18    b ...P...{...P.
0030   fa f0 1a c4 00 00 47 45  54 20 2f 72 66 63 2e 68    ......GET /rfc.h
0040   74 6d 6c 20 48 54 54 50  2f 31 2e 31 0d 0a 41 63    tml HTTP/1.1..Ac
```

图 B-3　以太网数据帧(前 80B)

（1）Web 服务器的 IP 地址是什么？该主机的默认网关的 MAC 地址是什么？

（2）该主机在构造图 B-3 的数据帧时，使用什么协议确定目的 MAC 地址？封装该协议请求报文的以太网帧的目的 MAC 地址是什么？

（3）假设 HTTP/1.1 协议以持续的非流水线方式工作，一次请求-响应时间为 RTT，rfc.html 页面引用了 5 个 JPEG 小图像，则从发出图 B-3 中的 Web 请求开始到浏览器收到全部内容为止，需要多少个 RTT？

（4）该帧所封装的 IP 分组经过路由器 R 转发时，需修改 IP 分组头中的哪些字段？

注：以太网数据帧结构和 IP 分组头结构分别如图 B-4 和图 B-5 所示。

6B	6B	2B	46~150B	4B
目的MAC地址	源MAC地址	类型	数据	CRC

图 B-4　以太网帧结构

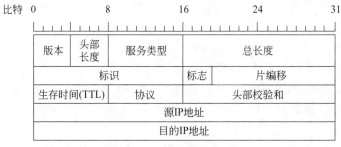

图 B-5　IP 分组头结构

解析：

（1）64.170.98.32，00-21-27-21-51-ee。

以太网帧头部 6＋6＋2＝14B，IP 数据报首部目的 IP 地址字段前有 4×4＝16B，从以太网数据帧第一字节开始数 14＋16＝30B，得目的 IP 地址 40 aa 62 20（十六进制），转换为十进制得 64.170.98.32。以太网帧的前六字节 00-21-27-21-51-ee 是目的 MAC 地址，本题中即为主机的默认网关 10.2.128.1 端口的 MAC 地址。

（2）ARP，FF-FF-FF-FF-FF-FF。

ARP 协议解决 IP 地址到 MAC 地址的映射问题。主机的 ARP 进程在本以太网以广播的形式发送 ARP 请求分组，在以太网上广播时，以太网帧的目的地址为全 1，即 FF-FF-FF-FF-FF-FF。

（3）6。

HTTP/1.1 协议以持续的非流水线方式工作时，服务器在发送响应后仍然在一段时间内保持这段连接，客户机在收到前一个响应后才能发送下一个请求。第一个 RTT 用于请求 Web 页面，客户机收到第一个请求的响应后（还有五个请求未发送），每访问一次对象就用去一个 RTT。故共 1＋5＝6 个 RTT 后浏览器收到全部内容。

（4）源 IP 地址 0a 02 80 64 改为 65 0c 7b 0f。

生存时间（TTL）减 1。

校验和字段重新计算。

私有地址和 Internet 上的主机通信时，必须有 NAT 路由器进行网络地址转换，把 IP 数据报的源 IP 地址（本题为私有地址 10.2.128.100）转换为 NAT 路由器的一个全球 IP 地址（本题为 101.12.123.15）。因此，源 IP 地址字段 0a 02 80 64 变为 65 0c 7b 0f。IP 数据报每经过一台路由器，生存时间 TTL 值就减 1，并重新计算首部校验和。若 IP 分组的长度超过输出链路的 MTU，则总长度字段、标志字段、片偏移字段也要发生变化。

注意，图 B-3 中每行前 4bit 是数据帧的字节计数，不属于以太网数据帧的内容。

真题 4【2012 年】　有一台主机 H 在快速以太网中传送数据，IP 地址为 192.168.0.8，服务器 S 的 IP 地址为 211.68.71.80。H 与 S 使用 TCP 通信时，在 H 上捕获的其中 5 个 IP 数据报如表 B-3 所示。

表 B-3　IP 数据报

	IP 分组的前 40B 内容（十六进制）				
1	45 00 00 30	01 9b 40 00	80 06 1d c8	c0 a8 00 08	d3 44 47 50
	06 8b 11 88	84 6b 41 c5	00 00 00 00	70 02 43 80	5d b0 00 00
2	43 00 00 30	00 00 40 00	31 06 6e 83	d3 44 47 50	c0 a8 00 08
	13 88 0b d9	e0 59 9f ef	84 6b 41 c6	70 12 16 d0	37 e1 00 00
3	45 00 00 28	01 9c 40 00	80 06 1d ef	c0 a8 00 08	d3 44 47 50
	0b d9 13 88	84 6b 41 c6	e0 59 9f f0	50 f0 43 80	2b 32 00 00
4	45 00 00 38	01 9d 40 00	80 06 1d de	c0 a8 00 08	d3 44 47 50
	0b d9 13 88	84 6b 41 c6	e0 59 9f f0	50 18 43 80	e6 55 00 00
5	45 00 00 28	68 11 40 00	31 06 06 7a	d3 44 47 50	c0 a8 00 08
	13 88 0b d9	e0 59 9f f0	84 6b 41 d6	50 10 16 d0	57 d2 00 00

回答下列问题：

（1）在上述表中的 IP 分组中，哪几个是由 H 发送的？哪几个完成了 TCP 连接建立过程？哪几个在通过快速以太网传输时进行了填充？

（2）根据上述表中的 IP 分组，分析 S 已经收到的应用层数据字节数是多少？

（3）若题上述表中的某个 IP 分组在 S 发出时的前 40B 内容如表 B-4 所示，则该 IP 分组到达 H 时经历了几台路由器（下面分别给出了 IP 和 TCP 协议的首部结构，如图 B-6 和图 B-7 所示）？

表 B-4　S 发出时的前 40B 内容

来自 S 的分组	45 00 00 28	68 11 40 00	40 06 ec ad	d3 44 47 50	ca 76 01 06
	13 88 a1 08	e0 59 9f f0	84 6b 41 d6	50 10 16 d0	b7 d6 00 00

图 B-6　IP 分组首部结构

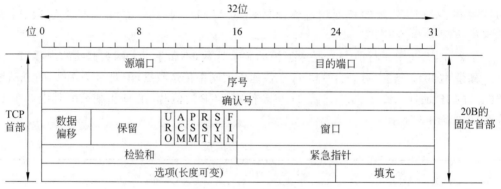

图 B-7　TCP 首部结构

解析：

（1）源 IP 地址字段位于 IP 分组头的第 13 字节处，共 4 字节，即第 13～16 字节。1号 IP 分组的第 13～16 字节为 c0 a8 00 08，转换成点分十进制形式为 192.168.0.8；其他同理。因此上述 IP 分组的 1 号、3 号、4 号是由 H 发送的。

针对 TCP 连接过程，需要了解 TCP 协议的三次握手过程和特点，关注字段的序号和确认号，以及 6 个控制位中的 SYN 和 ACK 状态。每个 IP 分组的第 25～28 字节为 TCP段头中的序号字段，第 29～32 字节为 TCP 段头中的确认号字段；第 34 字节的低 6 位为 6个控制位（URG，ACK，PSH，RST，SYN，FIN）。1 号分组的 SYN＝1，ACK＝0，2 号分组的 SYN＝1 和 ACK＝1，3 号分组的 SYN＝0 和 ACK＝1。因此，本题中与 TCP 建立连接过程相关的三个分组是 1 号、2 号以及 3 号。

根据图 B-6 可知，总长度字段位于 IP 分组头的第 3～4 字节，该处 1 号到 5 号的字节分别是 00 30、00 30、00 28、00 38、0028 转换成十进制为 48、48、40、56 和 40。

由于以太网的最短帧长为 64 字节，除去首部（6 字节目的 MAC 地址，6 字节源 MAC地址，2 字节类型）和尾部（4 字节帧校验序列 FCS）共 18 字节，要求最小数据载荷为 46 字节。上述 5 个 IP 分组中，3 号和 5 号的长度都小于 46 字节。因此，在将 3 号和 5 号 IP 分组各自封装成以太网帧时,需要分别进行填充。

（2）由 3 号分组封装的 TCP 段可知,发送应用层数据初始序号 seq＝846b41c6H,由
5 号分组封装的 TCP 段可知,确认号＝846b41d6H,所以 5 号分组已经收到的应用层数
据的字节数为 846b41c6H－846b41d6H ＝10H＝16。

（3）根据（1）可知,H 发给 S 的 IP 分组为 1 号、3 号、4 号分组,则 S 发送给 H 的分组
为 2 号和 5 号分组。根据图 B-6 可知,标识字段位于 IP 分组头的第 5～6 字节。从表 B-4
中取出该 IP 分组的标识,为 6811;从表 B-3 中取出 2 号、5 号分组的标识,分别为 00 00、
6811。可见,表 B-4 中给出的 S 发送给 H 的 IP 分组应是表 B-3 中的 5 号分组,两者分别
对应了数据包 6811 从 S 发出到 H 方接收的状态。

根据图 B-6 可知,生存时间（TTL）字段位于 IP 分组头的第 9 字节。表 B-4 中的第 9
字节为十六进制 40,转换为十进制 64,即 S 给 H 发送的 IP 分组,最初头部中的 TTL 字
段的值为 64。表 B-3 中的 5 号分组的第 9 字节为十六进制 31,转换为十进制 49。即 S 给
H 发送的 IP 分组到达 H 时,其头部中的 TTL 字段的值为 49。因此,生存时间值减少了
64－49＝15,这表明该 IP 分组从 S 发出,经过 15 个路由器到达 H。

真题 5【2013 年】　假设 Internet 的两个自治系统构成网络如图 B-8 所示,自治系统
ASI 由路由器 R1 连接两个子网构成;自治系统 AS2 由路由器 R2、R3 互联并连接 3 个子
网构成。各子网地址、R2 的接口名、R1 与 R3 的部分接口 IP 地址如图 B-8 所示。

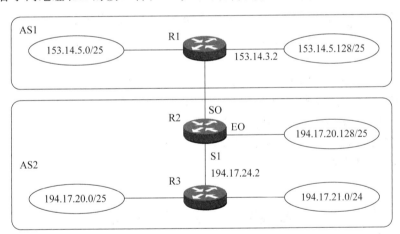

图 B-8　部分接口 IP 地址

请回答下列问题。

（1）假设路由表结构如下所示。请利用路由聚合技术,给出 R2 的路由表,要求包括
到达图中所有子网的路由,且路由表中的路由项尽可能少。

目的网络	下一条	接口

（2）若 R2 收到一个目的 IP 地址为 194.17.20.200 的 IP 分组,则 R2 会通过哪个接口
转发该 IP 分组?

（3）R1 与 R2 之间利用哪个路由协议交换信息? 该路由协议的报文被封装到哪个协

议的分组中进行传输？

解析：

（1）路由器 R2 可以通过路由器 R1 到达 AS1 中的两个网络 153.14.5.0/25 和 153.14.5.128/25。根据题目要求尽量减少 R2 路由表中的路由项，可以将到达这两个网络的路由聚合成一条路由，聚合后的网络地址 153.14.5.0/24。路由器 R2 可以通过路由器 R3 到达 AS2 中的两个网络 194.17.20.0/25 和 194.17.21.0/24，聚合后的网络地址 194.17.20.0/23。路由器 R2 与网络 194.17.20.128/25 是直连的。

因此，路由器 R2 的路由表如表 B-5 所示。

表 B-5   R2 的路由表

目 的 网 络	下 一 跳	接 口
153.14.5.0/24	153.14.3.2	S0
194.17.20.0/23	194.17.24.2	S1
194.17.20.128/25	—	E0

（2）R2 收到一个目的 IP 地址为 194.17.20.200 的 IP 分组，然后进行查表转发。可知，第 1 个路由项不匹配。第 2 和第 3 个路由项都匹配。根据"最长前缀匹配"原则，选项第 3 个路由项。因为"前缀越长、地址就越具体"，因此 R2 将通过接口 E0 转发该 IP 分组。

（3）R1 和 R2 分处于两个不同的自治系统 AS，AS 之间的路由选择协议属于外部网关协议（EGP）这个类型，典型的协议为边界网关协议（BGP），目前使用最多的版本是 BGP-4；BGP-4 报文被封装在 TCP 报文段中进行传输。

真题 6【2014 年】 图 B-9 中网络的路由器运行 OSPF 路由协议，表 B-6 是路由器 R1 维护的主要链路状态信息（LSI）。

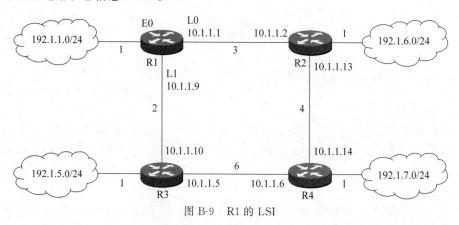

图 B-9   R1 的 LSI

表 B-6　R1 所维护的 LSI

		R1 的 LSI	R2 的 LSI	R3 的 LSI	R4 的 LSI	备　注
Router ID		10.1.1.1	10.1.1.2	10.1.1.5	10.1.1.6	标识路由器的 IP 地址
Link1	ID	10.1.1.2	10.1.1.1	10.1.1.6	10.1.1.5	所连路由器的 Router ID
	IP	10.1.1.1	10.1.1.2	10.1.1.5	10.1.1.6	Link1 的本地 IP 地址
	Metric	3	3	6	6	Link1 的费用
Link2	ID	10.1.1.5	10.1.1.6	10.1.1.1	10.1.1.2	所连路由器的 Router ID
	IP	10.1.1.9	10.1.1.23	10.1.1.10	10.1.1.14	Link2 的本地 IP 地址
	Metric	2	4	2	4	Link2 的费用
Net1	Prefix	192.1.1.0/24	192.1.6.0/24	192.1.5.0/24	192.1.7.0/24	直连网络 Net1 的网络前缀
	Metric	1	1	1	1	到达直连网络 Net1 的费用

（1）假设路由表结构如下所示,请给出图 B-9 中 R1 的路由表,要求包括到达图中子网 192.1.x.x 的路由,且路由表 B-6 中的路由项尽可能少。

目的网络	下一条	接口

（2）当主机 192.1.1.130 向主机 192.1.7.211 发送一个 TTL＝64 的 IP 分组时,R1 通过哪个接口转发该 IP 分组? 主机 192.1.7.211 收到的 IP 分组 TTL 是多少?

（3）若 R1 增加一条 Metric 为 10 的链路连接 Internet,则表中 R1 的 LSI 需要增加哪些信息?

解析:

（1）路由器 R1 与网络 192.1.1.0/24 是直连的。R1 到达其他网络的路径不止一条,应取代价最小者,是最短路径。另外,要做到 R1 中的路由项尽量少,可将网络 192.1.6.0/24 和 192.1.7.0/24 聚合为网络 192.1.6.0/23。因此,最终 R1 的路由表如表 B-7 所示。

表 B-7　R1 的路由表

目 的 网 络	下 一 跳	接　口
192.1.1.0/24	—	E0
192.1.5.0/24	10.1.1.10	L1
192.1.6.0/23	10.1.1.2	L0

（2）源主机 192.1.1.130 属于网络 192.1.1.0/24,目的主机 192.1.7.211 属于网络 192.1.7.0/24。从(1)可知,源主机给目的主机发送 IP 分组,最短路径为源主机→R1→ R2→R4→目的主机,显然 R1 通过自己的接口 L0 将该 IP 分组转发给 R2。由于该 IP 分组经过 R1、R2、R4 这三个路由器的转发,因此当目的主机收到该 IP 分组时,其 TTL 字段的值为 64－3＝61。

（3）R1 的链路状态信息 LSI 需要增加一条特殊的直连网络,网络前缀 Prefix"0.0.0.0/0",Metric 为 10。

真题 7【2015 年】 某网络拓扑如图 B-10 所示,其中路由器内网接口、DHCP 服务器、WWW 服务器与主机 1 均采用静态 IP 地址配置,相关地址信息见图 B-10 中标注;主机 2～主机 N 通过 DHCP 服务器动态获取 IP 地址等配置信息。

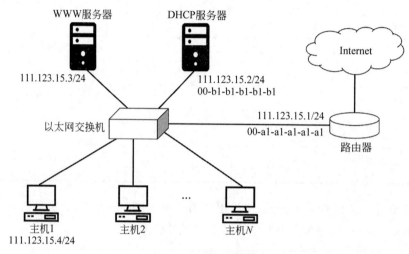

图 B-10　某网络拓扑图

请回答下列问题:

（1）DHCP 服务器可为主机 2～主机 N 动态分配 IP 地址的最大范围是什么？主机 2 使用 DHCP 获取 IP 地址的过程中,发送的封装 DHCP Discover 报文的 IP 分组的源 IP 地址和目的 IP 地址分别是什么？

（2）若主机 2 的 ARP 表为空,则该主机访问 Internet 时,发出的第一个以太网帧的目的 MAC 地址是什么？封装主机 2 发往 Internet 的 IP 分组的以太网帧的目的 MAC 地址是什么？

（3）若主机 1 的子网掩码和默认网关分别配置为 255.255.255.0 和 111.123.15.2,则该主机是否能访问 WWW 服务器？是否能访问 Internet？请说明理由。

解析:

（1）该以太网所拥有的 CIDR 地址块为 111.123.15.0/24,可分配主机的 IP 地址数量为 254 个。已知有 4 个地址已分配,则 DHCP 服务器可为主机 2～主机 N 动态分配 IP 地址数为 250,其范围是 111.123.15.5～111.123.15.254。

主机 2 发送的封装有 DHCP Discover 报文的 IP 分组的源 IP 地址和目的 IP 地址分别是 0.0.0.0 和 255.255.255.255。

（2）若主机 2 的 ARP 表为空,则该主机访问 Internet 时,发出的第一个以太网帧的目的 MAC 地址是 FF-FF-FF-FF-FF-FF;封装主机 2 发往 Internet 的 IP 分组的以太网帧的目的 MAC 地址是 00-a1-a1-a1-a1-a1。

（3）主机 1 的 IP 地址为 111.123.15.4/24,题目给定其子网掩码的设置值为 255.255.

255.0,这与 24 比特前缀是一致的,因此主机 1 可以访问与其同属同一个以太网的 WWW 服务器。题目给定主机 1 的默认网关配置为 111.123.15.2,这是 DHCP 服务器的 IP 地址,因此主机 1 访问 Internet 时,会将 IP 分组发往 DHCP 服务器,但 DHCP 服务器并没有路由器的功能,因此无法将 IP 分组转发到 Internet。

真题 8【2016 年】 假设图 B-11 中的 H3 访问 Web 服务器 S 时,S 为新建的 TCP 连接分配了 20KB(1KB＝1024B)的接收缓存,最大段长 MSS＝1KB,平均往返时间 RTT＝200ms。H3 建立连接时的初始序号为 100,且持续以 MSS 大小的段向 S 发送数据,拥塞窗口初始阈值为 32KB;S 对收到的每个段进行确认,并通告新的接收窗口。假定 TCP 连接建立完成后,S 端的 TCP 接收缓存仅有数据存入而无数据取出。请回答下列问题。

（1）在 TCP 连接建立过程中,H3 收到的 S 发送过来的第二次握手 TCP 段的 SYN 和 ACK 标志位的值分别是多少? 确认序号是多少?

（2）H3 收到的第 8 个确认段所通告的接收窗口是多少? 此时 H3 的拥塞窗口变为多少? H3 的发送窗口变为多少?

（3）当 H3 的发送窗口等于 0 时,下一个待发送的数据段序号是多少? H3 从发送第 1 个数据段到发送窗口等于 0 时刻为止,平均数据传输速率是多少(忽略段的传输延时)?

（4）若 H3 与 S 之间通信已经结束,在 t 时刻 H3 请求断开该连接,则从 t 时刻起,S 释放该连接的最短时间是多少?

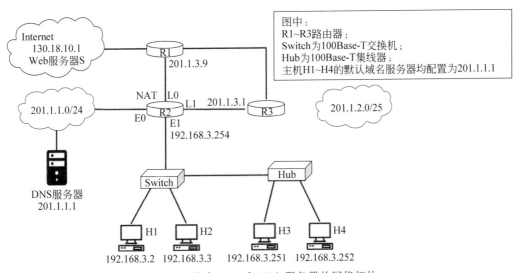

图 B-11　具有 DNS 和 Web 服务器的网络拓扑

解析:

（1）H3 收到的 S 发送过来的第二次握手 TCP 段的 SYN 和 ACK 标志位的值都为 1,这是对 H3 发来的 TCP 连接请求的确认;由于题目给定 H3 建立连接时的初始序号为 100,则该确认报文段的确认序号为 101。

（2）根据题意,S 的初始接收缓存为 20KB,H3 持续发送 1KB 数据后,S 都予以确认,并恢复剩余的接收缓存。则经过 8 次后,S 的接收缓存成为 12KB。此时 H3 的拥塞窗口变为 9KB；H3 的发送窗口变为 9KB。

（3）当 H3 的发送窗口等于 0 时，H3 已发送了 20 个 TCP 段，每个 1KB。由于给定 H3 建立 TCP 连接时的初始序号为 100，则当 H3 的发送窗口等于 0 时，下一个待发送段的序号为 $20 \times 1024 + 101 = 20\,581$。

从图 B-11 可知，H3 从发送第 1 个 TCP 段到发送窗口等于 0 时刻止，共经历了 5 个 RTT（往返时延），共发送了 20 个 TCP 段，每个 1KB（1024B）。已知 RTT＝200ms，因此可计算 H3 的平均数据传输速率为$(20 \times 1KB) \div (5 \times 200ms) = 20.48KB/s$。

（4）若 H3 与 S 之间通信已经结束，则释放过程的 4 个阶段中，第 2 和第 3 个阶段可合并为一个。则从 t 时刻起，S 释放该连接所需的最短时间为 1 个往返时延 RTT 加 1 个端到端传播时延（也就是 RTT 的一半），共 1.5 个 RTT，即 $1.5 \times 200ms = 300ms$。

真题 9【2017 年】 甲、乙双方均采用后退 N 帧（GBN）协议进行持续的双向数据传输，且双方始终采用捎带确认，帧长均为 1000B。Sx,y 和 Rx,y 分别表示甲方和乙方发送的数据帧，其中：x 是发送序号；y 是确认序号（表示希望接收对方的下一帧序号）；数据帧的发送序号和确认序号字段均为 3b。信道传输速率为 100Mb/s，RTT＝0.96ms。图 B-12 给出了甲方发送数据帧和接收数据帧的两种场景，其中 t_0 为初始时刻，此时甲方的发送和确认序号均为 0，t_1 时刻甲方有足够多的数据待发送。

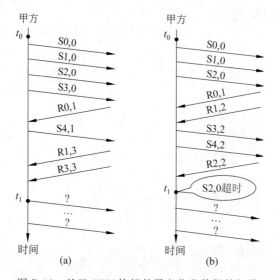

图 B-12　基于 GBN 协议的甲方收发数据帧场景

请回答下列问题。

（1）对于图 B-12(a)，t_0 时刻到 t_1 时刻期间，甲方可以断定乙方已正确接收的数据帧数是多少？正确接收的是哪几个帧（请用 Sx,y 形式给出）？

（2）对于图 B-12(a)，从 t_1 时刻起，甲方在不出现超时且未收到乙方新的数据帧之前，最多还可以发送多少个数据帧？其中第一个帧和最后一个帧分别是哪个（请用 Sx,y 形式给出）？

（3）对于图 B-12(b)，从 t_1 时刻起，甲方在不出现新的超时且未收到乙方新的数据帧之前,需要重发多少个数据帧? 重发的第一个帧是哪个(请用 Sx,y 形式给出)?

(4) 甲方可以达到的最大信道利用率是多少?

解析:

(1) t_0 时刻到 t_1 时刻期间,甲可以断定乙方已正确接收了 3 个数据帧,分别是 S0, 0;S1,0;S2,0。

(2) 由于发送序号为 3 位,因此有 8 个发送序号。在 GBN 协议中,因此最大发送窗口尺寸为 7。从 t_1 时刻起,甲方最多还可以将发送窗口内的 5 个数据帧连续发送出去,其中第一个数帧的序号为 5,最后一个数据帧的序号为 1。甲方发送的第一个数据帧为 S5, 2;最后一个数据帧是 S1,2。

(3) 在 t_1 时刻甲方超时重传 2 号数据帧,因此甲方需要重传序号为 2～4 的 3 个数据帧。由于之前已经按序正确收到乙方发来的序号为 2 的数据帧,因此可以进行捎带确认,确认号为 3,因此重传的第一个帧为 S2,3。

(4) 甲方可以达到的最大信道利用率是:

$$U = (7 \times ((8b \times 1000) \div 100\text{Mb/s})) \div (((8b \times 1000) \div 100\text{Mb/s}) \times 2 + 0.96\text{ms}) = 50\%$$

真题 10【2018 年】　某公司网络如图 B-13 所示。IP 地址空间 192.168.1.0/24 被均分给销售部和技术部两个子网,并已分别为部分主机和路由器接口分配了 IP 地址,销售部子网的 MTU=1500B,技术部子网的 MTU=800B。

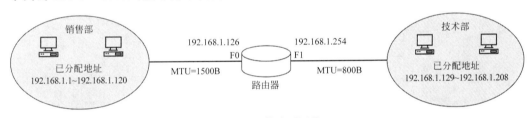

图 B-13　某公司网络

请回答下列问题。

(1) 销售部子网的广播地址是什么? 技术部子网的子网地址是什么? 若每个主机仅分配一个 IP 地址,则技术部子网还可以连接多少台主机?

(2) 假设主机 192.168.1.1 向主机 192.168.1.208 发送一个总长度为 1500B 的 IP 分组,IP 分组的头部长度为 20B,路由器在通过接口 F1 转发该 IP 分组时进行了分配。若分片时尽可能分为最大片,则一个最大 IP 分片封装数据的字节数是多少? 至少需要分为几个分片? 每个分片的片偏移量是多少?

解析:

(1) 销售部子网的广播地址是 192.168.1.127,技术部子网的子网地址是 192.168.1.128。若每个主机仅分配一个 IP 地址,则技术部子网还剩余 192.168.1.209～192.168.1.253 共 45 个 IP 地址可分配给主机。

(2) 数据载荷为 1500－20＝1480B,似乎可分成 780B 和 700B 两片。但是,由于片偏移量为 780B/8B＝97.5,无法填入片偏移字段(只能填整数值),因此这种分片大小不合适,而需要调整,使第一个 IP 分片的数据载荷部分长 776B,片偏移量为 0;第二个分片的数据载荷部分长 1480B－776B＝704B，片偏移量为 776B/8B＝97。

真题 11【2019 年】　某网络拓扑如图 B-14 所示，其中 R 为路由器，主机 H1～H4 的 IP 地址配置以及 R 的各接口 IP 地址配置如图 B-14 所示。现有若干台以太网交换机（无 VLAN 功能）和路由器两类网络互连设备可供选择。请回答下列问题：

（1）设备 1、设备 2 和设备 3 分别应选择什么类型网络设备？

（2）设备 1、设备 2 和设备 3 中，哪几个设备的接口需要配置 IP 地址？并为对应的接口配置正确的 IP 地址。

（3）为确保主机 H1～H4 能够访问 Internet，R 需要提供什么服务？

（4）若主机 H3 发送一个目的地址为 192.168.1.127 的 IP 数据报，网络中哪几个主机会接收该数据报？

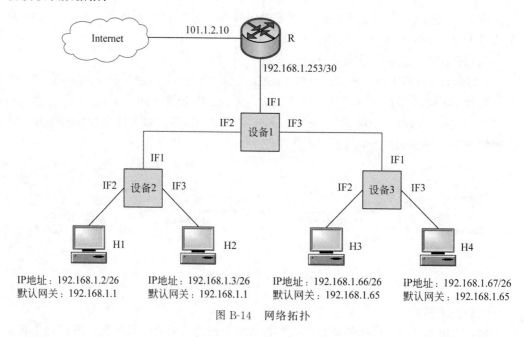

图 B-14　网络拓扑

解析：

（1）设备 1：路由器；设备 2：以太网交换机；设备 3：以太网交换机。

（2）设备 1 的接口需要配置 IP 地址；设备 1 的 IF1、IF2 和 IF3 接口的 IP 地址分别是 192.168.1.254、192.168.1.1 和 192.168.1.65。

（3）R 需要提供 NAT 服务。

（4）主机 H4 会接收该数据报。

参 考 文 献

[1] 谢希仁. 计算机网络[M]. 7 版. 北京：电子工业出版社，2017.

[2] 吴功宜. 计算机网络[M]. 4 版. 北京：清华大学出版社，2017.

[3] FOROUZAN B A. TCP/IP Protocol Suite [M]. 4th ed. McGraw-Hill，2010.

[4] TANENBAUM A S. Computer Networks [M]. 5th ed. 北京：机械工业出版社，2011.

[5] 张晓明. 计算机网络教程[M]. 2 版. 北京：清华大学出版社，2017.

图书资源支持

感谢您一直以来对清华版图书的支持和爱护。为了配合本书的使用，本书提供配套的资源，有需求的读者请扫描下方的"书圈"微信公众号二维码，在图书专区下载，也可以拨打电话或发送电子邮件咨询。

如果您在使用本书的过程中遇到了什么问题，或者有相关图书出版计划，也请您发邮件告诉我们，以便我们更好地为您服务。

我们的联系方式：

地　　址：北京市海淀区双清路学研大厦 A 座 714

邮　　编：100084

电　　话：010-83470236　　010-83470237

客服邮箱：2301891038@qq.com

QQ：2301891038（请写明您的单位和姓名）

资源下载：关注公众号"书圈"下载配套资源。

资源下载、样书申请

书圈

获取最新书目

观看课程直播